移动开发人才培养系列丛书

全栈式

微信小程序 | 云开发实战

Cloud Base

Practice of Full Stack Mini Programs

孙芳 梁大业 林彬 主编

人 民 邮 电 出 版 社

北 京

图书在版编目（CIP）数据

全栈式微信小程序云开发实战 / 孙芳，梁大业，林彬主编. -- 北京 : 人民邮电出版社，2021.6（2023.6重印）
（移动开发人才培养系列丛书）
ISBN 978-7-115-55341-6

Ⅰ. ①全… Ⅱ. ①孙… ②梁… ③林… Ⅲ. ①移动终端－应用程序－程序设计 Ⅳ. ①TN929.53

中国版本图书馆CIP数据核字(2020)第225762号

内 容 提 要

本书系统地介绍了基于云开发的全栈式微信小程序开发流程和实用技术，涵盖从小程序前端基础到后端云函数、数据库、云存储等技术。全书内容由浅入深、循序渐进，案例丰富。书中结合各知识点介绍了两个完整实际项目的实现过程，易学易用。完整的实战项目介绍可以使读者将所学的知识更好地应用到实际开发中，从而快速具备独立完成小程序项目开发和迭代的能力。

本书可作为高等院校、高职高专院校的教学用书，也可作为信息技术类相关专业开发人员的参考用书。

◆ 主　　编　孙　芳　梁大业　林　彬
　责任编辑　邹文波
　责任印制　王　郁　马振武
◆ 人民邮电出版社出版发行　　北京市丰台区成寿寺路 11 号
　邮编　100164　　电子邮件　315@ptpress.com.cn
　网址　https://www.ptpress.com.cn
　保定市中画美凯印刷有限公司印刷
◆ 开本：787×1092　1/16
　印张：16.25　　2021 年 6 月第 1 版
　字数：425 千字　　2023 年 6 月河北第 5 次印刷

定价：59.80 元

前言 PREFACE

微信小程序是一种不需要下载安装即可使用的应用，它实现了用户对应用“触手可及”的梦想，用户“扫一扫”或者搜一下即可打开应用。经过几年的发展，微信小程序已经具备了比较全面的开发环境和开发者生态，覆盖200多个细分的行业，有超过150万的开发者加入微信小程序的开发。2018年，腾讯云与微信小程序团队合作推出基于全新架构的“小程序·云开发”。云开发提供的一站式开发服务，打通了小程序前端与云资源的链路，使开发者只需关心业务逻辑类核心代码的编写，而无须管理后端服务架构，也无须考虑服务器端代码的部署，即可轻松拥有各种后端开发能力，降低了开发门槛，从而实现微信小程序的快速上线和迭代。

本书介绍了基于云开发的全栈式微信小程序开发的基础知识、流程及实用技术，内容由浅入深、循序渐进。全书将丰富的案例与重点知识相结合，叙述简洁，并以项目驱动理论学习。书中对技术知识点的介绍不是简单堆砌，而是用两个完整的全栈式小程序项目（新闻列表和果茶店项目）贯穿小程序前端到云开发后端的系统实战过程。完整的项目实战过程可以使读者明确为什么学、学什么，并将所学的技术更好地应用到实际开发中。

全书共7章，各章主要内容如下。

第1章介绍小程序的特点、基于云开发与传统服务器式全栈开发的不同。

第2章详细描述从注册小程序到搭建开发环境的步骤，并给出一个小示例让读者提前体验基于云开发的全栈式小程序开发流程及效果。

第3、第4、第5章分别介绍小程序的基础知识、组件、API等。

第6章介绍小程序云开发，并辅以一个新闻列表小程序的完整示例进行说明。

第7章是综合实例，以果茶店小程序为驱动带领读者深入学习如何从零开始综合运用各种技术完成一个小程序的实际开发。通过本章的综合实践，读者可以快速具备独立开发小程序项目的能力。

本书最后，附录A详细介绍了开发中常用的调试技术，附录B给出了云开发资源环境与配额说明，附录C则以图解方式详细说明了本书项目实例所用到的数据库表的导入步骤。

本书的全部示例和项目案例都经过编者上机实践检验，结果运行无误。示例源码、教学用PPT及各种资源文件可以到人邮教育社区（www.ryjiao.com.cn）上下载。

本书由孙芳、梁大业、林彬主编，由孙芳统稿并整理。

最后，感谢在本书编写过程中给予我们大力支持的家人、朋友和学生。

本书编者均有多年教学实践经验和企业级开发架构实战经验。编者尽可能使内容准确、实用，但难免会有疏漏之处，欢迎读者批评指正。

编　者

2021年4月

目录 CONTENTS

4 第4章 小程序组件 60

5 第5章 小程序API 136

6 第6章 云开发 164

01 第1章　概述

2017年1月9日，微信小程序（以下简称小程序，英文名 WeChat Mini Program）正式上线。小程序既不是网页，也不同于传统 App，它给我们带来一种全新的产品体验。小程序的开发是为了让用户在智能手机端有更好的体验，获取更快捷的服务，并且免除下载与安装 App 的烦恼。本章主要介绍小程序的特点、应用场景及开发流程等，同时对全栈式小程序开发模式做简单介绍。

1.1　小程序

小程序是一种“开放能力”，是一种无须下载安装即可使用的应用，有了小程序后应用将“无处不在”，随时可用。小程序可理解为“嵌在微信里的App”，与订阅号、服务号和企业号属于同级体系，因此小程序、订阅号、服务号、企业号形成了并行的微信生态四大体系。

小程序和公众号的区别与联系主要体现在以下两个方面。

首先两者在管理端登录的平台地址是不一样的。

其次两者都可以理解为微信平台的应用，这两个应用之间可以设置关联，前提是用户注册公众号与小程序的主体信息（即身份信息）需一致。关联后可以在公众号里引导用户或开发者跳转到小程序，小程序与公众号就成了一套登录体系，小程序的名字不可和非同主体的公众号名字一样。

微信用户可以通过扫码、搜索、公众号关联、微信中“小程序”查找、附近推荐、分享等入口方式体验各类小程序。

1.1.1　小程序的特点

1. 速度快

小程序无须下载安装，加载速度快，从微信内部打开登录，随时可用。这样可以让用户省流量，省安装时间，且不占用用户手机桌面。一个 App 的大小一般在 100MB 左右，而小程序的大小一般小于 4MB。使用小程序不会像使用 App 那样因为下载量过多而导致手机存储空间不足或出现卡顿等现象。

2. 无须适配

小程序是一次开发，多移动端兼容的，无须对各种手机操作系统及机型适配，极大地提高了开发者的效率。对用户来说，相较于各种 App，微信小程序的用户界面（User Interface，UI）和操作流程更统一，这也可以降低使用难度。

3. 社交分享

小程序支持直接或通过 App 分享给微信好友或微信群，被分享者打开的也是小程序，打开即可直接使用。

4. 出色的用户体验

由于调用的是微信原生接口，小程序可达到近乎原生 App 的操作体验和流畅度。传统的 HTML5 页面每次被打开时都需要重新加载，且在离线状态下无法打开，而小程序具有离线使用的功能。小程序出色的体验使得快速的多类目切换、搜索、地图、画布等功能的实现成为可能。

5. 用完即走，随手可得

小程序无须到手机应用市场下载，用户可以从多个简单入口快速获取服务，“用完即走”。

6. 注册门槛低，推广容易

开发者可以通过企业身份或者个人身份注册小程序，个人版小程序是免费的。开发者还可以通过公众号创建小程序，如在公众号的推送文章里加入小程序、嵌入小程序的卡片信息。有了小程序的加入，整个微信生态系统可以被迅速打通。对小程序拥有者来说，相较于原生 App，小程序推广更容易、更简单，更省成本；开发成本也更低，可以将更多财力、人力放在如何运营好产品、如何做好内容上。

1.1.2 小程序的应用场景

截至 2019 年 6 月，微信小程序数量已超过 230 万个，并且这一数量还在快速地增加，小程序生态也吸引了超过 150 万的开发者进驻，小程序的开发技术逐渐成为互联网从业者的“能力标配”。越来越多的小程序和各种生活场景形成紧密的连接，2019 年小程序日活跃用户数超过 7 亿，累计创造 8 000 多亿元交易额。下面从几个方面简单介绍小程序的应用场景。

1. 零售+小程序

无须排队，使用小程序即可实现零售行业的快速扫码付款等自助服务。

若想订餐或购买水果、零食等，可直接搜索附近小程序下单，即可享受送货上门的服务。

小程序结合微信支付和微信卡券，实现了渠道、品牌、会员资源的整合营销。

小程序礼品卡让传统的礼品通过微信实现便捷的购买和赠送，这样既方便销售，又让品牌通过用户的社交送礼行为进行了传播，同时品牌与用户可建立感情的连接。

2. 电商行业+小程序

各类电商平台通过小程序，可以以更低的门槛获取新用户，让用户更轻松地在微信内部形成交易闭环，而且各种丰富的数据能力和消息能力可以让电商平台更精准地触达用户。

3. 出行/共享+小程序

出行使用公共交通服务时，用户可以直接扫描小程序二维码进行支付，不用购票，不用刷卡，也不用下载 App，“即扫即走”。

在公交车站候车时搜索对应小程序，就可知道公交车什么时候来。

网约车、停车类小程序也可满足相关出行需求。

出差、旅行时，可以使用小程序进行火车票、飞机票等的购买，查看航班、车次等动态信息。

火车上点餐时，扫描座椅背后的小程序二维码下单，乘务员就会送餐到座位。

共享单车、共享雨伞、共享充电宝、共享按摩椅等，都可以使用小程序扫码获取服务，用完即走。

4. 旅游+小程序

旅行时的酒店预订、周边旅游攻略、目的地、游记等的搜索都可以在小程序中轻松搞定。

扫描景点门票小程序的二维码，即可查看景区详情。

5. 餐饮娱乐+小程序

使用基于位置服务（Location Based Services，LBS）的小程序可以搜索附近的餐厅、咖啡厅等，进店可用小程序自助扫码点餐、支付。还可以使用小程序搜索附近的电影院、卡拉 OK 厅，轻松完成下单订票、预订、支付等。

6. 快递+小程序

小程序让实名寄快递不再麻烦。可以一键打开快递小程序，查看自己的订单、快递送达的时间、物品的即时物流情况等。

7. 高校+小程序

通过小程序可以体验学校的各种线上服务，如线上查询课表和成绩，领取微信电子校园卡等。还可以通过小程序进出图书馆、通过学校门禁系统等。

8. 小游戏

小游戏作为小程序的子类目，扩充了小程序的服务范围，用户可以通过分享小程序和好友一起玩小游戏。

上面列举的仅仅是小程序的一些简单的应用场景，其实小程序已经深入到我们生活的方方面面。今后，小程序开发爱好者将推出更多、功能更丰富的小程序，服务社会各行各业，服务身边的每一个人。

1.1.3 小程序的开发流程及运行机制

1. 小程序的开发流程

小程序的开发流程简洁明了，如图 1-1 所示。首先要申请账号，然后获取小程序的 AppID 来完善注册信息，接下来下载微信开发者工具来创建项目代码并在手机预览，随后上传代码，最后等待微信团队审核。若通过审核即可发布。

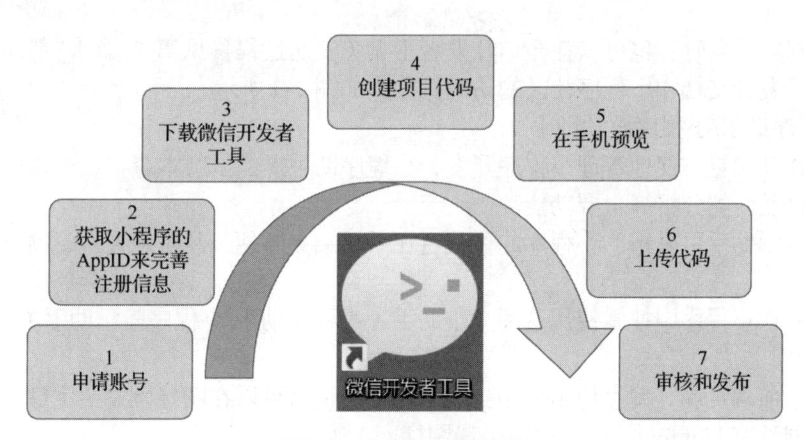

图1-1 小程序的开发流程

2. 小程序的运行流程

小程序的运行流程如图 1-2 所示：开发者上传小程序前端代码到微信服务器，并向开发者 API 服务器发布 API 代码；当用户初次访问小程序时，微信客户端会下载小程序前端所有代码，小程序将调用应用程序编程接口（Application Programming Interface，API）从开发者 API 服务器取回数据，并把数据渲染到页面，然后展示给用户。

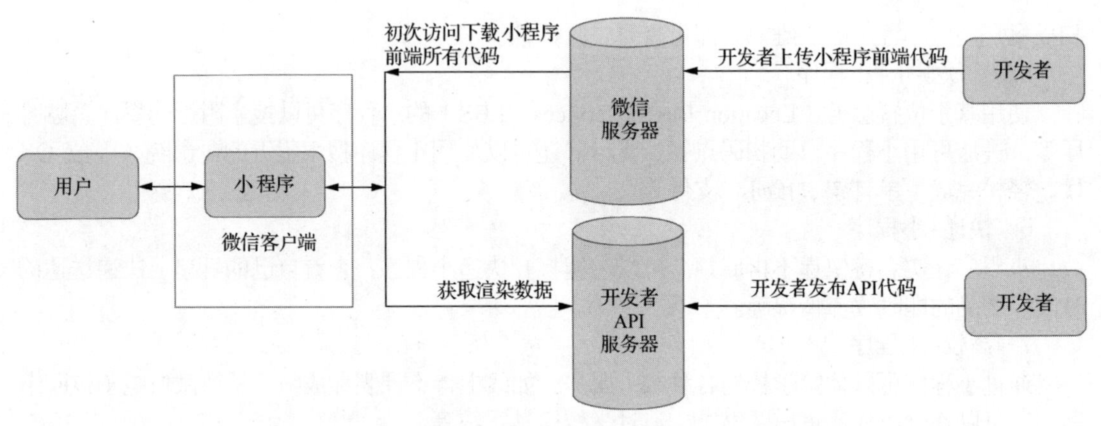

图1-2 小程序的运行流程

3. 小程序的运行机制

- 小程序没有重启的概念；
- 当小程序进入后台后，客户端会维持一段时间的运行状态，超过时间后小程序会被微信主动销毁；
- 置顶的小程序不会被微信主动销毁；
- 当收到系统内存告警时，微信也会进行小程序的销毁。

1.1.4 常用开发工具

1. 开发者文档/小程序社区

开发者文档是小程序开发的第一手资料，通过该文档可以第一时间了解小程序的更新。

小程序社区提供了一个与其他开发者一起交流学习的平台。读者可以自行链接到小程序社区进行交流。

进行小程序开发时，也可以在微信开发者工具（安装过程参见第 2 章）“帮助”下拉菜单中直接进入开发者文档和小程序社区的访问页面，如图 1-3 所示。

2. 小程序助手/小程序教学助手

为了在移动端更方便地管理小程序开发，小程序助手提供了版本查看、小程序开发成员管理、基础数据及性能分析等主要功能。

小程序教学助手可以帮助小程序的体验者在手机端更方便、及时地搜索、预览和管理体验版小程序。

读者可以在小程序中搜索使用这两个小助手（小程序助手/小程序教学助手）。

3. 图标库

在小程序前端页面开发过程中会用到很多图标，读者可以在图标网站中下载需要的图标，常用的图标网站有 Iconfont（阿里巴巴矢量图标库）等。

具体下载地址见本书提供的电子资源。

4. WeUI 样式库

WeUI 是一套同微信原生视觉体验一致的基础样式库，类似于前端中的 Bootstrap、React-md、Semantic UI 这样的 UI 库，由微信官方设计团队为微信内网页和小程序量身设计，该样式库可以使用户的使用感知更加统一。WeUI 样式库包含 button、cell、dialog、progress、toast、article、actionsheet、icon 等样式元素，读者可以自行搜索并下载小程序版 WeUI。WeUI 样式库如图 1-4 所示。

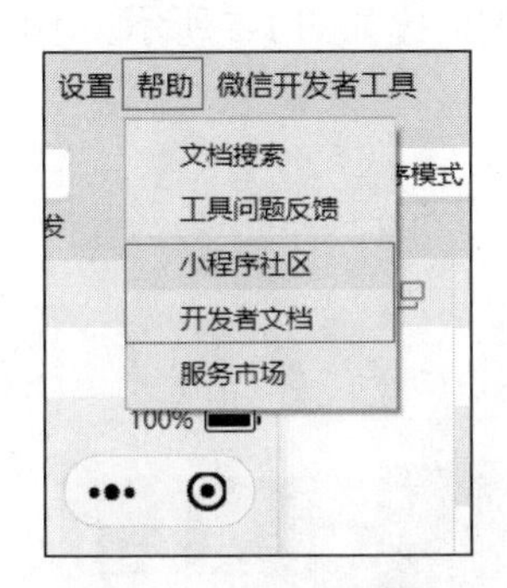

图1-3　常用开发工具

图1-4　WeUI样式库

1.2　小程序全栈开发模式

小程序全栈开发是指从数据库、服务器到前端页面的一个完整技术栈的开发。目前比较流行的全栈开发模式分为如下两类。

一类是传统的小程序全栈开发模式，该模式下小程序的后端采用各种服务器技术，如采用 Node.js 技术进行开发。这一类开发需要开发者自行安装并配置服务器及数据库软件。

另一类是小程序云开发模式。该模式提供了较完整的服务器架构，结合所提供的云函数、数据库和文件存储等基础功能，形成完整的小程序全栈开发闭环，为开发者省去了后端开发部署和维护的成本。

1. 传统的小程序全栈开发模式

传统的小程序全栈开发模式分为后端开发和前端开发。

（1）后端开发

下面以 Node.js 配置服务器端并编码为例讲解传统的小程序后端开发过程。

- 先下载并安装、配置 Node.js 服务器端环境，包括配置基于 Node.js 的 Web 开发框架，如比较简单且目前普及度比较高的 Express 框架。
- 再下载安装数据库软件，如 MySQL，并创建好项目所用的数据库及数据。
- 然后在服务器端创建 Node.js 项目，编码完成后台数据库访问或服务功能，即编写 JS 文件实现调用返回 JSON 数据功能的 API，为前端小程序提供数据服务。

（2）前端开发

全栈小程序前端开发流程如下。

- 完成小程序页面开发。

- 小程序通过异步请求方式访问服务器端 API 接口并返回 JSON 等格式数据，然后渲染到小程序页面中。

需要注意的是，上线小程序需要验证域名及使用 HTTPS。

2. 小程序云开发模式

小程序云开发模式为小程序开发提供了一站式的后端云服务，降低了开发门槛，提高了开发效率。开发者只需关心业务逻辑这类核心代码的编写，既可以不关心服务器架构，也可以不考虑服务器端代码的部署，这使全栈式小程序的开发更为轻松，可实现快速上线和迭代。

小程序云开发模式主要涉及数据库、存储和云函数三大方面基础功能，云函数目前仅支持 Node.js。传统的小程序全栈开发模式与小程序云开发模式的对比如图 1-5 所示。小程序云开发模式的主要特点如下。

- 采用云函数，无须部署 Node.js、域名和证书。
- 前端可以直接查询有权限的数据库。
- 封装统一的上传文件 API，无须开发后端接口。
- 控制台轻松测试 API、监控云函数和查看日志。

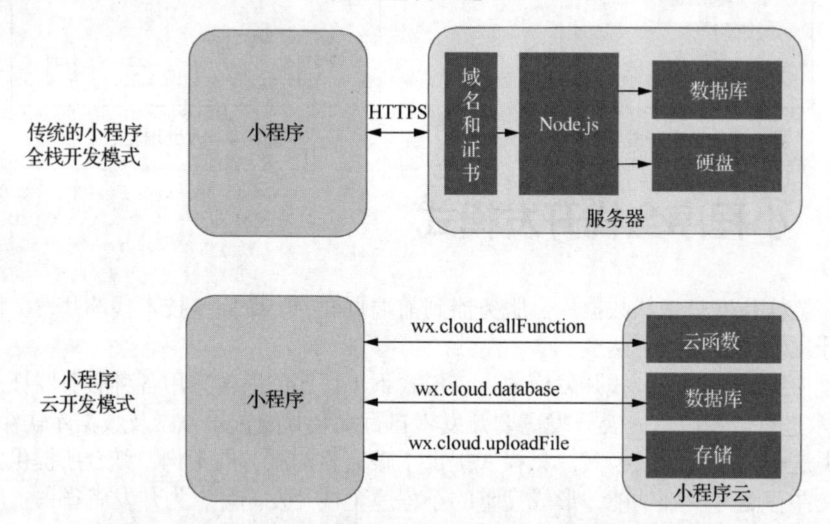

图1-5　传统的小程序全栈开发模式与小程序云开发模式的对比

本书第 6 章、第 7 章将分别以新闻列表小程序和一个完整的果茶店小程序为例来介绍基于云开发的小程序全栈开发过程。

本章小结

本章介绍了小程序的特点及其在各行各业的应用，然后重点介绍了小程序的开发流程、运行机制以及小程序开发工具，读者在后续的学习中将不断实践该开发流程。本章最后对比了小程序全栈开发的两种模式，其中云开发模式高效、便捷，为小程序开发提供了一站式的后端云服务，包括数据库、存储和云函数三方面的基础功能。

习 题

一、判断题

1. 小程序正式上线是在2016年。 ( )
2. 小程序能够完全取代App。 ( )
3. 小程序没有应用商店。 ( )
4. 小程序能实现页面分享。 ( )

二、选择题

1. 下列不是小程序的特点的是（ ）。
   A. 触手可及 B. 无须下载及安装 C. 所见即所得 D. 用完即走
2. 关于小程序和公众号说法错误的是（ ）。
   A. 二者属于同级体系 B. 二者管理端登录地址不同
   C. 主体信息一致时二者可以设置关联 D. 非同主体时二者名字可以一样
3. 以下不是正确的小程序入口的是（ ）。
   A. 扫码进入 B. 搜索关键词进入 C. 点击URL进入 D. 微信分享进入

三、简答题

1. 简述小程序开发流程。
2. 简述小程序云开发模式的特点。

02 第2章　第一个小程序云开发

本章主要介绍全栈式小程序云开发所需要的环境及工具，并通过一个完整示例让读者提前体验什么是基于云开发的全栈式小程序开发。本章重点在于理解全栈式小程序云开发流程，并学习开发环境的搭建，详细的开发知识将在后文介绍。

2.1　搭建小程序开发环境

要完成小程序的开发首先要进行小程序注册，然后下载安装微信开发者工具，通过该工具进行小程序的开发和调试，最后进行小程序的发布和上线。

2.1.1　注册小程序

开发小程序第一步需要拥有一个小程序账号，开发者通过此账号来管理自己所开发的小程序。首先打开微信公众平台，在右上角单击“立即注册”，如图2-1所示。

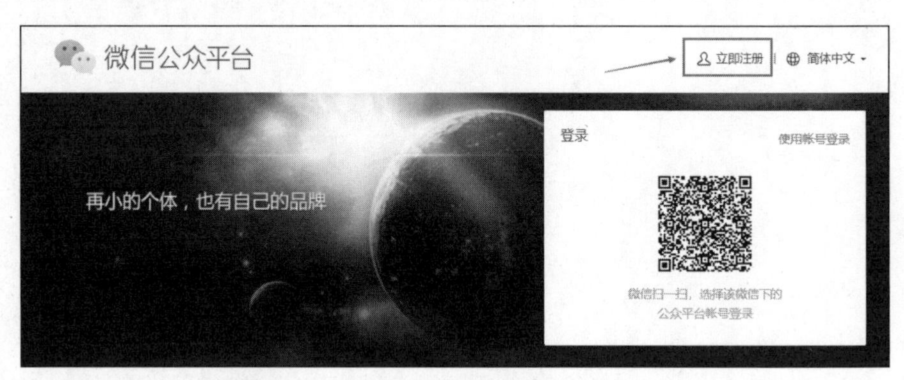

图2-1　小程序注册页面

进入选择注册账号类型页面，该页面分别有“订阅号”“服务号”“小程序”及“企业微信”选项，如图2-2所示。

选择“小程序”选项，进入小程序账号信息注册页面，输入邮箱、密码及验证码等信息，如图2-3所示。每个邮箱仅能申请一个小程序，且邮箱地址作为登录账号，需要输入未在微信公众平台注册、未在微信开放平台注册、未被个人微信号绑定的邮箱。

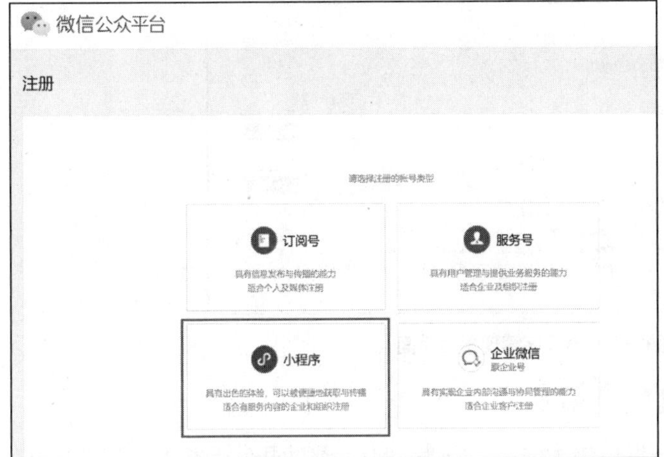

图2-2　选择注册账号类型页面

图2-3　小程序账号信息注册页面

正确输入邮箱、密码、验证码信息后单击“注册”按钮，注册用邮箱会收到一封激活邮件。

单击激活邮件中的激活链接，完成账号激活后，进入主体信息登记页面，选择主体类型为“个人”，输入身份证姓名、身份证号码、管理员手机号码、短信验证码，并使用微信扫描二维码，绑定管理员微信，如图2-4所示。注意：一个身份证号码只能注册5个小程序。

图2-4　主体信息登记页面

注册成功后进入小程序管理平台页面，如图2-5所示。在该平台可以补充基本信息，如补充小程序名称、图标、描述等，选择服务类目；同时可以进行管理小程序权限、查看数据报表、发布小程序等操作。

注意

个人账号注册的小程序，一年内可修改2次名称。

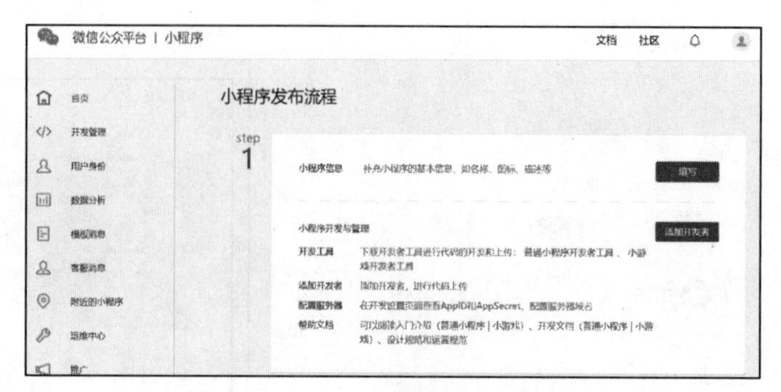

图2-5　小程序管理平台页面

2.1.2　安装微信开发者工具

小程序注册完成以后，需要有开发环境才能进行开发。为了帮助开发者简单、高效地开发和调试小程序，微信团队推出了一款专门开发小程序的工具——微信开发者工具。开发者使用该工具可以完成小程序的API调用、页面的开发调试、代码查看和编辑、小程序预览以及发布等功能。

在微信开发者下载页面，需要根据操作系统的类型和版本选择相应的开发者工具版本进行下载。下面以下载的Windows 64版本为例讲解安装微信开发者工具的过程。安装开始页面如图2-6所示。

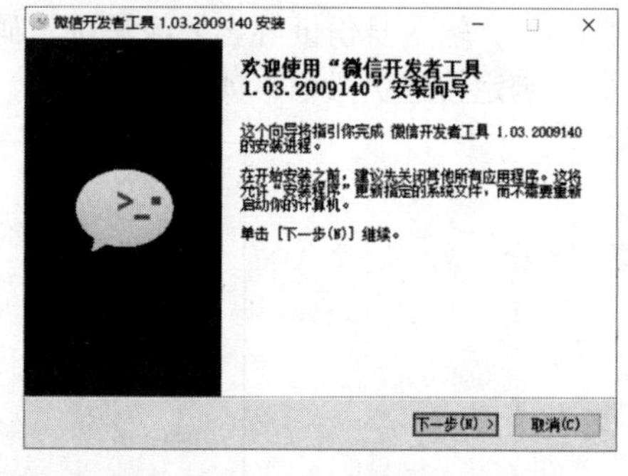

图2-6　微信开发者工具安装开始页面

安装其实很简单，程序运行后一直单击“下一步”按钮，到最后一步单击“完成”按钮即完成安装。

微信开发者工具使用微信扫描二维码的方式进行身份验证及登录。在安装最后一步单击“完成”按钮后，或者在PC端双击微信开发者图标，将弹出扫描登录页面。成功登录后，会进入“小程序项目”与“公众号网页项目”选择页面，选择“小程序项目”下的“小程序”，单击“+”进入新建项目页面，如图2-7所示。输入项目名称，设置目录、AppID、开发模式和后端服务后就可以开始新建一个小程序项目了。

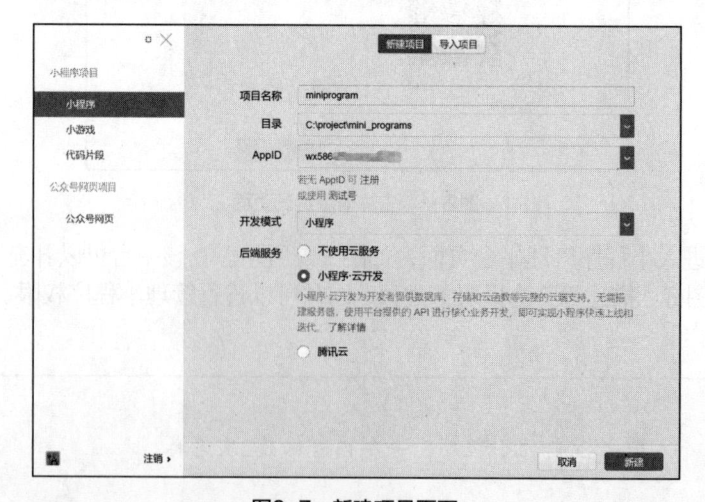

图2-7　新建项目页面

各选项说明如下。

（1）项目名称：由开发者自定义的本地小程序项目名称。

（2）目录：小程序项目存储在本地计算机上的目录路径。

（3）AppID：小程序唯一标识，是管理员在微信公众平台上注册的小程序 ID。

打开微信公众平台主页，以注册成功的账号和密码登录。在小程序管理页面单击左侧菜单栏的“开发”选项，进入开发页面后，单击“开发设置”，就可以看见“开发者 ID”下面有“AppID（小程序 ID）”，把该值复制到新建项目页面的 AppID 文本框即可，如图 2-8 所示。

图2-8 开发页面

（4）开发模式：小程序。

（5）后端服务：选择“小程序·云开发”。

与不使用云服务的小程序不同，云开发模式的小程序没有游客模式，也不可以使用测试号，project.config.json 配置文件中增加了 cloudfunctionRoot 字段，用于指定存放云函数的目录，该指定的目录有特殊的图标。

最后在图 2-7 所示页面中单击“新建”按钮，进入微信开发者工具的主界面。

2.1.3 微信开发者工具介绍

微信开发者工具界面如图 2-9 所示，共分为工具栏、模拟器、资源管理器、代码编辑区以及调试器五大部分。

1. 工具栏

工具栏包含个人中心、模拟器、编辑器、调试器、云开发、小程序模式、编译、预览、真机调试、切后台、清缓存、上传、版本管理、详情 14 个功能。

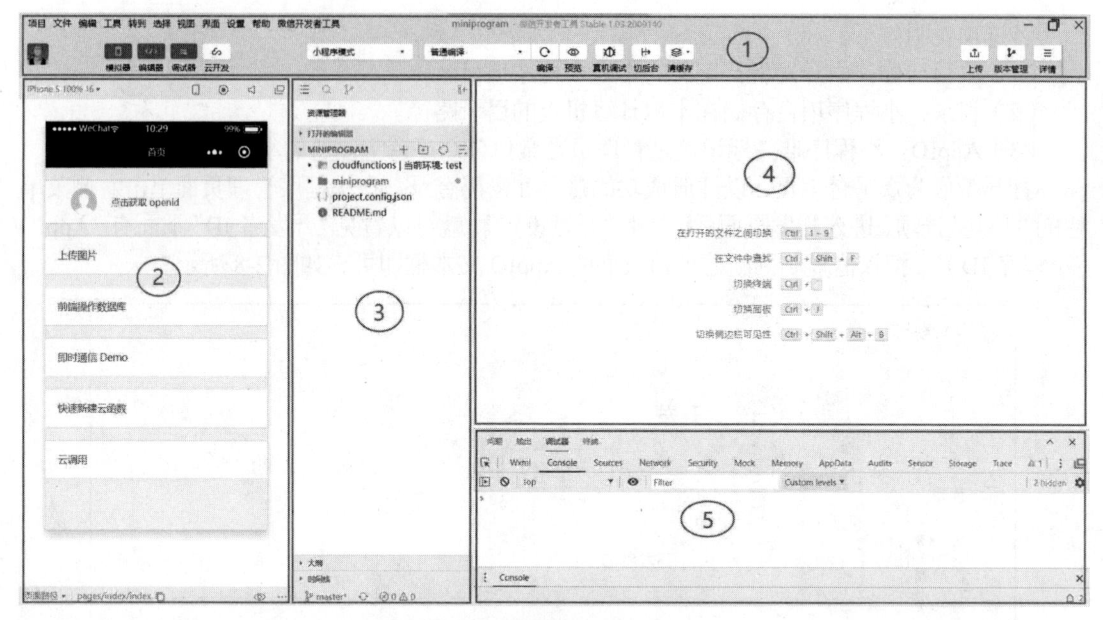

图2-9 微信开发者工具界面

（1）个人中心：单击左上角图标会弹出一个下拉窗口，可显示社区消息通知等。

（2）模拟器、编辑器、调试器：控制其在界面中显示或隐藏，至少需要有一个显示。

（3）云开发：在使用云开发之前需要先开通云开发。在工具栏左侧，单击“云开发”按钮即可打开云控制台，然后就可以根据提示开通云开发，创建云环境。后文会详细介绍。

（4）小程序模式：可以切换“小程序模式”“插件模式”，小程序开发时一般会采用小程序模式。

（5）编译：普通编译为默认选项，也可以选择“添加编译模式”，让开发者通过不同的场景进入具体指定页面进行条件编译。

（6）预览：分为“扫描二维码预览”和“自动预览”。扫描二维码预览是直接用手机扫描二维码在当前真机上预览效果。自动预览则可以在编写的时候通过绑定的手机实时预览效果，避免每次都用手机去扫描二维码预览。

（7）真机调试：这个功能非常实用，尤其在项目开发测试阶段，在真机上遇到问题时，可以单击“真机调试”，扫描生成的二维码就会在手机和计算机桌面上弹出调试窗口，这样在手机上运行小程序时，PC 端调试窗口会实时输出日志信息，帮助开发者排除错误。

（8）切后台：单击“切后台”按钮，可以模拟小程序进入后台的情况。

（9）清缓存：可以便捷地清除工具上的文件缓存、数据缓存以及后台的授权数据，方便开发者调试。

（10）上传：上传项目到微信服务器上，用于发布项目。

（11）版本管理：为开发者提供了项目版本控制功能。

（12）详情：用于查看项目信息、项目配置等，通常开发小程序时会在“项目设置”选项中将“不效验合法域名、web-view（业务域名）、TLS 版本及 HTTPS 证书”选项选中。

2. 模拟器

模拟器可以模拟小程序在微信客户端的效果，小程序的代码通过编译后可以在模拟器上直接运行。模拟运行时，开发者可以选择不同的设备、缩放比例及网络状态，也可以添加自定义设备来调试小程序在不同尺寸机型上的适配问题，如图 2-10 所示。在模拟器底部的状态栏，可以直观地看到当前运行小程序的场景值、页面路径以及页面参数等。

3. 资源管理器

资源管理器可展示项目整体结构，在目录上单击鼠标右键，选择新建 Page，将自动生成页面所需要的 WXML、WXSS、JS、JSON 等文件。

4. 代码编辑区

在代码编辑区可对当前项目进行代码编写，同大部分编辑器一样，它提供了较为完善的自动补全功能。JS 文件编辑会帮助开发者补全所有的 API 及相关的注释，并提供代码模板支持。编辑 WXML 文件时会直接写出相关的标签和标签中的属性。同样编辑 JSON 文件时也会补全相关的配置，并给出实时的提示。

5. 调试器

调试器分为 12 大功能模块：Wxml、Console、Sources、Network、Security、Mock、Memory、AppData、Audits、Sensor、Storage、Trace。

图2-10　模拟器

2.2　第一个云开发小程序

2.2.1　项目介绍

在 2.1 节中通过微信开发者工具自动创建了第一个云开发小程序 miniprogram，如图 2-11 所示。

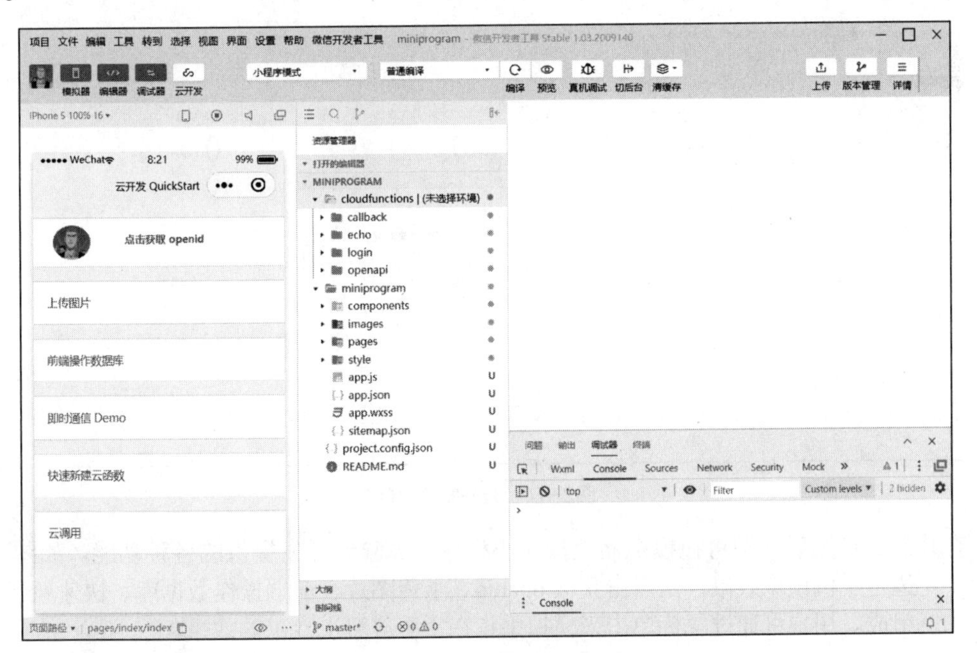

图2-11　第一个云开发小程序

下一步需要在该项目上开通云开发以使用云开发功能。在微信开发者工具的左侧工具栏单击“云开发”按钮即可打开云控制台，然后就可以根据提示开通云开发，创建云环境，过程分别如图 2-12 和图 2-13 所示。

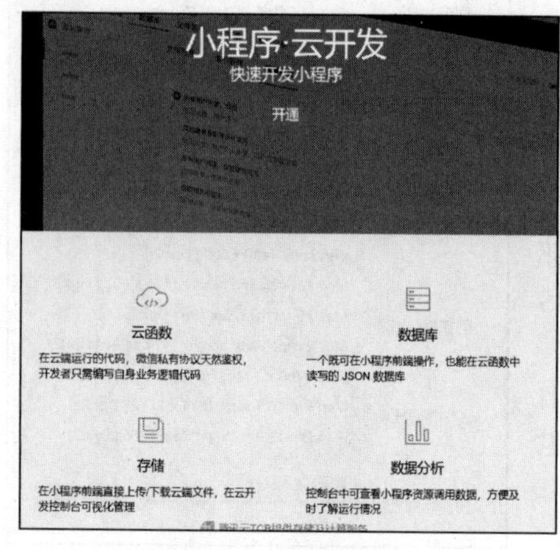

图2-12　开通云开发

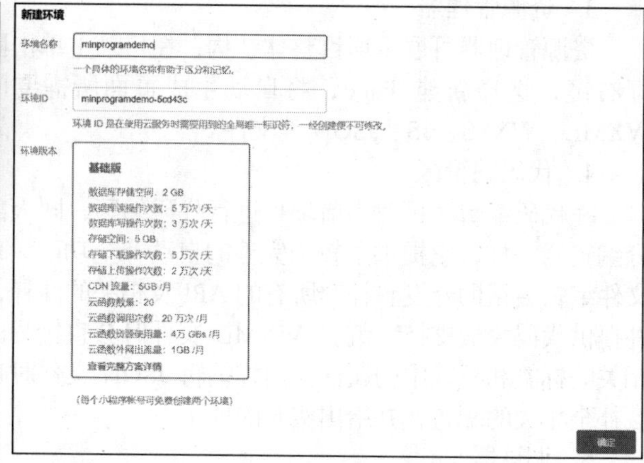

图2-13　创建云环境

默认配额下可以创建两个环境，一个环境对应一整套独立的云开发资源，包括云函数、数据库、存储等。各个环境相互隔离，每个环境都有唯一的环境 ID 标识，初始创建的环境自动成为默认环境。

在图 2-11 所示窗口中单击“云开发”按钮，进入云开发控制台，如图 2-14 所示。云开发控制台是管理云开发资源的地方，可提供用户管理、存储管理、统计分析等功能。

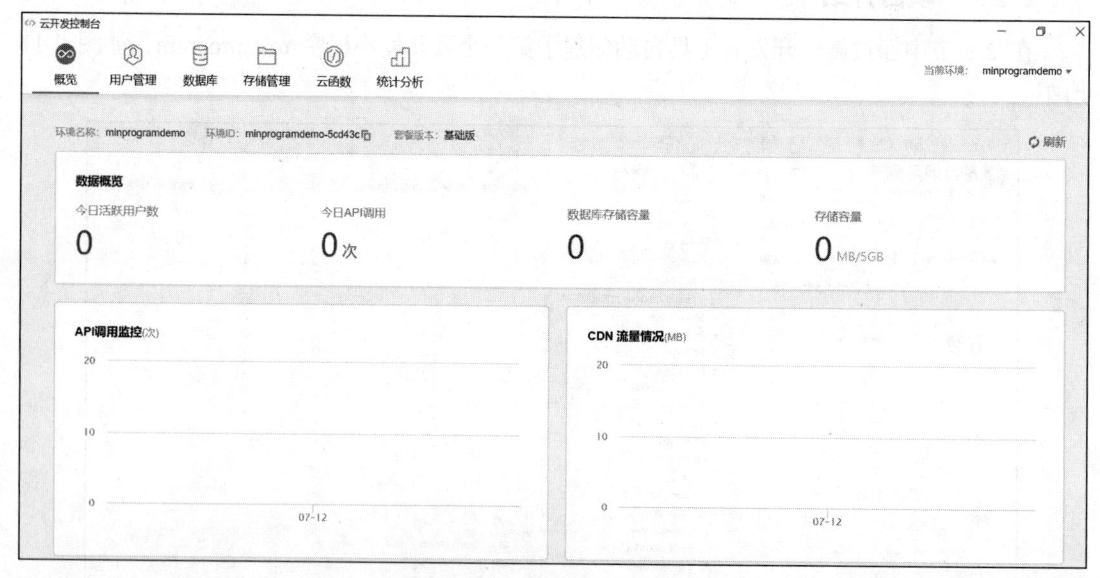

图2-14　云开发控制台

在开通云环境后，即可在模拟器上操作小程序，体验云开发提供的各种功能。如图 2-15 所示，左边是手机预览效果，由点击获取 openid、上传图片、前端操作数据库、快速新建云函数等功能组成。用户可通过鼠标单击来模拟手指在手机屏幕上点击的效果。

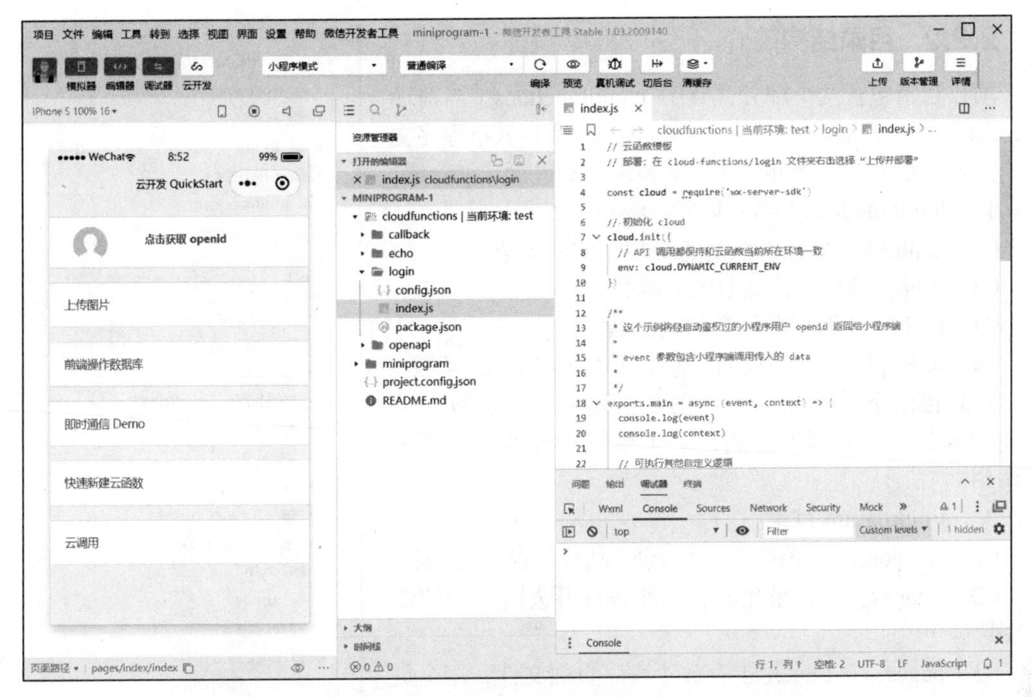

图2-15　第一个云开发小程序示例

在图 2-15 所示页面中，如果想点击获取 openid，即调用对应的云函数 login，则首先需要将该云函数部署到云端。在云函数 login 目录上单击鼠标右键，选择“创建并部署：云端安装依赖（不上传 node_modules）”将云函数整体打包上传并部署到线上环境中，当右上角出现“上传云函数 login”的弹窗时说明已经成功地把“login”云函数上传、创建并部署到云端了。然后单击模拟器里的“点击获取 openid”，就能成功获取用户的 openid。如图 2-16 所示。

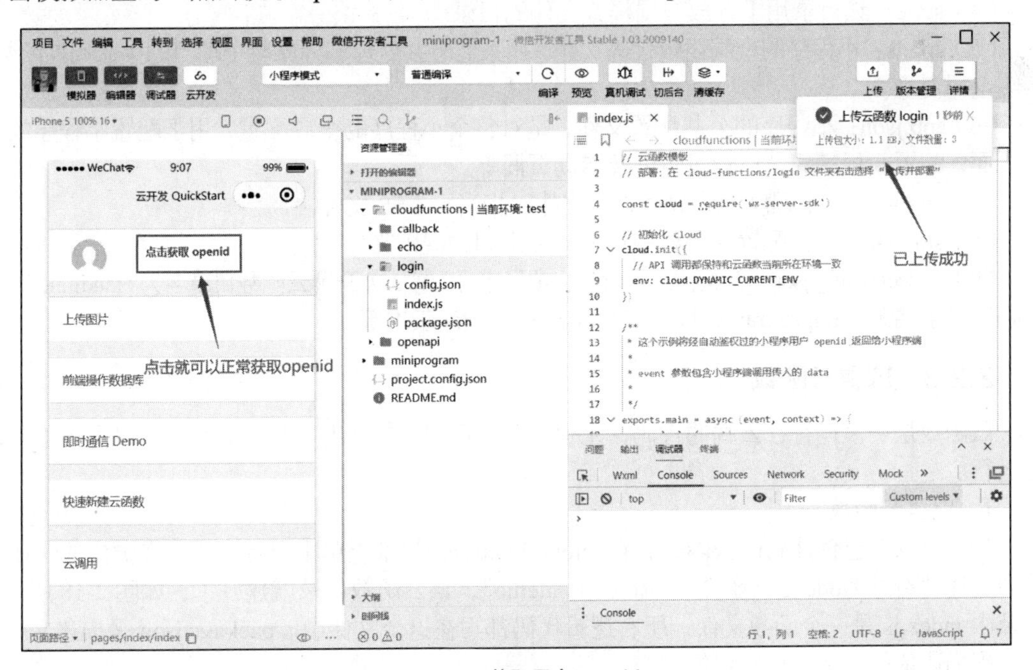

图2-16　获取用户openid

2.2.2 目录结构简介

项目目录包含两个部分，其中 cloudfunctions | 当前环境：test 为存放云函数的目录，miniprogram 为存放小程序文件的目录，如图 2-17 所示。下面对目录结构进行详细介绍。

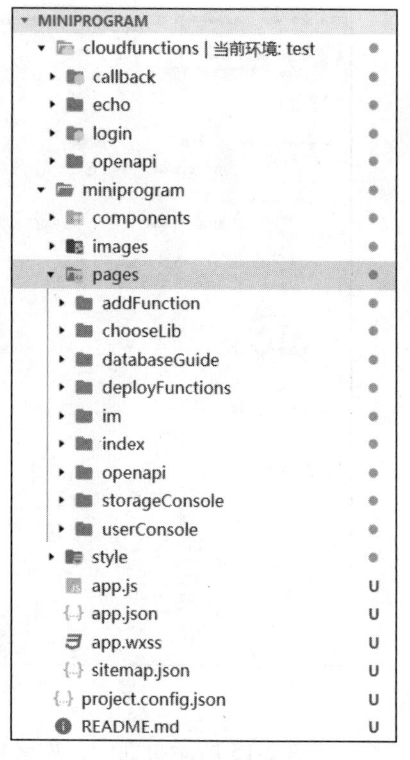

图2-17 目录结构

1. cloudfunctions | 当前环境：test 目录

（1）callback：发送客服消息给用户的云函数。

（2）echo：输出用户信息的云函数。

（3）login：获取用户信息的云函数。

（4）openapi：发送模板消息等微信开放 API 的云函数。

在此目录下可以根据程序需要创建新的云函数，开发完云函数后，需要上传到云端（微信服务器）才可进行调用。

2. miniprogram 目录

（1）components：该目录用于存放小程序的自定义组件。

（2）images：该目录用于存放小程序开发时需要的资源图片。

（3）pages：该目录用于存放小程序页面文件，每个页面都是一个目录，目录名就是唯一的页面名，每个页面由同路径下同名但不同扩展名的 2～4 个文件组成。具体如下。

- 扩展名为.js 的文件是当前页面脚本逻辑文件。
- 扩展名为.json 的文件是当前页面配置文件。
- 扩展名为.wxss 的文件是当前页面样式表文件。
- 扩展名为.wxml 的文件是当前页面结构文件。

（4）style：该目录用于存放全局样式文件的目录。

（5）app.js：小程序的全局逻辑代码文件，用来监听并处理小程序整个项目的生命周期函数、声明全局变量。

（6）app.json：小程序的公共配置文件，是对整个小程序的全局配置，用于配置小程序的组成页面，配置小程序的窗口背景色以及启动页面等。

（7）app.wxss：小程序的公共样式表文件，相当于 CSS 文件。

（8）sitemap.json：配置该小程序可以被搜索到的规则文件。

（9）project.config.json：该文件用于对整个项目进行配置，如配置云函数目录名为 cloudfunctions、小程序目录名为 miniprogram，以及使用小程序基础库版本等。

2.2.3 部署云函数

云函数是一段运行在云端的代码，无须服务器管理，在开发工具内编写、一键上传部署即可运行。

1. 创建云函数

读者可以自己创建新的云函数，在 cloudfunctions 目录上单击鼠标右键，在弹出的快捷菜单中选择“新建 Node.js 云函数”，命名为“demo”，该云函数目录就建好了，如图 2-18 所示。目录中 index.js 是一个函数文件，所有逻辑代码都写在这个文件中。package.json 是描述文件，是用来描述依赖包及项目配置信息的。

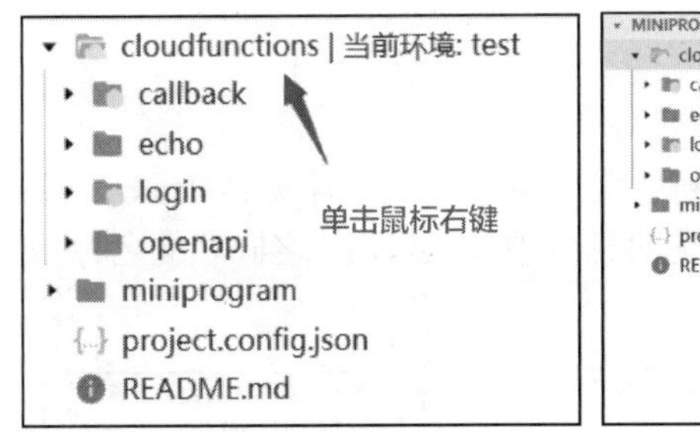

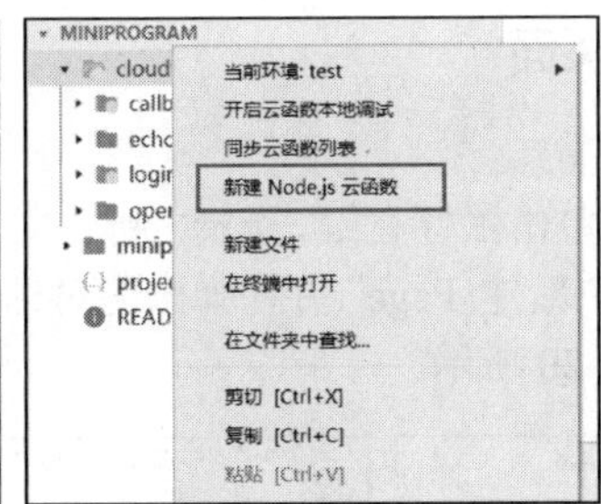

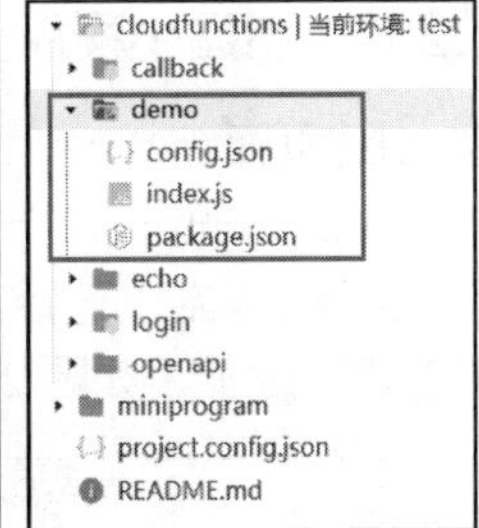

图2-18　创建云函数

2. 云函数示例

打开 index.js 文件。小程序自动为用户创建了一个获取用户授权信息的方法，代码如下。

```
// 云函数入口文件
const cloud = require('wx-server-sdk')
cloud.init()
// 云函数入口函数
exports.main = async (event, context) => {
// getWXContext 方法获取用户登录状态的 openId 和小程序 appId 信息
   const wxContext = cloud.getWXContext()
   return {
      event,
      openid: wxContext.OPENID,
      appid: wxContext.APPID,
      unionid: wxContext.UNIONID,
   }
}
```

3. 上传并部署云函数

在创建完云函数后，需要上传到云端（微信服务器）并部署。将鼠标指针移动到 demo 目录上并单击鼠标右键，在弹出的快捷菜单中选择“上传并部署：云端安装依赖（不上传 node_modules）”，会自动把 demo 目录下的文件上传到云端，如图 2-19 所示。然后云端服务器会自动安装、部署这些文件。

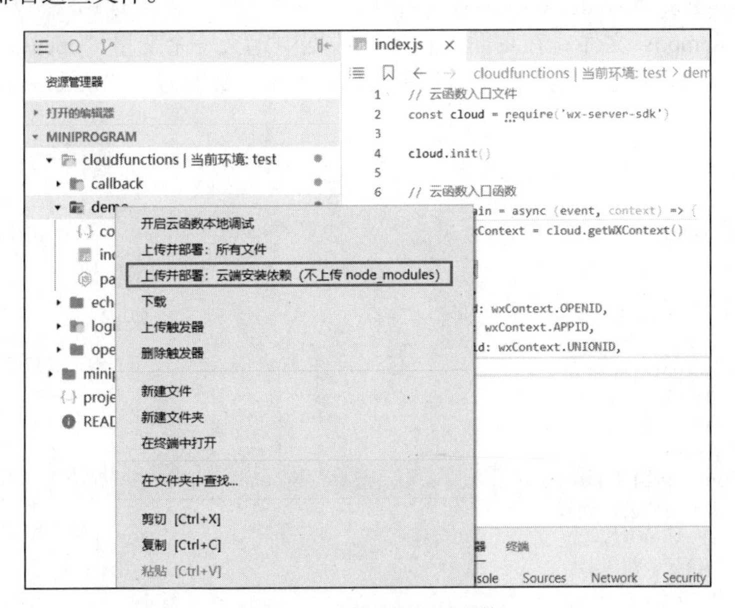

图2-19　上传并部署云函数

2.2.4 创建小程序页面

1. 创建页面

在 miniprogram 目录上单击鼠标右键，选择“新建文件夹”，输入文件夹名 demo，再在 demo 目录下单击鼠标右键，选择“新建 Page”并在弹出的对话框中输入与目录名同名的名称“demo”，页面就创建完成了，如图 2-20 所示。

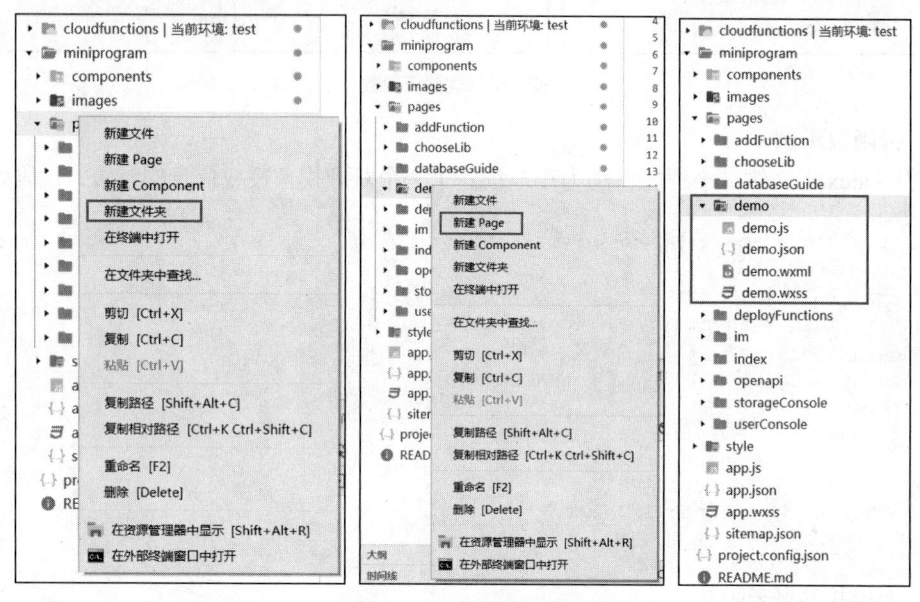

图2-20 创建小程序页面

2. 编辑页面

打开新建的小程序页面 demo.wxml，添加 view 和 button 组件，代码如下。

```
<view>{{openId}}</view>
<button bindtap='getOpenId'>获取 openId</button>
```

然后打开 demo.js 文件，在页面的初始化数据中定义一个变量“openId”，并编写一个 getOpenId 事件方法。该方法包含一个调用上文创建的云函数的方法“wx.cloud.callFunction”，代码如下。

```
Page({

  /**
   * 页面的初始数据
   */
  data: {
    openId: ""
  },
  // 绑定 bindtap 事件上的方法
  getOpenId: function(){
    var that = this;
    //调用云函数
    wx.cloud.callFunction({
      // 需调用的云函数名
      name: 'demo',
      // 传给云函数的参数
      data: {
        token: 123
```

```
      },
      // 成功回调
      success: function(res){
        that.setData({
          openId: res.result.openid
        })
      }
    })

  },

  /**
   * 生命周期函数——监听页面加载
   */
  onLoad: function (options) {

  },

  /**
   * 生命周期函数——监听页面初次渲染完成
   */
  onReady: function () {

  },

  /**
   * 生命周期函数——监听页面显示
   */
  onShow: function () {

  },

  /**
   * 生命周期函数——监听页面隐藏
   */
  onHide: function () {

  },

  /**
   * 生命周期函数——监听页面卸载
   */
  onUnload: function () {

  },

  /**
   * 页面相关事件处理函数——监听用户下拉动作
   */
  onPullDownRefresh: function () {

  },

  /**
   * 页面上拉触底事件的处理函数
   */
  onReachBottom: function () {

  },
```

```
    /**
     * 用户单击右上角分享
     */
    onShareAppMessage: function () {

    }
})
```

3. 预览页面

为了方便预览 demo 页面，可在 app.json 全局配置文件中修改页面显示顺序。打开 app.json 文件，“pages”中的顺序就是页面显示的顺序。默认第一个为首页，我们把 demo 调整到第一个，如图 2-21 所示。

```
app.json
1  {
2    "pages": [
3      "pages/index/index",
4      "pages/userConsole/userConsole",
5      "pages/storageConsole/storageConsole",
6      "pages/databaseGuide/databaseGuide",
7      "pages/addFunction/addFunction",
8      "pages/deployFunctions/deployFunctions",
9      "pages/chooseLib/chooseLib",
10     "pages/openapi/openapi",
11     "pages/demo/demo"
12   ],
13   "window": {
14     "backgroundColor": "#F6F6F6",
15     "backgroundTextStyle": "light",
16     "navigationBarBackgroundColor": "#F6F6F6",
17     "navigationBarTitleText": "云开发 QuickStart",
18     "navigationBarTextStyle": "black"
19   },
20   "sitemapLocation": "sitemap.json"
21 }
```

```
app.json
1  {
2    "pages": [
3      "pages/demo/demo",
4      "pages/userConsole/userConsole",
5      "pages/storageConsole/storageConsole",
6      "pages/databaseGuide/databaseGuide",
7      "pages/addFunction/addFunction",
8      "pages/deployFunctions/deployFunctions",
9      "pages/chooseLib/chooseLib",
10     "pages/openapi/openapi",
11     "pages/index/index"
12
13   ],
14   "window": {
15     "backgroundColor": "#F6F6F6",
16     "backgroundTextStyle": "light",
17     "navigationBarBackgroundColor": "#F6F6F6",
18     "navigationBarTitleText": "云开发 QuickStart",
19     "navigationBarTextStyle": "black"
20   },
21   "sitemapLocation": "sitemap.json"
22 }
```

图2-21　修改页面显示顺序

保存之后，小程序会自动重新编译。这时查看左侧手机预览窗口，可以看到 demo 页面。单击“获取 openid”，就会调用 demo 的云函数获取 openid，如图 2-22 所示。

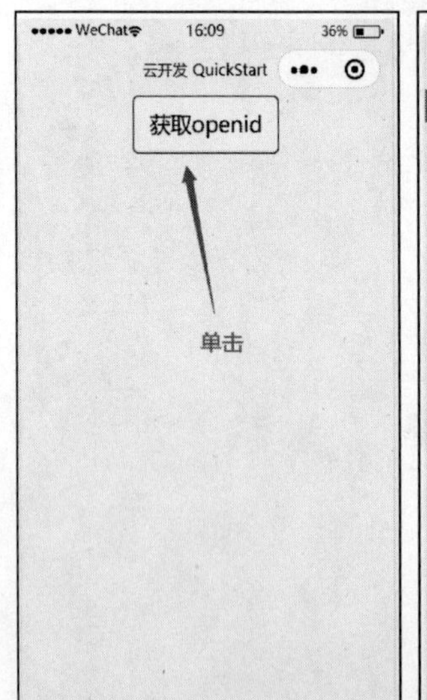

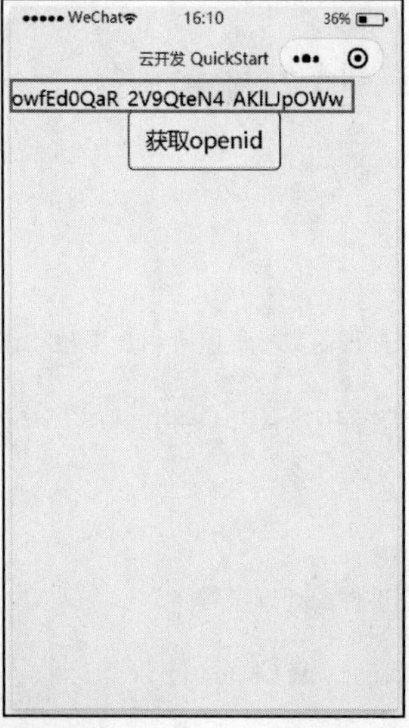

图2-22　预览小程序页面

本章小结

本章创建了一个基于云开发的小程序，然后根据小程序提供的云开发模板，逐步介绍了开发小程序的流程。同时我们也自己创建了一个小程序页面和云函数，实现了它们之间的调用。快速使用云开发的步骤如下：

1. 新建云开发模板；
2. 开通云开发；
3. 创建新的云函数并上传、部署；
4. 创建小程序页面、调用云函数及进行相关编程，最后体验小程序；
5. 查看云开发控制台。

习　题

一、选择题

1. 在开发个人喜好类小程序时应选择的服务类目是（　　）。

   A．企业服务类目　B．个人服务类目　C．政府服务类目　D．媒体服务类目

2. 关于微信开发者工具的下载和安装，没有以下哪个版本（　　）。

   A．Windows 32　B．Windows 64　C．macOS　D．UNIX

3. 在创建完成的一个小程序项目中，project.config.json文件属于以下哪种？（　　）

   A．项目配置文件　B．页面文件　C．样式文件　D．逻辑文件

4. 小程序的注册账号是（　　）。

   A．邮箱地址　B．手机号　C．学号　D．微信号

二、实践题

1. 请注册一个小程序账号。
2. 使用注册好的账号在微信开发者工具中创建一个名为“爱电影”的小程序云开发项目。

03 第 3 章　小程序基础知识

小程序项目由 5 种不同类型的文件构成：JSON 配置文件、WXML 模板文件、WXS 小程序脚本文件、WXSS 样式文件及 JS 页面逻辑文件。本章将详细介绍这 5 种文件的配置及作用。

3.1　JSON配置文件

在一个小程序项目中可看到，整个配置文件目录中有 app.json、project.config.json 等 JSON 文件，pages 目录下每个页面都有相应的 page.json 文件。

3.1.1　app.json

app.json 是小程序配置文件，是对当前整个小程序项目的全局配置，包括小程序的所有页面路径、界面（UI）展示、底部 tab 的表现、网络超时时间等。具体配置项如表 3-1 所示。

表 3-1　app.json 配置项

属性	类型	必填	描述	最低版本
pages	string Array	是	设置页面路径	—
window	object	否	设置页面的默认窗口表现	—
tabBar	object	否	设置底部 tab 的表现	—
networkTimeout	object	否	设置网络超时时间	—
debug	boolean	否	设置是否开启 debug 模式	—
functionalPages	boolean	否	是否启用插件功能页，默认关闭	2.1.0
subpackages	object[]	否	声明项目分包结构	1.7.3
workers	string	否	worker 代码放置的目录	1.9.90
requiredBackgroudModes	string[]	否	需要在后台使用的能力，如音乐播放	—
plugins	object	否	使用到的插件	1.9.6
preloadRule	object	否	分包预下载规则	2.3.0

续表

属性	类型	必填	描述	最低版本
resizable	boolean	否	iPad 上运行的小程序是否支持屏幕旋转，默认关闭	2.3.0
navigateToMiniProgramAppIdList	string[]	否	具体实现方式详见 4.5 节的“导航组件”	2.4.0
usingComponents	object	否	配置自定义组件	—
permission	object	否	小程序接口权限相关设置	7.0.0
sitemapLocation	string	是	指明 sitemap.json 的位置	—

1. pages

pages 接收一个字符串数组，用来指定整个小程序由哪些页面组成。每一项代表对应页面的“路径+文件名”信息，数组的第一项代表小程序的初始页面。在小程序中新增或减少页面，都需在此对 pages 数组进行修改。数组中的文件名不需要写文件扩展名，因为小程序框架会自动去寻找该路径下 JSON、JS、WXML、WXSS 这 4 个文件进行整合。例如，第 2 章所述第一个小程序中 app.json 中的 pages 如图 3-1 所示。

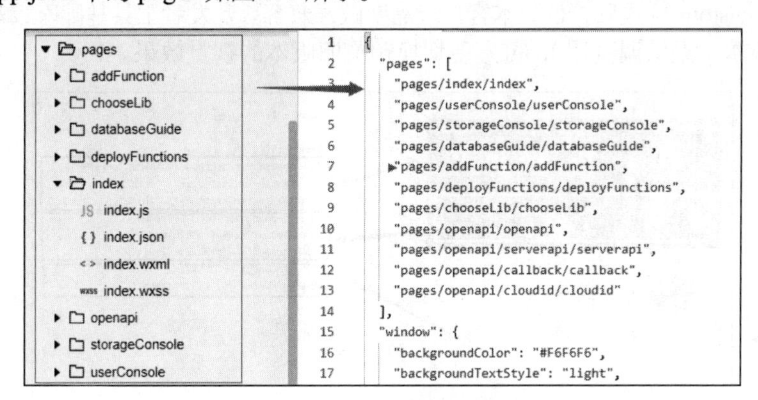

图3-1　pages目录配置信息

2. window

window 用于设置小程序页面的状态栏、导航条、标题、窗口背景色等。具体配置项如表 3-2 所示。window 配置呈现的效果如图 3-2 所示。

表 3-2　window 配置项

属性	类型	默认值	描述	最低版本
navigationBarBackgroundColor	HexColor	#000000	导航栏背景颜色（HexColor 是十六进制颜色值）	—
navigationBarTextStyle	string	white	导航栏标题颜色，仅支持 black/white	—
navigationBarTitleText	string		导航栏标题文字内容	—
navigationStyle	string	default	导航栏样式，仅支持 default/custom。custom 样式可自定义导航栏，只保留右上角胶囊状的按钮	6.6.0
backgroundColor	HexColor	#ffffff	窗口的背景色	—

续表

属性	类型	默认值	描述	最低版本
backgroundTextStyle	string	dark	下拉 loading 的样式，仅支持 dark/light	—
backgroundColorTop	string	#ffffff	顶部窗口的背景色，仅 iOS 支持	6.6.16
backgroundColorBottom	string	#ffffff	底部窗口的背景色，仅 iOS 支持	6.5.16
enablePullDownRefresh	boolean	false	是否开启下拉刷新，具体详见 3.5.3 小节	—
onReachBottomDistance	number	50	页面上拉触底事件触发时距页面底部距离，单位为像素，具体详见 3.5.3 小节	—
pageOrientation	string	portrait	屏幕旋转设置，支持 auto/portrait/landscape	2.4.0(auto)/2.5.0（landscape）

这里需要注意的是 navigationStyle，具体如下。

（1）客户端 7.0.0 以下版本，navigationStyle 只在 app.json 中生效。

（2）客户端 6.7.2 版本开始，navigationStyle：custom 对 web-view 组件无效。

（3）开启 custom 样式后，低版本客户端需要做好兼容。开发者工具基础库版本切换到 1.7.0（不代表最低版本，只供调试用），可方便切换预览旧版本的视觉效果。

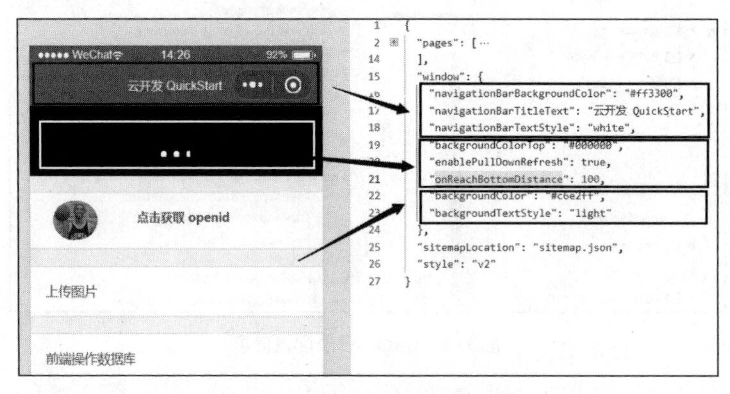

图3-2 window配置呈现的效果

3. tabBar

如果小程序是一个多 tab 应用（客户端窗口的底部或顶部有 tab 栏用于切换页面），那么可以通过 tabBar 配置项指定 tab 栏的外观，及 tab 切换时显示的对应页面。具体配置项如表 3-3 所示。

表 3-3 tabBar 配置项

属性	类型	必填	默认值	描述	最低版本
color	HexColor	是	—	tab 上的文字默认颜色	—
selectedColor	HexColor	是	—	tab 上的文字选中时的颜色	—
backgroundColor	HexColor	是	—	tab 的背景色	—
borderStyle	string	否	black	tab 上边框的颜色，仅支持 black/white	—
list	array	是	—	tab 的列表，只能配置最少 2 个、最多 5 个 tab	—

续表

属性	类型	必填	默认值	描述	最低版本
position	string	否	botton	可选值为 bottom、top，当为 top 时，icon 不会显示	—
custom	boolean	否	false	自定义 tabBar，详情见 4.10 节	2.5.0

其中，tab 的 list 属性接收一个数组，配置最少 2 个、最多 5 个 tab。tab 按数组的顺序排序，每项为一个对象，其属性值如表 3-4 所示。

表 3-4 list 属性

属性	类型	必填	说明
pagePath	string	是	页面路径，必须在 pages 中先定义
text	string	是	tab 上的按钮文字
iconPath	string	否	图片路径，icon 大小限制为 40KB，建议尺寸为 81px×81px，当 position 为 top 时，不显示 icon
selectedIconPath	string	否	选中时的图片路径，icon 大小限制为 40KB，建议尺寸为 81px×81px，当 position 为 top 时，不显示 icon

小程序 tabBar 示意如图 3-3 所示。

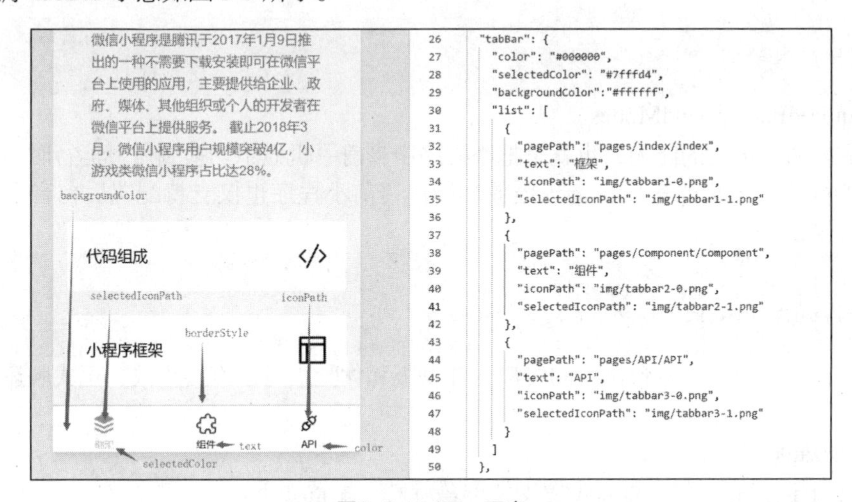

图3-3 tabBar示意

4. networkTimeout

networkTimeout 用于在全局设置各种网络请求的超时时间，其属性如表 3-5 所示。

表 3-5 networkTimeout 属性

属性	类型	必填	说明
request	number	否	wx.request 的超时时间，单位为 ms，默认为 60 000
connectSocket	number	否	wx.connectSocket 的超时时间，单位为 ms，默认为 60 000
uploadFile	number	否	wx.uploadFile 的超时时间，单位为 ms，默认为 60 000
downloadFile	number	否	wx.downloadFile 的超时时间，单位为 ms，默认为 60 000

配置示例:

```
{
    "networkTimeout":{
        "downloadFile": 5000    //重新定义下载文件方法 wx.downloadFile 的超时时间为 5s
    }
}
```

5. debug

用户可以在微信开发者工具中打开 debug 模式，在控制台面板中调试的信息主要有 Page 的注册、页面路由、数据更新、事件触发等。这些信息可以帮助开发者快速定位一些常见的问题。

6. functionalPages

该配置项用来启用“插件功能页”选项，默认为 false。在开发插件时，有些接口不能在插件里直接调用，插件开发者可以使用插件功能页来实现。

7. subpackages

小程序代码包限制为 2MB，如果小程序代码包超过 2MB，或者对小程序做加载优化时，需要对小程序进行分包。subpackages 用来声明项目分包的结构。

8. workers

使用 workers 处理多线程任务时，需设置 workers 代码的放置目录。例如，一个命名为 workers 的目录，在下面放置 workers 代码，打包时会将 workers 目录下的文件打包成一个文件。配置如下。

```
{
    "workers":"workers"
}
```

9. requiredBackgroundModes

声明需要后台运行的能力，也就是把小程序由当前手机显示切换到后台运行时，依然可以正常运行的能力。常用的是后台音乐播放功能。目前小程序也仅支持配置后台音乐播放功能（audio）。配置如下。

```
{
    "pages": ["pages/index/index"],
    "requiredBackgroundModes": ["audio"]
}
```

说明：在此处声明了后台运行的接口，开发版和体验版可以直接生效，正式版还需要通过审核。

10. resizable

在 iPad 上运行的小程序可以设置支持屏幕旋转。配置如下。

```
{
    "resizable": true
}
```

11. navigateToMiniProgramAppIdList

在小程序需要使用 wx.navigateToMiniProgram 接口实现跳转到其他小程序时，需要先在此配置中声明需要跳转的小程序 AppID 列表，最多允许配置 10 个。配置如下。

```
{
    "navigateToMiniProgramAppIdList": ["appId1","appId2","appId3"]
}
```

12. usingComponents

当小程序自带的组件不满足需求或需要扩展小程序提供的组件时，小程序提供了自定义组件功能。在使用自定义组件时，可以在当前页面 page.json 文件中的“usingComponents”属性中声明。自定义组件将在 4.10 节详细介绍。配置如下。

```
{
    "usingComponents": {
        "component-name": "/components/component"
    }
}
```

13. permission

permission 用于设置小程序接口权限。例如，在使用获取地理位置相关接口时，如果没有在此声明位置相关权限，就会弹出提示信息，如图 3-4 所示。

图3-4　提示信息

声明 permission 的配置如下。

```
{
    "permission": {
        "scope.userLocation": {
        "desc": "你的位置信息将用于小程序位置接口的效果展示"
        }
    }
}
```

14. sitemapLocation

sitemapLocation 用于指明 sitemap.json 的位置，默认在 app.json 同级目录下。配置如下。

```
{
    "sitemapLocation": "sitemap.json"
}
```

3.1.2　project.config.json

project.config.json 是整个小程序项目的配置文件。当微信开发者工具被重新安装到另外一台计算机时，只要载入同一个项目的代码包，微信开发者工具就会自动帮助恢复到当时开发项目时的个性化配置，包括编辑器的颜色、代码上传时自动压缩等一系列选项。其属性如表 3-6 所示。

表 3-6　project.config.json 属性

字段名	类型	说明
miniprogramRoot	Path String	指定小程序源码的目录（需为相对路径）
cloudfunctionRoot	Path String	指定云开发源码的目录（需为相对路径）
qcloudRoot	Path String	指定腾讯云项目的目录（需为相对路径）
pluginRoot	Path String	指定插件项目的目录（需为相对路径）
compileType	string	编译类型
setting	object	项目设置
libVersion	string	基础库版本
appid	string	项目的 AppID，只在新建项目时读取
projectname	string	项目名字，只在新建项目时读取
packOptions	object	打包配置选项
scripts	object	自定义预处理

其中，compileType 的有效值如表 3-7 所示。

表 3–7 compileType 的有效值

名字	说明
miniprogram	当前为普通小程序项目
plugin	当前为小程序插件项目

setting 中的指定设置如表 3-8 所示。

表 3–8 setting 中的指定设置

字段名	类型	说明
es6	boolean	是否启用 es5 转 es6
postcss	boolean	上传代码时样式是否自动补全
minified	boolean	上传代码时是否自动压缩
urlCheck	boolean	是否检查安全域名和 TLS 版本

3.1.3 sitemap.json

微信已经开放小程序内的搜索功能，就像开发 Web 页面时设置让百度能搜索到某站点一样。开发者可以通过 sitemap.json 配置文件，来配置其页面是否允许微信索引。可以在项目根目录下新建 sitemap.json 文件，即该文件默认在 app.json 同级目录下。当开发者允许微信索引时，微信会通过爬虫的形式，为页面的内容建立索引。当用户的搜索词条触发该索引时，页面将可能展示在搜索结果中。具体配置项如表 3-9 所示。

表 3–9 sitemap.json 配置项

属性	类型	默认值	描述
rules	Object[]	—	索引规则列表，每项规则为一个 JSON 对象，属性如表 3-10 所示

表 3–10 rules 配置项

属性	类型	必填	默认值	取值	取值说明
action	string	否	allow	allow、disallow	符合该规则的页面是否能被索引
page	string	是	—	*、页面的路径	*表示所有页面，不能作为通配符使用
params	string[]	否	[]	—	当 page 字段指定的页面被本规则匹配时，可能使用的页面参数名称的列表（不含参数值）
matching	string	否	inclusive	参考表 3-11	当 page 字段指定的页面被本规则匹配时，此参数说明 params 匹配方式
priority	number	否	—	—	优先级，值越大则规则越早被匹配，否则默认从上到下匹配

表 3–11 matching 取值说明

值	说明
exact	当页面的参数列表等于 params 时，符合规则
inclusive	当页面的参数列表包含 params 时，符合规则
exclusive	当页面的参数列表与 params 交集为空时，符合规则
partial	当页面的参数列表与 params 交集不为空时，符合规则

具体配置示例如下。

配置示例1：

```
{
  "rules": [{
  "action": "allow",   //设置页面可被索引
  "page": "*"          //该小程序全部页面被索引
  }]
}
```

说明：默认所有页面都会被索引到。该配置是优先级最低的配置。

配置示例2：

```
{
  "rules": [
    {
       "action": "allow",
       "page": "path/to/page",
       "params": [
         "a",
         "b"
       ],
       "matching": "exact"
    },
    {
       "action": "disallow",
       "page": "path/to/page"
    }
  ]
}
```

说明：

（1）path/to/page?a=1&b=2 表示优先索引；

（2）path/to/page 表示不被索引；

（3）path/to/page?a=1 表示不被索引；

（4）path/to/page?b=1 表示不被索引；

（5）path/to/page?a=1&b=2&c=3 表示不被索引；

（6）其他页面都会被索引。

配置示例3：

```
{
  "rules": [
    {
       "action": "allow",
       "page": "path/to/page",
       "params": [
         "a",
         "b"
       ],
       "matching": "inclusive"
    },
    {
       "action": "disallow",
       "page": "path/to/page"
    }
  ]
}
```

说明：

（1）path/to/page?a=1&b=2 表示优先索引；

（2）path/to/page?a=1&b=2&c=3 表示优先索引；
（3）path/to/page 表示不被索引；
（4）path/to/page?a=1 表示不被索引；
（5）path/to/page?b=2 表示不被索引；
（6）其他页面都会被索引。

配置示例 4：

```
{
  "rules": [
    {
      "action": "allow",
      "page": "path/to/page",
      "params": [
        "a",
        "b"
      ],
      "matching": "exclusive"
    },
    {
      "action": "disallow",
      "page": "path/to/page"
    }
  ]
}
```

说明：
（1）path/to/page 表示优先索引；
（2）path/to/page?c=3 表示优先索引；
（3）path/to/page?a=1 表示不被索引；
（4）path/to/page?b=1 表示不被索引；
（5）path/to/page?a=1&b=2 表示不被索引；
（6）其他页面都会被索引。

配置示例 5：

```
{
  "rules": [
    {
      "action": "allow",
      "page": "path/to/page",
      "params": [
        "a",
        "b"
      ],
      "matching": "partial"
    },
    {
      "action": "disallow",
      "page": "path/to/page"
    }
  ]
}
```

说明：
（1）path/to/page?a=1 表示优先索引；
（2）path/to/page?b=1 表示优先索引；
（3）path/to/page?a=1&b=2 表示优先索引；

（4）path/to/page 表示不被索引；
（5）path/to/page?c=3 表示不被索引；
（6）其他页面都会被索引。

3.1.4 page.json

页面配置文件在每个目录下，如第 2 章中第一个小程序 index 目录下的 index.json 文件。该页面配置文件只对当前页面窗口外观进行配置，它只能对 window 相关的配置项进行配置，会覆盖 app.json 中相同的选项。具体可配置项如表 3-12 所示。

表 3-12 page.json 配置项

属性	类型	默认值	描述	最低版本
navigationBarBackgroundColor	HexColor	#000000	导航栏背景颜色，如#000000	—
navigationBarTextStyle	string	white	导航栏标题颜色，仅支持 black/white	—
navigationBarTitleText	string	—	导航栏标题文字内容	—
navigationStyle	string	default	导航栏样式，仅支持 default，以及 custom 自定义导航栏	7.0.0
backgroundColor	HexColor	#ffffff	窗口的背景色	—
backgroundTextStyle	string	dark	下拉 loading 的样式，仅支持 dark/light	—
backgroundColorTop	string	#ffffff	顶部窗口的背景色，仅 iOS 支持	6.5.16
backgroundColorBottom	string	#ffffff	底部窗口的背景色，仅 iOS 支持	6.5.16
enablePullDownRefresh	boolean	false	是否开启下拉刷新	—
disableScroll	boolean	false	若设置为 true，则页面整体不能上下滚动。这个只有在 page.json 中有效，无法在 app.json 中设置该项	—
onReachBottomDistance	number	50	页面上拉触底事件触发时距页面底部距离，单位为 px	—
pageOrientation	string	portrait	屏幕旋转设置，支持 auto、portrait、landscape	—
disableSwipBack	boolean	false	禁止页面右滑手势返回	7.0.0
usingComponents	object	否	页面自定义组件配置	1.6.3

配置示例如图 3-5 所示。

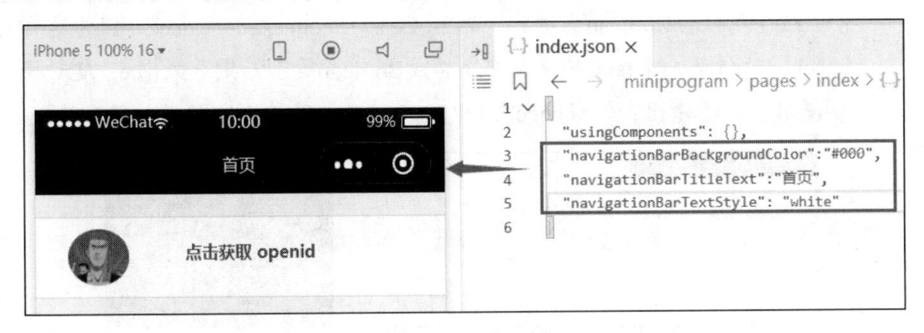

图3-5 配置示例

3.2 WXML模板文件

WXML 相当于 Web 前端页面语言 HTML，用来描述整个页面的结构。但与普通的 HTML 不一样，小程序为开发者提供了封装好的标签和组件，而且 WXML 还具有数据绑定、列表渲染、条件渲染、模板、引用及事件绑定的能力。下面通过一些简单的例子来感受一下 WXML 的“魔力”。

3.2.1 数据绑定

在对小程序进行页面渲染时，框架会将 WXML 文件同对应页面的数据进行绑定，页面中可以直接使用数据中的属性。小程序的数据绑定使用了 Mustache 语法（{{}}）将变量包起来，主要有以下几种绑定方式。

1. 简单绑定

简单绑定是指使用 Mustache 语法将变量包起来，在模板中直接作为字符串输出使用，可作用于内容、组件属性、控制属性、关键字等，其中关键字输出是指将 JavaScript（简称 JS）中的关键字按其真值输出。

databind 文件对应的 WXML 代码如下。

```
<!-- 作为内容 -->
<view>1</view>
<view> {{ message }} </view>
<!-- 作为组件属性 -->
<view>2</view>
<view id="item-{{id}}" style="border:{{border}}"> </view>
<!-- 作为控制属性 -->
<view>3</view>
<view wx:if="{{condition}}"> </view>
<!-- 关键字 -->
<view>4</view>
<checkbox checked="{{false}}"> </checkbox>
```

databind 文件的 JS 代码如下。

```
Page({
  data: {
    "message": "hello MINA",
    "id": 1,
    "border": "1px solid #333",
    "condition": false
  }
})
```

注意　组件属性为Boolean类型时，不能直接写成checked="false"。因为这样写后，checked的值是一个false的字符串，转成Boolean类型后则代表true。这种情况一定要使用关键字输出，写成checked="{{false}}"。简单绑定效果如图3-6所示。

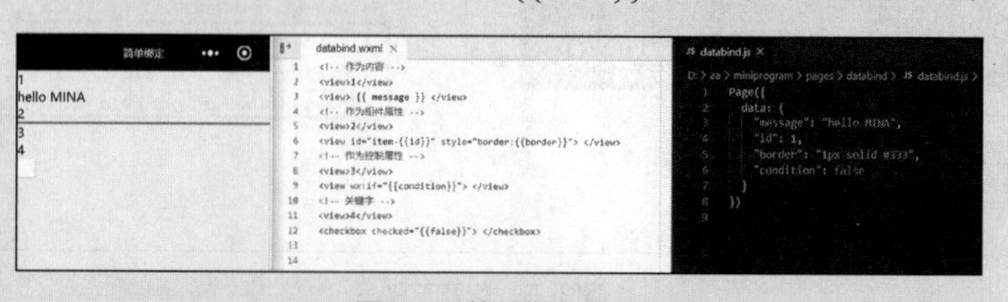

图3-6　简单绑定效果

2. 运算

在{{}}内可以做一些简单的运算，支持的运算有三元运算、算数运算、逻辑判断、字符串运算，这些运算均符合 JS 的运算规则。

在{{}}内做运算的 WXML 示例代码如下。

```
<!-- 三元运算 -->
<view hidden="{{showText ? '显示内容' : '不显示内容'}}"> </view>
<!-- 算数运算 -->
<view> {{a + b}} + 1 + {{c}} + d = ? </view>
<!-- 逻辑运算 -->
<view wx:if="{{length > 5}}"> </view>
<!-- 字符串运算 -->
<view>{{"hello" + name}}</view>
<!-- 数据路径运算 -->
<view>{{object.key}} {{array[0]}}</view>
```

JS 代码如下。

```
Page({
  data : {
    showText : false,
    a : 1,
    b : 2,
    c : 3,
    d : 4,
    length : 5,
    name : '小程序',
    object : {
      key : 25
    },
    array : ['arr1','arr2']
  }
})
```

运算结果如图 3-7 所示。

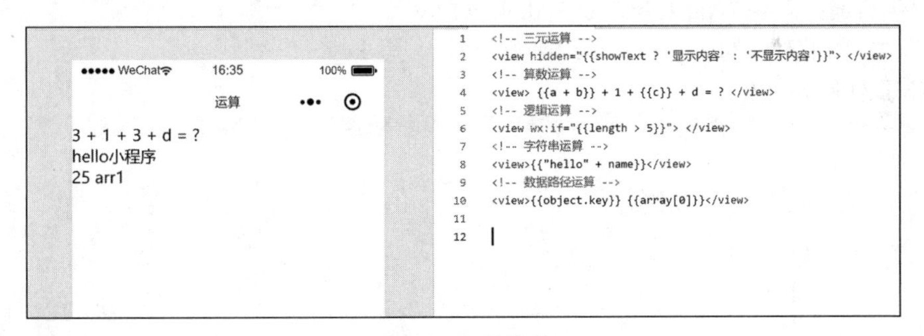

图3-7　运算结果

3. 组合

data 中的数据可以在模板中再次组合成新的数据结构，这种组合常常在数据或对象中使用。

数组组合比较简单，可以直接将值放置在数组的某个索引位置。

WXML 代码如下。

```
<view wx:for="{{[zero, 1, 2, 3, 4]}}"> {{item}} </view>
```

JS 代码如下。

```
Page({
  data: {
    zero: 0
  }
```

```
})
```

最终组合成数组[0, 1, 2, 3, 4]。

对象组合有 3 种组合方式，这里以数据注入模板为例。

第一种，直接将数据作为 value 值进行组合。

WXML 代码如下。

```
<template is="objectCombine" data="{{name: value1, age: value2}}"></template>
```

JS 代码如下。

```
Page({
  data: {
    value1:'mamba',
    value2 : 30
  }
});
```

最终组合出的对象为{ name : 'mamba',　age : '30' }。

第二种，通过“…”将一个对象展开，把 key-value 值复制到新的结构中。

WXML 代码如下。

```
<template is="objectCombine" data="{{…obj1, …obj2, e: 5}}"></template>
```

JS 代码如下。

```
Page({
  data: {
    obj1: {
      a: 1,
      b: 2
    },
    obj2: {
      c: 3,
      d: 4
    }
  }
})
```

最终组合成的对象为{a: 1, b: 2, c: 3, d: 4, e: 5}。

第三种，如果对象的 key 和 value 相同，可以只写 key。

WXML 代码如下。

```
<template is="objectCombine" data="{{key1, key2}}"></template>
```

JS 代码如下。

```
Page({
  data: {
    key1: 1,
    key2: 2
  }
})
```

这种写法最后组合成的对象是{ key1 : 1, key2 : 2 }。

上述 3 种方式可以根据对象灵活组合。要注意的是，和 JS 中的对象一样，如果一个组合中有相同的属性名，后面的属性将会覆盖前面的属性。

WXML 代码如下。

```
<template is="objectCombine" data="{{…obj1, …obj2, a, c: 6}}"></template>
```

JS 代码如下。

```
Page({
  data: {
    obj1: {
      a: 1,
      b: 2
```

```
    },
    obj2: {
      b: 3,
      c: 4
    },
    a: 5
  }
})
```

最终组合成的对象是 {a: 5, b: 3, c: 6}。

另外需要注意的是，花括号和引号之间如果有空格，将最终被解析成字符串。

```
<view wx:for="{{[1,2,3]}} ">
  {{item}}
</view>
```

等同于

```
<view wx:for="{{[1,2,3] + ' '}}">
  {{item}}
</view>
```

3.2.2 列表渲染

1. wx:for

组件的 wx:for 控制属性用于遍历数组，重复渲染该组件。遍历过程中当前项的索引名默认为 index，数组当前项变量名默认为 item。

WXML 代码如下。

```
<view wx:for="{{array}}">
  {{index}}: {{item.message}}
</view>
```

JS 代码如下。

```
Page({
  data: {
    array: [{
      message: 'foo',
    }, {
      message: 'bar'
    }]
  }
})
```

2. wx:for-index 和 wx:for-item

index、item 变量名可以通过 wx:for-index、wx:for-item 属性修改。

WXML 代码如下。

```
<view wx:for="{{array}}" wx:for-index="idx" wx:for-item="itemName">
  {{idx}}: {{itemName.message}}
</view>
```

JS 代码如下。

```
Page({
  data: {
    array: [{
      message: 'foo',
    }, {
      message: 'bar'
    }]
  }
})
```

普通遍历中没有必要修改 index、item 变量名。当 wx:for 嵌套使用时，则需要设置变量名，避免变量名冲突，下面以遍历一个二维数组为例加以说明。

WXML 代码如下。

```
<view wx:for="{{myArray}}" wx:for-index="myIndex" wx:for-item="myItem">
  <block wx:for="{{myItem}}" wx:for-index="subIndex" wx:for-item="subItem">
    {{subItem}}
  </block>
</view>
```

JS 代码如下。

```
Page({
  data : {
    myArray : [
      [1,2,3],
      [4,5,6],
      [7,8,9]
    ]
  }
});
```

3. block wx:for

想通过一个标签来包装多个组件或者标签，又不想影响布局时，就需要使用<block>标签将需要包装的组件放置在其中，以渲染一个包含多节点的结构块。但<block>标签仅仅是一个包装元素，不会在页面中做任何渲染，只接受控制属性。示例代码如下。

```
<block wx:for="{{[1, 2, 3]}}">
  <view> {{index}}: </view>
  <view> {{item}} </view>
</block>
```

4. wx:key

当在一个列表中动态改变列表状态或者有新的列表项加入时，就需要使用 wx:key 来指定列表中项目的唯一标识符，这样能提高页面的性能。wx:key 的值有两种提供方式，通常使用从后台数据库返回的数据中的 id 作为值，因为 id 是一个唯一且不能动态改变的值。

WXML 代码如下。

```
<switch wx:for="{{ myArray }}" wx:key="unique" style="display: block;"> {{item.id}}
</switch>
```

JS 代码如下。

```
Page({
  data : {
    myArray : [
      {id : 1, name : "name1"},
      {id : 2, name : "name2"},
      {id : 3, name : "name3"},
      {id : 4, name : "name4"},
      {id : 5, name : "name5"},
    ]
  }
});
```

当数据改变导致页面被重新渲染时会自动校正带有 key 的组件，以确保项目被正确排序并且提高列表渲染时的效率。

3.2.3 条件渲染

1. wx:if

在开发中经常会使用逻辑分支，这时可以使用 wx:if = "{{ 判断条件 }}"来进行条件渲染，当条件成立时渲染该代码块指定的内容。

WXML 代码如下。

```
<view wx:if="{{showText}}">显示的内容</view>
```

JS 代码如下。

```
Page({
  data : {
    showText : false
  }
});
```

示例中 view 代码块指定的内容，只有当 showText 的值为 true 时才渲染。和普通的编程语言一样，WXML 也支持 wx:elif 和 wx:else。

WXML 代码如下。

```
<view wx:if="{{length > 5}}"> 1 </view>
<view wx:elif="{{length > 2}}"> 2 </view>
<view wx:else> 3 </view>
```

JS 代码如下。

```
Page({
  data : {
    length: 3
  }
});
```

2. block wx:if

如果要一次性判断多个组件，可以使用一个<block>标签将多个组件包装起来，并通过 wx:if 控制属性。这与 block wx:for 类似，因为 wx:if 是一个控制属性，需要将它添加到一个标签上。

```
<block wx:if="{{true}}">
  <view> view1 </view>
  <view> view2 </view>
</block>
```

3. wx:if 与 hidden

除了 wx:if 属性，组件还可以通过 hidden 属性控制组件是否显示。开发者难免有疑问，这两种方式该怎样取舍，这里整理了两种方式的区别。

- wx:if 控制是否渲染条件内的代码块指定的内容，当条件切换时，会触发局部渲染以确保条件块在切换时被销毁或重新渲染。wx:if 是惰性的，如果在初始渲染条件为 false 时，框架将什么也不做，在条件第一次为真时才局部渲染。
- hidden 控制组件是否显示，组件会跟着页面渲染始终存在，只是简单控制了该组件的显示与隐藏，并不会触发重新渲染和销毁。

所以，综合两个渲染流程可以看出，在频繁切换状态的场景中，wx:if 会产生更大的消耗，此时尽量使用 hidden；在运行时条件变动不大的场景中我们使用 wx:if，这样能保证页面有更高效的渲染，而不用把所有组件都渲染出来。

3.2.4　模板

在项目开发中，常常会遇到一些相同的页面结构在不同的地方反复出现的情况，这时可以将相同的布局代码片段放置到一个模板中，在不同的地方传入对应的数据进行渲染，这样可以避免重复开发，提高开发效率。

1. 定义模板

定义模板非常简单，在<template>标签内定义代码片段，设置<template>标签的 name 属性，作为模板的名字即可。代码如下。

```
<!--
  index: int
```

```
  msg: string
  time: string
-->
<template name="msgItem">
  <view>
    <text> {{index}}: {{msg}} </text>
    <text> Time: {{time}} </text>
  </view>
</template>
```

2. 使用模板

使用模板时，设置 is 属性指向需要使用的模板，然后将模板所需要的 data 传入。模板拥有自己的作用域，只能使用模板自己设置的 data 属性传入的数据以及模板定义文件中定义的<wxs>标签（关于<wxs>标签会在下文介绍）。而不是直接使用 Page 中的 data 数据。在渲染时，<template>标签将被模板中的代码块完全替换。示例代码如下。

```
<!-- 定义模板 -->
<template name="msgItem">
  <view>
    <text> {{index}}: {{msg}} </text>
    <text> Time: {{time}} </text>
  </view>
</template>

<!—使用模板 -->
<template is="msgItem" data="{{…item}}"/>
Page({
  data: {
    item: {
      index: 0,
      msg: 'this is a template',
      time: '2016-09-15'
    }
  }
})
```

模板也可以嵌套，代码如下。

```
<template name="bTemp">
  <view>
    b tempalte content
  </view>
</template>
<template name="aTemp">
  <view>
    a tempalte content
  </view>
  <template is="bTemp" />
</template>
<template is="aTemp">
```

注意，is 属性可以使用 Mustache 语法来动态决定具体需要渲染哪个模板。

```
<template name="odd">
  <view> odd </view>
</template>
<template name="even">
  <view> even </view>
</template>
<block wx:for="{{[1, 2, 3, 4, 5]}}">
    <template is="{{item % 2 == 0 ? 'even' : 'odd'}}"/>
</block>
```

3.2.5 引用

一个 WXML 文件可以通过 import 或 include 引入其他 WXML 文件。两种方式的区别在于 import 引入 WXML 文件后只接受模板的定义，忽略模板定义之外的所有内容，而且使用过程中有作用域的概念。与 import 相反，include 则是引入文件中除<template>标签以外的代码，将它们直接复制到<include>位置。整体来说 import 是引入模板定义，include 是引入组件。

1. import

import 的 src 属性值为需要被引入文件的相对地址，import 会忽略文件中<template>标签定义以外的内容。如下例中，在 a.wxml 引入 b.wxml，b.wxml 中<view>标签和<template is="bTemplate"/>都被忽略，仅引入了 bTemplate 模板定义的内容，在 a.wxml 中能使用 b.wxml 中定义的模板。

```
<!-- a.wxml -->
<import src="b.wxml" />
<template is="bTemplate" data="" /> <!-- 使用b.wxml中定义的模板 -->

<!-- b.wxml -->
<view>内容</view> <!-- import 引用时被忽略 -->
<template name="bTemplate">
  <view>b template content</view>
</template>
<template is="bTemplate" data="" /><!-- import 引用时被忽略 -->
```

import 有作用域的概念，只能使用直接引入的定义模板，而不能使用间接引入的定义模板。如：C import B、B import A，在 C 中可以使用 B 定义的 template，在 B 中可以使用 A 定义的 template，但是在 C 中不能使用 A 定义的 template。示例代码如下。

```
<!-- A.wxml -->
<template name="A">
  <text> A template </text>
</template>

<!-- B.wxml -->
<import src="a.wxml"/>
<template name="B">
  <text> B template </text>
</template>

<!-- C.wxml -->
<import src="b.wxml"/>
<template is="A"/>  <!-- 这里将会触发一个警告，因为 B 中并没有定义模板 A -->
<template is="B"/>
```

2. include

include 可以引入目标文件中除了<template>、<wxs>外的代码，相当于复制到<include>位置，示例如下。

```
<!-- index.wxml -->
<include src="header.wxml"/>

<view> body </view>

<include src="footer.wxml"/>

<!-- header.wxml -->
<view> header </view>

<!-- footer.wxml -->
<view> footer </view>
```

3.2.6 事件

1. 什么是事件

用户界面的程序需要和用户互动，例如用户可能会单击界面上某个按钮，又或者长按某个区域，这类反馈应该通知给开发者的逻辑层，将对应的处理结果呈现给用户。有时程序上的“行为反馈”不一定是用户主动触发的，例如在视频播放的过程中，播放进度是会一直变化的，这种反馈也应该通知给开发者做相应的逻辑处理。

在小程序中，把这种“用户在渲染层的行为反馈”以及“组件的部分状态反馈”抽象为渲染层传递给逻辑层的“事件”，如图 3-8 所示。

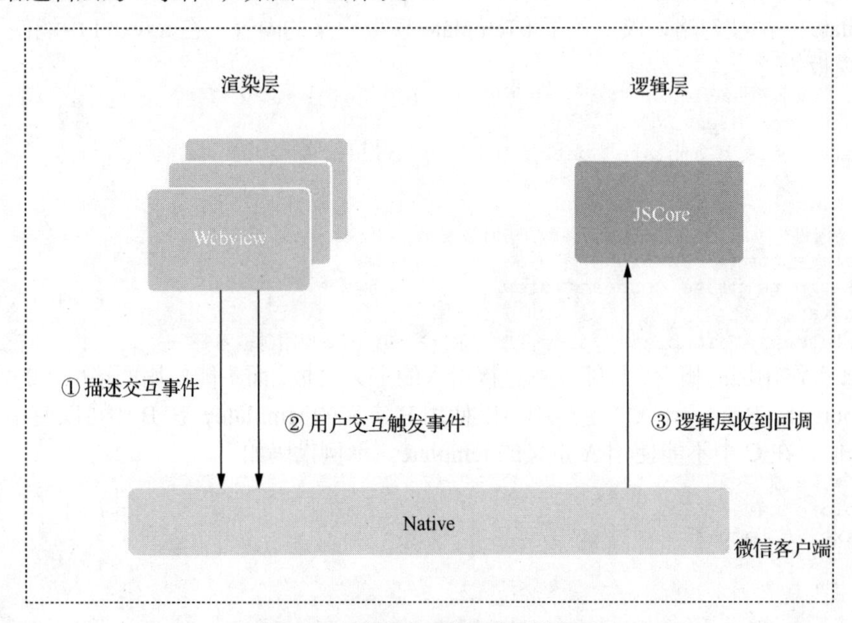

图3-8　渲染层与逻辑层的事件交互

在 WXML 中使用事件的方式和 HTML 中使用文档对象模型（Document Object Model，DOM）事件的方式极其相似，也是通过在组件上设置“bind（或 catch）+事件名”属性进行事件绑定。当触发事件时，框架会调用逻辑层中对应的事件处理函数，并将当前状态通过参数传递给事件处理函数。由于小程序中没有 DOM 节点的概念，因此事件只能通过 WXML 绑定，不能通过逻辑层动态绑定。下面是一个简单的处理事件的小程序代码。

```
<!-- page.wxml -->
<view id="tapTest" data-hi="WeChat" bindtap="tapName"> Click me! </view>

// page.js
Page({
  tapName: function(event) {
    console.log(event)
  }
})
```

事件通过 bindtap 属性绑定在组件上，同时在当前页面的 Page 构造器中定义对应的事件处理函数 tapName。当用户点击该 view 可视区域时，达到触发条件生成事件 tap，该事件处理函数 tapName 会被执行，同时还会收到一个事件对象 event。

2. 事件分类

事件分为冒泡事件和非冒泡事件。冒泡事件是指当一个组件上的事件被触发后，该事件会向父节点传递。而非冒泡事件中，该事件不会向父节点传递。

常见的事件类型如表 3-13 所示。

表 3-13 常见的事件类型

类型	触发条件
touchstart	手指触摸动作开始
touchmove	手指触摸后移动
touchcancel	手指触摸动作被打断，如来电提醒、弹窗
touchend	手指触摸动作结束
tap	手指触摸后马上离开
longpress	手指触摸后，超过 350ms 才离开，如果指定了事件回调函数并触发了这个事件，tap 事件将不被触发
longtap	手指触摸后，超过 350ms 才离开（推荐使用 longpress 事件替代）
transitionend	会在 WXSS transition 或 wx.createAnimation 动画结束后触发
animationstart	会在一个 WXSS animation 动画开始时触发
animationiteration	会在一个 WXSS animation 一次迭代结束时触发
animationend	会在一个 WXSS animation 动画完成时触发

说明：表 3-13 之外的其他组件自定义事件如无特殊声明都是非冒泡事件，如 form 组件的 submit 事件，input 组件的 input 事件，scroll-view 组件的 scroll 事件等。

当事件回调触发时，逻辑层绑定该事件的处理函数会收到一个事件对象，该对象的详细属性如表 3-14 所示。

表 3-14 事件对象的详细属性

属性	类型	说明
type	string	事件类型
timeStamp	integer	页面打开到触发事件所经过的毫秒数
target	object	触发事件的组件的一些属性值集合
currentTarget	object	当前组件的一些属性值集合
detail	object	额外的信息
touches	array	触摸事件，当前停留在屏幕中的触摸点信息的数组
changedTouches	array	触摸事件，当前变化的触摸点信息的数组

这里需要注意的是 target 和 currentTarget 属性的区别，currentTarget 为当前事件所绑定组件的属性，而 target 则是触发该事件的源头组件的属性。示例代码如下。

```
<!-- page.wxml -->
<view id="outer" catchtap="handleTap">
  <view id="inner">点击我</view>
</view>

// page.js
Page({
  handleTap: function(evt) {
```

```
            // 当点击 inner 节点时
            // evt.target 是 inner view 组件
            // evt.currentTarget 是绑定了 handleTap 的 outer view 组件
            // evt.type == "tap"
            // evt.timeStamp == 1542
            // evt.detail == {x: 270, y: 63}
            // evt.touches == [{identifier: 0, pageX: 270, pageY: 63, clientX: 270, clientY: 63}]
            // evt.changedTouches == [{identifier: 0, pageX: 270, pageY: 63, clientX: 270, clientY: 63}]
        }
    })
```

target 和 currentTarget 属性的详细参数如表 3-15 所示。

表 3–15　target 和 currentTarget 属性的详细参数

属性	类型	说明
id	string	当前组件 id
tagName	string	当前组件的类型
dataset	object	当前组件上由 data-开头的自定义属性组成的集合

touches 和 changedTouches 属性的详细参数如表 3-16 所示。

表 3–16　touches 和 changedTouches 属性的详细参数

属性	类型	说明
identifier	number	触摸点的标识符
pageX, pageY	number	距离文档左上角的距离，文档的左上角为原点，横向为 x 轴，纵向为 y 轴
clientX, clientY	number	距离页面可显示区域（屏幕除去导航条）左上角的距离，横向为 x 轴，纵向为 y 轴

3. 事件绑定与冒泡捕获

事件绑定的形式与组件属性的形式相同，都是 key、value 的形式。

- key 以 bind 或 catch 开头，然后是事件的类型，如 bindtap、catchtouchstart。自基础库 1.5.0 版本起，bind 和 catch 后可以紧跟一个冒号，其含义不变，如 bind:tap、catch:touchstart。同时 bind 和 catch 前还可以加上 capture-来表示捕获阶段。
- value 是一个字符串，需要在对应的 Page 中定义同名的函数，否则触发事件时会报错。
- bind 事件绑定不会阻止冒泡事件向上冒泡，catch 事件绑定可以阻止冒泡事件向上冒泡。

capture-bind 和 bind 的含义分别代表事件的捕获阶段和冒泡阶段，其触发的顺序我们用图 3-9 来描述更直观。

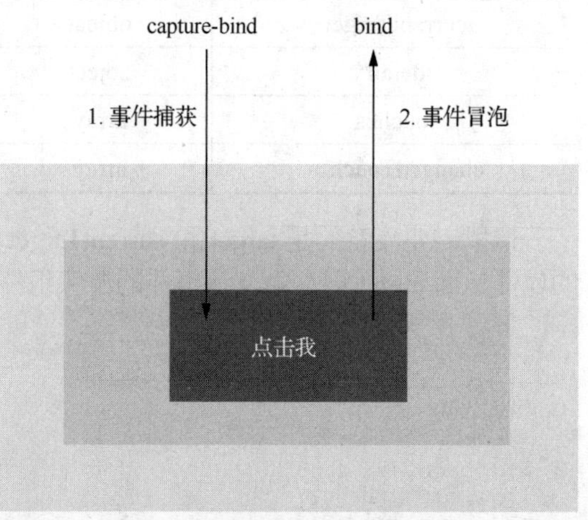

图3–9　事件捕获与事件冒泡示意

由于捕获优先级大于冒泡，且由外向内，

因此单击 inner view 会依次调用 handleTap1、handleTap2、handleTap3、handleTap4 事件，示例代码如下。

```
//使用 capture-前缀阻止事件的冒泡和捕获
<view id="outer" bind:tap="handleTap4" capture-bind:tap="handleTap1">
  outer view
  <view id="inner" bind:tap="handleTap3" capture-bind:tap="handleTap2">
    inner view
  </view>
</view>
```

bind 事件绑定不会阻止冒泡事件向上冒泡，catch 事件绑定可以阻止冒泡事件向上冒泡。如果将以上代码的 capture-bind:tap="handleTap1"改成 capture-catch:tap="handleTap1"，点击 inner view 只会触发 handleTap1 事件（catch 事件阻止了 tap 事件冒泡）。示例代码如下。

```
<view id="outer" bind:tap="handleTap4" capture-catch:tap="handleTap1">
  outer view
  <view id="inner" bind:tap="handleTap3" capture-bind:tap="handleTap2">
    inner view
  </view>
</view>
```

3.3　WXS小程序脚本文件

微信脚本（WeiXin Script，WXS）是用于小程序的一种新出的脚本语言，WXS 文件是继 JS、JSON、WXML、WXSS 文件之后的又一种小程序内部文件。它能够更加方便地动态实现页面上的一些基本逻辑判断，而不用全部依赖后台实现，再通过接口返回。下面引入官方的一段文字，来进一步了解该文件类型。

（1）WXS 不依赖于运行时的基础库版本，可以在所有版本的小程序中运行。

（2）WXS 与 JS 是不同的语言，有自己的语法，并不和 JS 一致。

（3）WXS 的运行环境和其他 JS 代码是隔离的，WXS 中不能调用其他 JS 文件中定义的函数，也不能调用小程序提供的 API。

（4）WXS 函数不能作为组件的事件回调。

（5）由于运行环境的差异，在 iOS 设备上小程序内的 WXS 会比 JS 代码快 2～20 倍，在 Android 设备上二者运行效率无差异。

3.3.1　WXS文件的创建

WXS 文件有两种创建方式：一种是直接在 WXML 中编写；另一种是在 WXS 文件中编写，然后在 WXML 中的<WXS>标签引入。

在 WXML 中直接编写的示例代码如下。

```
<!--wxml-->
<wxs module="m1">
var msg = "hello world";

module.exports.message = msg;
</wxs>

<view> {{m1.message}} </view>
```

页面输出：hello world。

在 WXS 文件中编写的示例代码如下。

```
// /pages/tools.wxs
```

```
var getMax = function(array) {
  var max = undefined;
  for (var i = 0; i < array.length; ++i) {
    max = max === undefined ?
      array[i] :
      (max >= array[i] ? max : array[i]);
  }
  return max;
}

module.exports.getMax = getMax;

<wxs src="./../ tools.wxs" module=" tools " />
<view> {{ tools. getMax (['1','2','3'])}} </view>
```

页面输出：3。

3.3.2 WXS构成

1. 数据类型

数据类型是每个编程语言基本的构成项，WXS 目前共有 8 种数据类型。

- number：数值。
- string：字符串。
- boolean：布尔值。
- object：对象。
- function：函数。
- array：数组。
- date：日期。
- regexp：正则。

（1）number

语法：number 包括两种数值，即整数、小数。

```
var a = 10;
var PI = 3.141592653589793;
```

属性：

- constructor：返回字符串“Number”。

方法：

- toString
- valueOf
- toExponential
- toLocaleString
- toFixed
- toPrecision

（2）string

语法：string 有以下两种写法。

```
'hello world';
"hello world";
```

属性：

- constructor：返回字符串“String”。
- length：返回字符串中的字符数目。

方法：

- toString
- valueOf
- charAt
- charCodeAt
- concat
- search
- slice
- indexOf
- lastIndexOf
- localeCompare
- match
- replace
- toLocaleLowerCase
- toUpperCase

- split
- substring
- toLowerCase
- toLocaleUpperCase
- trim

（3）boolean

语法：布尔值只有两个特定的值，即 true 和 false。

属性：

- constructor：返回字符串“Boolean”。

方法：

- toString
- valueOf

（4）object

语法：object 是一种无序的 key-value 值。示例代码如下。

```
var o = {} //生成一个新的空对象

//生成一个新的非空对象
o = {
  'string'  : 1,  //object 的 key 可以是字符串
  const_var : 2,  //object 的 key 也可以是符合变量定义规则的标识符
  func      : {}, //object 的 value 可以是任何类型
};

//对象属性的读操作
console.log(1 === o['string']);
console.log(2 === o.const_var);

//对象属性的写操作
o['string']++;
o['string'] += 10;
o.const_var++;
o.const_var += 10;

//对象属性的读操作
console.log(12 === o['string']);
console.log(13 === o.const_var);
```

属性：

- constructor：返回字符串“Object”。

```
console.log("Object" === {k:"1",v:"2"}.constructor)
```

方法：

- toString：返回字符串“[object Object]”。

（5）function

语法：function 支持以下两种定义方式。

```
//方式 1
function a ( x ) {
  return x;
}
//方式 2
var b = function (x) {
  return x;
}
```

function 同时也支持以下语法（匿名函数、闭包等）。

```
var a = function (x) {
  return function () { return x;}
```

```
}

var b = a(100);
console.log( 100 === b() );
```

function 可以使用 arguments 关键字。该关键字目前只支持以下属性。

- length：传递给函数的参数个数。
- [index]：通过 index 可以遍历传递给函数的每个参数。

示例代码如下。

```
var a = function(){
    console.log(3 === arguments.length);
    console.log(100 === arguments[0]);
    console.log(200 === arguments[1]);
    console.log(300 === arguments[2]);
};
a(100,200,300);
```

属性：

- constructor：返回字符串“Function”。
- length：返回函数的形参个数。

方法：

- toString：返回字符串“[function Function]”。

示例代码如下。

```
var func = function (a,b,c) { }

console.log("Function" === func.constructor);
console.log(3 === func.length);
console.log("[function Function]" === func.toString());
```

（6）array

语法：array 支持以下定义方式。

```
var a = [];   //生成一个新的空数组
a = [1,"2", {}, function(){}];   //生成一个新的非空数组，数组元素可以是任何类型
```

属性：

- constructor：返回字符串“Array”。
- length：返回数组元素个数。

方法：

- toString
- concat
- join
- pop
- push
- reverse
- shift
- slice
- sort
- splice
- unshift
- indexOf
- lastIndexOf
- every
- some
- forEach
- map
- filter
- reduce
- reduceRight

（7）date

语法：生成 date 对象需要使用 getDate 函数，返回一个当前时间的对象，示例代码如下。

```
getDate()
getDate(milliseconds)
getDate(datestring)
getDate(year, month[, date[, hours[, minutes[, seconds[, milliseconds]]]]])
```

参数：

- milliseconds：从 1970 年 1 月 1 日 00:00:00(UTC)开始计算的毫秒数。

- datestring：日期字符串，其格式为“month day, year hours:minutes:seconds”。

示例代码如下。

```
var date = getDate(); //返回当前时间对象

date = getDate(1500000000000);
// Fri Jul 14 2017 10:40:00 GMT+0800 (中国标准时间)
date = getDate('2017-7-14');
// Fri Jul 14 2017 00:00:00 GMT+0800 (中国标准时间)
date = getDate(2017, 6, 14, 10, 40, 0, 0);
// Fri Jul 14 2017 10:40:00 GMT+0800 (中国标准时间)
```

属性：

- constructor：返回字符串“Date”。

方法：

- toString
- toDateString
- toTimeString
- toLocaleString
- toLocaleDateString
- toLocaleTimeString
- valueOf
- getTime
- getFullYear
- getUTCFullYear
- getMonth
- getUTCMonth
- getDate
- getUTCDate
- getDay
- getUTCDay
- getHours
- getUTCHours
- getMinutes
- getUTCMinutes
- getSeconds
- getUTCSeconds
- getMilliseconds
- getUTCMilliseconds
- getTimezoneOffset
- setTime
- setMilliseconds
- setUTCMilliseconds
- setSeconds
- setUTCSeconds
- setMinutes
- setUTCMinutes
- setHours
- setUTCHours
- setDate
- setUTCDate
- setMonth
- setUTCMonth
- setFullYear
- setUTCFullYear
- toUTCString
- toISOString
- toJSON

（8）regexp

语法：生成 regexp 对象需要使用 getRegExp 函数。

```
getRegExp(pattern[, flags])
```

参数：

- pattern：正则表达式的内容。
- flags：修饰符。该字段只能包含以下字符。

g：global。

i：ignoreCase。

m：multiline。

示例代码如下。

```
var a = getRegExp("x", "img");
console.log("x" === a.source);
console.log(true === a.global);
console.log(true === a.ignoreCase);
console.log(true === a.multiline);
```

属性：

- constructor：返回字符串“RegExp”。
- source：正则表达式的源文本。
- ignoreCase：执行对大小写不敏感的匹配。
- lastIndex：表示一个整数，表示开始下一次匹配的字符位置。
- global：执行全局匹配（查找所有匹配而非在找到第一个匹配后停止）。
- multiline：执行多行匹配。

（9）数据类型判断

- constructor 属性

数据类型的判断可以使用 constructor 属性。

示例代码如下。

```
var number = 10;
console.log( "Number" === number.constructor );

var string = "str";
console.log( "String" === string.constructor );

var boolean = true;
console.log( "Boolean" === boolean.constructor );

var object = {};
console.log( "Object" === object.constructor );

var func = function(){};
console.log( "Function" === func.constructor );

var array = [];
console.log( "Array" === array.constructor );

var date = getDate();
console.log( "Date" === date.constructor );

var regexp = getRegExp();
console.log( "RegExp" === regexp.constructor );
```

使用 typeof 也可以区分部分数据类型。

示例代码如下。

```
var number = 10;
var boolean = true;
var object = {};
var func = function(){};
var array = [];
var date = getDate();
var regexp = getRegExp();

console.log( 'number' === typeof number );
console.log( 'boolean' === typeof boolean );
console.log( 'object' === typeof object );
console.log( 'function' === typeof func );
```

```
console.log( 'object' === typeof array );
console.log( 'object' === typeof date );
console.log( 'object' === typeof regexp );

console.log( 'undefined' === typeof undefined );
console.log( 'object' === typeof null );
```

2. 变量

WXS 变量的命名规则：首字符必须是字母（a～z 和 A～Z）或下划线（_）；剩余字符可以是字母（a～z 和 A～Z）、下划线（_）、数字（0～9）。WXS 变量的命名区分大小写且均为值的引用，与 JS 一致，在 var 定义下也会有变量提升的问题。没有声明的变量直接赋值使用，也会被定义为全局变量，如果声明变量而不赋值，则默认值为 undefined。声明变量很简单，代码如下。

```
var foo = 1;
var bar = "hello world";
var i;  // i === undefined
```

每种语言都有自己的保留关键字或标识符，WXS 也不例外，下面的标识符不能作为变量名使用。

- delete
- void
- typeof
- null
- undefined
- NaN
- Infinity
- var
- if
- else
- true
- false
- require
- this
- function
- arguments
- return
- for
- while
- do
- break
- continue
- switch
- case
- default

3. 运算符

运算符包括基本运算符（加、减、乘、除、取余）、一元运算符（自增、自减、正值、负值、否、取反、delete、void、typeof）、位运算符（左移、无符号右移、带符号右移、与、异或、或）、比较运算符（小于、大于、小于等于、大于等于）、等值运算符（等号、非等号、全等号、非全等号）、赋值运算符（=）、二元逻辑运算符（逻辑与、逻辑或）、其他运算符（条件运算符、逗号运算符）。各个运算符的示例代码如下。

```
var a = 10, b = 20;

//基本运算
// 加法运算
console.log(30 === a + b);
// 减法运算
console.log(-10 === a - b);
// 乘法运算
console.log(200 === a * b);
// 除法运算
console.log(0.5 === a / b);
// 取余运算
console.log(10 === a % b);
```

```
//加法运算符（+）也可以用于字符串拼接
var a = '.w' , b = 'xs';
// 字符串拼接
console.log('.wxs' === a + b);

//一元运算
// 自增运算
console.log(10 === a++);
console.log(12 === ++a);
// 自减运算
console.log(12 === a--);
console.log(10 === --a);
```

```
// 正值运算
console.log(10 === +a);
// 负值运算
console.log(0-10 === -a);
// 否运算
console.log(-11 === ~a);
// 取反运算
console.log(false === !a);
// delete 运算
console.log(true === delete a.fake);
// void 运算
console.log(undefined === void a);
// typeof 运算
console.log("number" === typeof a);

//位运算
// 左移运算
console.log(80 === (a << 3));
// 无符号右移运算
console.log(2 === (a >> 2));
// 带符号右移运算
console.log(2 === (a >>> 2));
// 与运算
console.log(2 === (a & 3));
// 异或运算
console.log(9 === (a ^ 3));
// 或运算
console.log(11 === (a | 3));

//比较运算
// 小于
console.log(true === (a < b));
// 大于
console.log(false === (a > b));
// 小于等于
console.log(true === (a <= b));
// 大于等于
console.log(false === (a >= b));


//等值运算
// 等号
console.log(false === (a == b));
// 非等号
console.log(true === (a != b));
// 全等号
console.log(false === (a === b));
// 非全等号
console.log(true === (a !== b));

//赋值运算
var a = 123;
console.log(a);

//二元逻辑运算
// 逻辑与
console.log(20 === (a && b));
// 逻辑或
console.log(10 === (a || b));


//其他运算
//条件运算
console.log(20 === (a >= 10 ? a + 10 :
b + 10));
//逗号运算
console.log(20 === (a, b));
```

4. 语句

WXS 语句分为 if 语句、switch 语句、for 语句、while 语句。

（1）if 语句

语法如下。

```
// if …
if (表达式) 语句;

if (表达式)
    语句;

if (表达式) {
    代码块;
}

// if … else
if (表达式) 语句;
else 语句;

if (表达式)
} else if (表达式) {
    代码块;
} else {
    语句;
else
    语句;

if (表达式) {
    代码块;
} else {
    代码块;
}

// if … else if … else …
if (表达式) {
    代码块;
} else if (表达式) {
    代码块;
    代码块;
}
```

（2）switch 语句

语法如下。

```
switch (表达式) {
  case 变量:
    语句;
  case 数字:
    语句;
    break;
  case 字符串:
    语句;
  default:
    语句;
}
```

（3）for 语句

语法如下。

```
for (语句; 语句; 语句)
    语句;

for (语句; 语句; 语句) {
    代码块;
}
```

（4）while 语句

语法如下。

```
while (表达式)
  语句;

while (表达式){
  代码块;
}

do {
  代码块;
} while (表达式)
```

5. 模块

在 WXS 中每一个 WXS 文件或<wxs>标签都是一个单独的模块，每个模块都有自己独立的作用域。即在一个模块里定义的变量与函数，默认为私有的，对其他模块不可见，只能通过 module.exports 来实现对外公开，使用 require 函数来引用其他模块。示例代码如下。

```
// /pages/tools.wxs

var foo = "'hello world' from tools.wxs";
var bar = function (d) {
  return d;
}
module.exports = {
  FOO: foo,
  bar: bar,
};
module.exports.msg = "some msg";

// /pages/logic.wxs

var tools = require("./tools.wxs");

console.log(tools.FOO);
```

```
console.log(tools.bar("logic.wxs"));
console.log(tools.msg);

<!-- /page/index/index.wxml -->

<wxs src="./../logic.wxs" module="logic" />
```

最终输出为：

```
'hello world' from tools.wxs
logic.wxs
some msg
```

具体效果如图 3-10 所示。

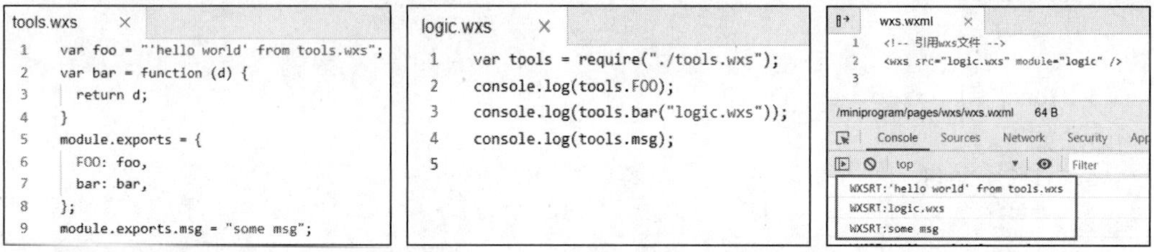

```
tools.wxs
1  var foo = "'hello world' from tools.wxs";
2  var bar = function (d) {
3    return d;
4  }
5  module.exports = {
6    FOO: foo,
7    bar: bar,
8  };
9  module.exports.msg = "some msg";
```

（a）

```
logic.wxs
1  var tools = require("./tools.wxs");
2  console.log(tools.FOO);
3  console.log(tools.bar("logic.wxs"));
4  console.log(tools.msg);
5
```

（b）

```
wxs.wxml
1  <!-- 引用wxs文件 -->
2  <wxs src="logic.wxs" module="logic" />
3
/miniprogram/pages/wxs/wxs.wxml  64 B
Console  Sources  Network  Security  App
top  Filter
WXSRT:'hello world' from tools.wxs
WXSRT:logic.wxs
WXSRT:some msg
```

（c）

图3-10　具体效果

6. 注释

WXS 一共有 3 种注释方法，示例代码如下。

```
<!-- wxml -->
<wxs module="sample">
// 方法 1：单行注释

/*
方法 2：多行注释
*/

/*
方法 3：结尾注释。即从 /* 开始往后的所有 WXS 代码均被注释

var a = 1;
var b = 2;
var c = "fake";

</wxs>
```

3.4　WXSS样式文件

微信样式表（WeiXin Style Sheets，WXSS）是基于 CSS 拓展的样式语言，用于描述 WXML 的组件样式，决定 WXML 的组件该怎么显示。它具有 CSS 的大部分特性。在 CSS 基础上，WXSS 拓展了尺寸单位、样式引入等特性，对 CSS 选择器属性做了部分兼容。

3.4.1　尺寸单位

在 WXSS 中，引入了尺寸单位 rpx，全称是 responsive pixel。引用新尺寸单位的目的是，适配不同宽度的屏幕，开发起来更简单。rpx 可以根据屏幕宽度进行自适应。规定屏幕宽度为 750rpx。如在 iPhone 6 上，屏幕宽度为 375px，共有 750 个物理像素，则 750rpx=375px=750 物

理像素，即 1rpx=0.5px=1 物理像素。小程序编译后，rpx 会做一次 px 换算。换算是以 375 个物理像素为基准，也就是在一个宽度为 375 物理像素的屏幕下，1rpx=1px。rpx 与 px 换算如表 3-17 所示。

表 3-17　rpx 与 px 换算

设备	rpx 换算 px（屏幕宽度/750）	px 换算 rpx（750/屏幕宽度）
iPhoneX	1rpx=0.5px	1px=2rpx
iPhoneXR	1rpx=0.552px	1px=1.81rpx
iPhoneXS Max	1rpx=0.552px	1px=1.81rpx
iPhone12 Pro Max	1rpx=0.57px	1px=1.75rpx

3.4.2 样式引入

在 CSS 中，开发者可以这样引入另一个样式文件：@import url('./test_0.css')。这种方法在请求上不会把 test_0.css 合并到 index.css 中，也就是请求 index.css 时，会多一个 test_0.css 的请求，如图 3-11 所示。

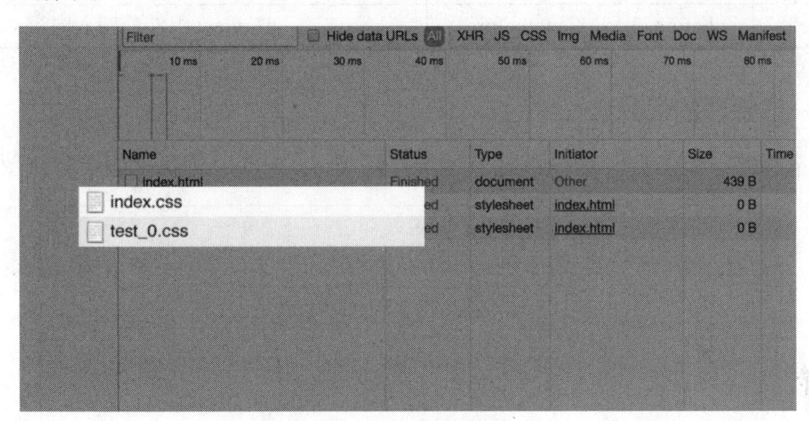

图3-11　CSS样式引入

在小程序中，我们依然可以实现样式的引入，代码如下。

```
@import './test_0.wxss'
```

由于 WXSS 最终会被编译打包到目标文件中，用户只需要下载一次，在使用过程中不会因为样式的引用而产生多余的文件请求。示例代码如下。

```
/** common.wxss **/
.small-p {
  padding:5px;
}

/** app.wxss **/
@import "common.wxss";
.middle-p {
  padding:15px;
}
```

3.4.3 内联样式

WXSS 内联样式与 Web 开发一致，支持使用 style、class 属性来控制组件的样式。

- style：style 接收动态的样式，在运行时会进行解析。尽量避免将静态的样式写进 style 中，以免影响渲染速度。静态的样式统一写到 class 中。示例代码如下。

```
<view style="color:{{color}};" />
```

- class：用于指定样式规则，其属性值是样式规则中类选择器名（样式类名）的集合，样式类名不需要带上，样式类名之间用空格分隔。示例代码如下。

```
<view class="normal_view normal_view1" />
```

3.4.4 选择器

目前，WXSS 支持的选择器如表 3-18 所示。

表 3-18　WXSS 支持的选择器

类型	选择器	样例	样例描述
类选择器	.class	.intro	选择所有拥有 class="intro"的组件
id 选择器	#id	#firstname	选择拥有 id="firstname"的组件
元素选择器	element	view checkbox	选择所有文档的 view 组件和所有的 checkbox 组件
伪元素选择器	::after	view::after	在 view 组件后插入内容
伪元素选择器	::before	view::before	在 view 组件前插入内容

3.4.5 选择器的优先级

WXSS 选择器的优先级与 CSS 选择器的优先级类似。WXSS 的优先级示意如图 3-12 所示。

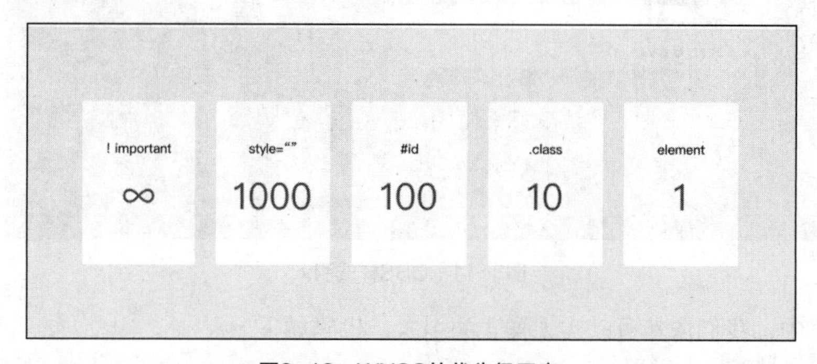

图3-12　WXSS的优先级示意

图 3-12 中的数值代表选择器的权重，权重越大越优先。在优先级相同的情况下，后设置的样式的优先级高于先设置的样式。

为了减轻开发者样式开发的工作量，微信团队为开发者提供了官方样式库 WeUI，读者可自行下载并使用。

3.5 JS页面逻辑文件

页面逻辑文件的主要功能有设置初始化数据、注册当前页面生命周期函数、注册事件处理函数等。小程序的逻辑层文件是 JS 文件，所有的逻辑文件（包括 app.js）最终将会打包成一个 JS 文件，在小程序启动时运行，直到小程序销毁结束，类似于运行在浏览器后台进程里的脚本 ServiceWorker，所以逻辑层也称为 App Service。

从逻辑层来说，一个小程序是由多个“页面”组成的“程序”，往往需要在“程序”启动或者退出时存储数据或者在“页面”显示或隐藏时做一些逻辑处理。逻辑层的主要作用是处理数据后发送给视图层进行渲染以及进行视图层的事件反馈。了解程序和页面的概念以及它们的生命周期是非常重要的。

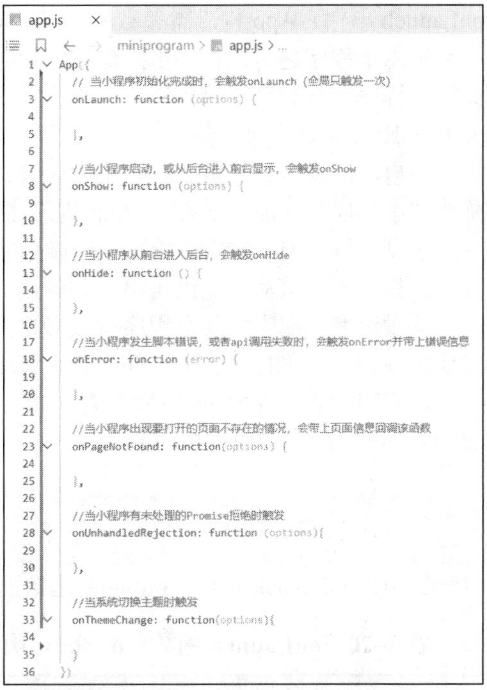

3.5.1 程序构造器

开发者使用程序构造器即 App 构造器注册一个小程序，用于指定小程序的生命周期函数等。需要留意的是 App 构造器必须写在项目根目录的 app.js 里。App 实例是单例对象，即只能注册一个，在其他 JS 文件中可以使用宿主环境提供的 getApp 函数来获取程序实例。图 3-13 所示为 app.js 自动生成的 App 构造器代码。

```
app.js
miniprogram > app.js > ...
App({
  // 当小程序初始化完成时，会触发onLaunch（全局只触发一次）
  onLaunch: function (options) {

  },

  //当小程序启动，或从后台进入前台显示，会触发onShow
  onShow: function (options) {

  },

  //当小程序从前台进入后台，会触发onHide
  onHide: function () {

  },

  //当小程序发生脚本错误，或者api调用失败时，会触发onError并带上错误信息
  onError: function (error) {

  },

  //当小程序出现要打开的页面不存在的情况，会带上页面信息回调该函数
  onPageNotFound: function(options) {

  },

  //当小程序有未处理的Promise拒绝时触发
  onUnhandledRejection: function (options){

  },

  //当系统切换主题时触发
  onThemeChange: function(options){

  }
})
```

图3-13 app.js自动生成的App构造器代码

App 构造器中的这些函数均为可选函数，开发者可以根据实际需要删除其中的部分函数，或者保留这些空函数。由图可见，onLaunch()、onShow()、onError()函数在触发时均会返回参数，用户可以利用这些参数进行状态的判断与处理。

App 构造器中的 Object 参数说明如表 3-19 所示。

表 3-19 Object 参数说明

属性	类型	描述	触发时机
onLaunch	function	生命周期函数：监听小程序初始化	当小程序初始化完成时，会触发 onLaunch（全局只触发一次）
onShow	function	生命周期函数：监听小程序显示	当小程序启动，或从后台进入前台显示时，会触发 onShow
onHide	function	生命周期函数：监听小程序隐藏	当小程序从前台进入后台时，会触发 onHide
onError	function	错误监听函数	当小程序发生脚本错误，或 API 调用失败时，会触发 onError 并带上错误信息
onPageNotFound	function	页面不存在监听函数	当小程序出现要打开的页面不存在的情况时，会带上页面信息回调该函数
onUnhandledRejection	function	未处理的 Promise 拒绝事件监听函数	当小程序有未处理的 Promise 拒绝时触发
onThemeChange	function	监听系统主题变化	当系统切换主题时触发
其他	any	—	开发者可以添加任意的函数或数据到 Object 参数中，用 this 访问

3.5.2 程序的生命周期和打开场景

初次进入小程序时，微信客户端会初始化宿主环境，同时从网络下载或者从本地缓存中获得小程序的代码包，把它注入宿主环境。初始化完毕后，微信客户端就会给 App 实例派发

onLaunch 事件，App 构造器参数所定义的 onLaunch 函数会被调用。

进入小程序之后，用户可以单击左上角的关闭按钮，或按手机设备的 Home 键离开小程序，此时小程序并没有被直接销毁。这种情况称为“小程序进入后台状态”，App 构造器参数所定义的 onHide 函数会被调用。

当再次回到微信或再次打开小程序时，微信客户端会把“后台”的小程序唤醒。这种情况称为“小程序进入前台状态”，App 构造器参数所定义的 onShow 函数会被调用。

可以看到，App 的生命周期是由微信客户端根据用户操作主动触发的。为了避免程序上的混乱，我们不应该从其他代码中主动调用 App 实例的生命周期函数。

从微信客户端中打开小程序有很多方式：从群聊会话里打开、从小程序列表中打开、通过微信扫一扫二维码打开、从另外一个小程序打开当前小程序等。针对不同的打开方式，小程序需要做不同的业务处理，所以微信客户端会把打开方式的参数传给 onLaunch 函数和 onShow 函数的 options 参数。代码如下所示。

```
App({
  onLaunch: function(options) { console.log(options) },
  onShow: function(options) { console.log(options) }
})
```

其中，onLaunch 函数、onShow 函数返回的参数完全相同，如表 3-20 所示。

表 3–20　onLaunch 函数、onShow 函数返回的参数

字段	类型	描述
path	string	打开小程序的页面路径
query	object	打开小程序的页面参数 query
scene	number	打开小程序的场景值
shareTicket	string	获取转发后的标识信息，如转发到群里之后获取该群的标识信息
referrerInfo	object	当场景为从另一个小程序、公众号或 App 打开时，返回此字段
referrerInfo.appId	string	来自小程序、公众号或 App 的 AppID
referrerInfo.extraData	object	来自小程序传过来的数据，scene=1037 或 1038 时支持

3.5.3　页面的构造器和生命周期

小程序在每个页面 JS 文件中通过页面构造器即 Page 构造器来注册一个小程序页面，且每个页面只能注册一个。其调用方式如下面代码所示，Page 构造器接受一个 Object 参数，参数说明如表 3-21 所示。

```
Page({
  data: { text: "This is page data." },
  onLoad: function(options) { },
  onReady: function() { },
  onShow: function() { },
  onHide: function() { },
  onUnload: function() { },
  onPullDownRefresh: function() { },
  onReachBottom: function() { },
  onShareAppMessage: function () { },
  onPageScroll: function() { }
})
```

页面初次加载时，微信客户端会给 Page 实例派发 onLoad 事件，Page 构造器参数所定义的 onLoad 函数会被调用，onLoad 在页面没被销毁之前只会触发一次，在 onLoad 的回调中，可以获取当前页面所调用的打开参数 options。页面显示之后，Page 构造器参数所定义的 onShow 函数会被调用，一般从别的页面返回到当前页面时，当前页的 onShow 函数都会被调用。

当页面初次渲染完成时，Page 构造器参数所定义的 onReady 函数会被调用，onReady 在页面没被销毁前只会触发一次。onReady 触发时，表示页面已经准备妥当，在逻辑层就可以和视图层进行交互了。

以上事件触发的时机是 onLoad 早于 onShow，onShow 早于 onReady。页面不可见时，Page 构造器参数所定义的 onHide 函数会被调用，这种情况会在使用 wx.naviagteTo 切换到其他页面、进行底部 tab 切换时触发。当前页面使用 wx.redirectTo 或 wx.navigateBack 返回到其他页面时，当前页面会被微信客户端销毁回收，此时 Page 构造器参数所定义的 onUnload 函数会被调用。

可以看到，Page 的生命周期是由微信客户端根据用户操作主动触发的。为了避免程序上的混乱，不要在其他代码中主动调用 Page 实例的生命周期函数。

表 3-21　Object 参数

参数属性	类型	描述
data	object	页面的初始数据
onload	function	生命周期函数：监听页面加载，触发时机早于 onShow 和 onReady
onReady	function	生命周期函数：监听页面初次渲染完成
onShow	function	生命周期函数：监听页面显示，触发事件早于 onReady
onHide	function	生命周期函数：监听页面隐藏
onUnload	function	生命周期函数：监听页面卸载
onPullDownRefresh	function	页面相关事件处理函数：监听用户下拉动作
onReachBottom	function	页面上拉触底事件的处理函数
onShareAppMessage	function	用户点击右上角转发
onPageScroll	function	页面滚动触发事件的处理函数
其他	any	可以添加任意的函数或数据，在 Page 实例的其他函数中用 this 访问

图 3-14 描述了程序与页面的整个生命周期，如果初次阅读不是太明白，可跳过本内容，在有了一定实践操作基础后再理解整个生命周期示意图就会很容易了。

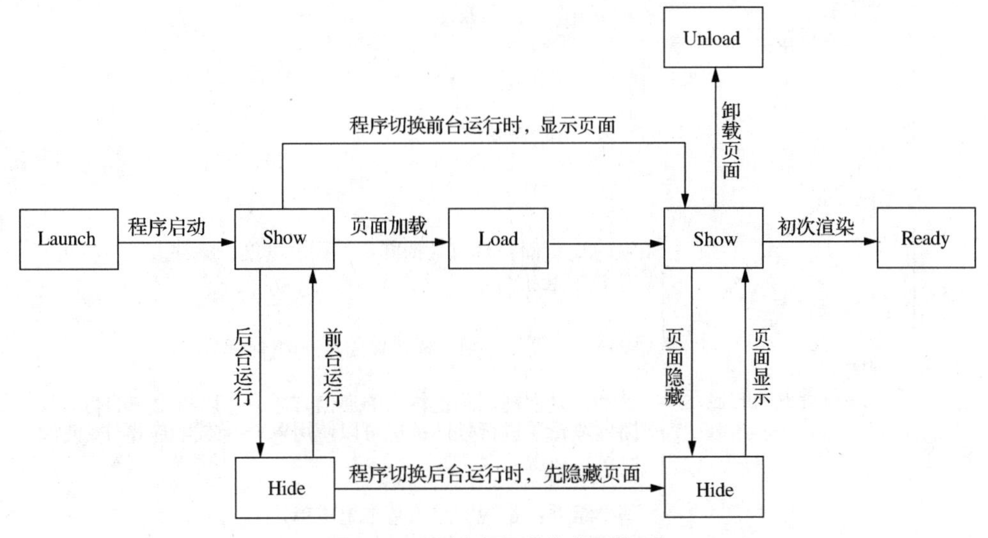

图3-14　程序与页面的生命周期示意

本章小结

本章详细介绍了小程序涉及的5种文件的结构、使用方法，并对小程序的生命周期给出了详细的示例及说明。

从小程序的目录结构来看，小程序包含一个描述整体程序的App和多个描述各自页面的Page。

- 小程序目录结构
  - 小程序主体文件，必须放于根目录
    - app.js文件：包含小程序的全局逻辑代码，用来监听并处理小程序整个项目的生命周期函数、声明全局变量
    - app.json文件：小程序的全局配置文件，配置小程序的页面组成、窗口背景色以及启动页面等
    - app.wxss文件：小程序的公共样式表，相当于CSS文件
  - 一个小程序页面由4个文件组成，这4个文件必须具有相同的路径与文件名
    - JS文件：当前页面逻辑文件
    - JOSN文件：当前页面配置文件
    - WXSS文件：当前页面样式文件
    - WXML文件：当前页面模板文件

从小程序框架系统看，小程序框架分为逻辑层和视图层。逻辑层将数据进行处理后发送给视图层，同时接收视图层的事件反馈。

- 小程序框架系统
  - 逻辑层
代码运行在逻辑层
    - App()注册小程序
    - Page()注册页面
    - 调用API 页面路由
    - 代码模块化
    - 各API能力调用
  - 视图层
主要负责视图的显示
    - WXML页面：具有数据绑定、列表渲染、条件渲染、模板、引用等能力
    - WXSS样式表：用于描述WXML的组件样式
    - 事件：是视图层到逻辑层的通信方式，可以将用户的行为反馈到逻辑层进行处理；也可以使用WXS函数响应事件，使代码运行在视图层
    - 基础组件：是视图层的基本组成单元

读完本章，读者应该对整个小程序项目的基础知识有了全面了解。本章内容也可作为学习手册，在日后的实践开发中根据需要反复查阅。

习 题

一、选择题

1. 小程序页面的所有路径保存在下面哪个文件中（　　）。

   A. app.wxss　　B. app.json　　C. app.js　　D. project.config.json

2. 已知JS文件中有

```
Page({
  data: {
     array: ['张三','李四','王五']
   }
})
```

WXML文件的代码如下。

```
<view  wx:for = '?'  wx:for - index ='?'  wx:for - item= '?' >
        学生{{stuID}}: {{stuName}}
</view>
```

请问这3个问号位置处应如何填写，才能正确显示每个学生的姓名stuName和学号stuID。（　　）

   A. array, index, item　　B. {{array}}, stuID,stuName

   C. array, stuID, stuName　　D. {{array}}, index, item

3. 小程序特有的尺寸单位是（　　）。

   A. rpx　　B. px　　C. pt　　D. mm

4. 以下哪个事件表示手指触摸后马上离开（　　）。

   A. touchmove　　B. longtap　　C. tap　　D. touchcancel

二、简答题

1. 什么是事件？事件如何分类？
2. 渲染层与逻辑层事件如何交互？
3. 简述小程序及页面生命周期函数主要有哪些，并说明生命周期函数执行的顺序。

三、实践题

1. 在“爱电影”小程序项目中，创建4个页面，分别为“正在热映”“即将上映”“电影编辑”“电影详情”。

2. 在每个页面配置文件中修改页面标题。

3. 在page文件中设定tabBar为“正在热映”“即将上映”和“电影编辑”。

04 第 4 章　小程序组件

小程序框架提供了 8 种组件，分别为视图容器组件、基础内容组件、表单组件、导航组件、媒体组件、地图组件、画布组件以及开放功能组件。为了让读者更好地理解每个组件的特性，避免其他代码的干扰，本章会尽可能减少 WXSS 的使用，所以案例界面可能不太美观。

4.1　组件的使用方法

在前文示例中读者已经对几个组件的使用方法有所了解，本章将详细介绍每一个组件的使用方法，开发者可以通过小程序提供的这些基础组件进行任意组合来加快开发速度。小程序组件与 HTML 标签元素类似，每个标签代表一个组件，是视图层的基本组成单元。与 HTML 标签不同的是，小程序组件直接集成了一些便捷的功能以及微信风格的样式。

一个组件的组成通常包括开始标签、结束标签、属性以及内容。一个完整的组件结构如下。

```
<tagname property="value">  //开始标签，property 为属性
  Content goes here …       //内容
</tagname>                  //结束标签
```

一个组件可以通过属性来进行配置，属性只能用在开始标签中，不能用于结束标签。一个组件可以对应多个属性，属性具有名称和值两部分，组件的属性名称都是小写，用连字符“-”与值连接。组件的属性分为共同属性和组件自定义的属性。

4.1.1　组件的共同属性

组件的共同属性指每个组件都具有的属性，在每个组件中它们代表的意义和作用都是一样的，如表 4-1 所示。

表 4–1　组件的共同属性

属性名	类型	描述	注解
id	string	组件的唯一表示	与 HTML 的 id 属性一样，每个组件的 id 在同一个页面里要保持唯一
class	string	组件的样式类	对应 WXSS 文件中定义的样式类

续表

属性名	类型	描述	注解
style	string	组件的内联样式	可以在组件中直接写样式。它的优先级大于 class 引用的样式
hidden	boolean	组件是否显示	所有组件默认为显示状态
data-*	any	自定义属性	触发组件上的事件时，该属性会被发送给事件处理函数。事件处理函数可以通过 datascl 获取该属性
bind* / catch*	eventHandler	组件的事件	绑定逻辑层的相关事件处理函数，bind 为冒泡事件，catch 为非冒泡事件。如 bindtap="tapName"

4.1.2　组件的属性类型

每个属性都有对应的类型，使用时应给属性值传入对应的类型值。属性按类型可分为以下几类。

- boolean：布尔值。组件有该属性时，不管该属性等于什么，其值都为 true；只有组件没有该属性时，属性值才为 false。如果属性值为变量，变量的值会被转换为 boolean。
- number：数字。
- string：字符串。value 是一个字符串，需要在对应的 Page 中定义同名的函数，否则触发事件时会报错。
- array：数组。
- object：对象。
- eventHandler：事件处理函数名。
- any：任意类型。

4.2　视图容器组件

在 Web 前端开发时通常使用 DIV+CSS 来实现页面布局，其中的<div></div>作为容器元素存在。在小程序中不能使用 DIV 来实现布局，但是小程序提供了一套类似 DIV 的容器组件，那就是 view 组件、scroll-view 组件、swiper 组件、movable-view 组件、cover-view 组件。使用这五大视图容器组件可以实现对小程序页面的布局。本节主要介绍这五大视图容器组件的使用方法。

4.2.1　view组件

view 组件是一个块级容器组件，也是最常用的组件之一。它没有特殊功能，主要用于布局展示，相当于 HTML 中的<div>标签。任何一种复杂的布局都可以通过嵌套 view 组件，设置相关的 class 属性来实现。view 组件支持常用的 CSS 布局属性，如 display、float、position 以及 Flex 布局等。view 组件具备一套关于点击行为的属性，具体如表 4-2 所示。

表 4–2　点击行为的属性

属性名	类型	默认值	说明
hover-class	string	none	指定按下去的样式类。可以设置点击的效果。当 hover-class="none"时，没有点击效果

续表

属性名	类型	默认值	说明
hover-stop-propagation	boolean	false	指定是否阻止本节点的父节点出现点击态
hover-start-time	number	50	按住后多久出现点击态，单位为 ms
hover-stay-time	number	500	手指松开后点击态保留时间，单位为 ms

为了让读者更直观地了解 view 组件布局的特性，下面展示了两种常用布局，如图 4-1 所示。

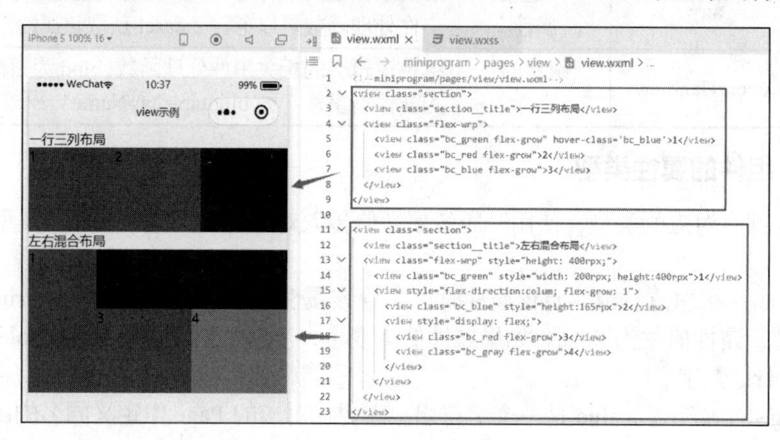

图4-1　view组件布局示例

图 4-1 展示了一行三列布局和左右混合布局，它们都是使用 view 组件嵌套后再配合 CSS 的 Flex 布局形成的。代码如下。

```
<!--miniprogram/pages/view/view.wxml-->
<view class="section">
  <view class="section__title">一行三列布局</view>
  <view class="flex-wrp">
    <view class="bc_green flex-grow" hover-class='bc_blue'>1</view>
    <view class="bc_red flex-grow">2</view>
    <view class="bc_blue flex-grow">3</view>
  </view>
</view>
<view class="section">
  <view class="section__title">左右混合布局</view>
  <view class="flex-wrp" style="height: 400rpx;">
    <view class="bc_green" style="width: 200rpx; height:400rpx">1</view>
    <view style="flex-direction:colum; flex-grow: 1">
      <view class="bc_blue" style="height:165rpx">2</view>
      <view style="display: flex;">
        <view class="bc_red flex-grow">3</view>
        <view class="bc_gray flex-grow">4</view>
      </view>
    </view>
  </view>
</view>

/* miniprogram/pages/view/view.wxss */
.flex-wrp {display: flex;}
.flex-grow {flex-grow: 1}
.bc_green {background: green; height: 100px; }
.bc_red {background: red; height: 100px; }
.bc_blue {background: blue; height: 100px; }
```

```
.bc_gray {background: gray; height: 100px; }
```

4.2.2　scroll-view组件

在开发小程序过程中，有时需要页面某块区域的内容可以滚动，如上下滚动或者左右滚动。虽然可以通过设置 view 组件的 overflow:scroll 属性来实现，但是由于小程序实现原理中没有直接操作 DOM 的概念，所以无法直接监听 view 组件的滚动、触顶、触底等事件，这时便需要使用 scroll-view 组件。scroll-view 组件在 view 组件的基础上增加了滚动的相关属性，通过设置这些属性，能响应滚动相关事件。具体属性如表 4-3 所示。

表 4-3　scroll-view 组件的属性

属性名	类型	默认值	说明
scroll-x	boolean	false	允许横向滚动
scroll-y	boolean	false	允许纵向滚动
upper-threshold	number	50	距顶部/左边多远时（单位 px），触发 scrolltoupper 事件
lower-threshold	number	50	距底部/右边多远时（单位 px），触发 scrolltolower 事件
scroll-top	number	—	设置竖向滚动条位置
scroll-left	number	—	设置横向滚动条位置
scroll-into-view	string	—	值应为某子元素 id（id 不能以数字开头）。设置哪个方向可滚动，则在哪个方向上滚动到该元素
scroll-with-animation	boolean	false	在设置滚动条位置时使用动画过渡
bindscrolltoupper	eventHandle	—	滚动到顶部/左边时，触发 scrolltoupper 事件
bindscrolltolower	eventHandle	—	滚动到底部/右边时，触发 scrolltolower 事件
bindscroll	eventHandle	—	滚动时触发，event.detail={scrollLeft,scrollTop,scrollHeight,scrollWidth,deltaX,deltaY}

下面通过 scroll-view 组件创建一个纵向滚动和一个横向滚动的区域，并监听它的滚动事件，单击“点击滚到底部蓝色区块”按钮，会自动显示蓝色色块，如图 4-2 所示。

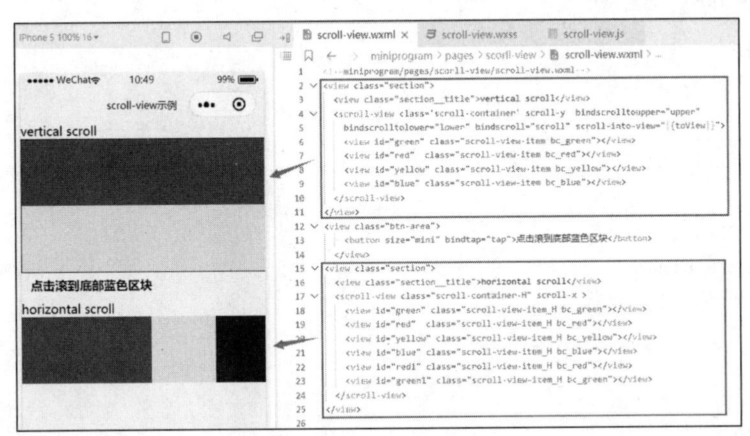

图4-2　scroll-view组件示例

在纵向滚动示例中，还监听了“滚动到顶部触发”“滚动到底部触发”“滚动时触发”的事件，代码如下。

```
<!--miniprogram/pages/scorll-view/scroll-view.wxml-->
<view class="section">
  <view class="section__title">vertical scroll</view>
  <scroll-view class='scroll-container' scroll-y  bindscrolltoupper="upper"
bindscrolltolower="lower" bindscroll="scroll" scroll-into-view="{{toView}}">
    <view id="green" class="scroll-view-item bc_green"></view>
    <view id="red"  class="scroll-view-item bc_red"></view>
    <view id="yellow" class="scroll-view-item bc_yellow"></view>
    <view id="blue" class="scroll-view-item bc_blue"></view>
  </scroll-view>
</view>
<view class="btn-area">
    <button size="mini" bindtap="tap">点击滚到底部蓝色区块</button>
  </view>
<view class="section">
  <view class="section__title">horizontal scroll</view>
  <scroll-view class="scroll-container-H" scroll-x >
    <view id="green" class="scroll-view-item_H bc_green"></view>
    <view id="red"  class="scroll-view-item_H bc_red"></view>
    <view id="yellow" class="scroll-view-item_H bc_yellow"></view>
    <view id="blue" class="scroll-view-item_H bc_blue"></view>
    <view id="red1" class="scroll-view-item_H bc_red"></view>
    <view id="green1" class="scroll-view-item_H bc_green"></view>
  </scroll-view>
</view>

/* miniprogram/pages/scorll-view/scroll-view.wxss */
.scroll-container{
  border: 1rpx solid;
  height: 400rpx;
}
.scroll-container .scroll-view-item{
  width: 100%;
  height: 200rpx;
}
.bc_green{
  background: green;
}
.bc_red{
  background: red;
}
.bc_yellow{
  background: yellow;
}
.bc_blue{
  background: blue;
}
.scroll-container-H{
  width: 100%;
  overflow: hidden;
  white-space: nowrap;
}
.scroll-view-item_H{

  width: 200rpx;
  height: 200rpx;
   display: inline-block;
}

// miniprogram/pages/scorll-view/scroll-view.js
var order = ['red', 'yellow', 'blue', 'green', 'red']
```

```
Page({
  data: {
    toView: 'red',  //设置从哪里开始滚动，与 scroll-into-view 对应
  },
  upper: function (e) {
    console.log("滚动到顶部触发");  //触发 bindscrolltoupper 事件
    console.log(e)
  },
  lower: function (e) {
    console.log("滚动到底部触发");  //触发 bindscrolltolower 事件
    console.log(e)
  },
  scroll: function (e) {
    console.log("滚动时触发:");  //滚动时触发
    console.log(e)
  },
  tap: function (e) {
    this.setData({
      toView: 'blue'
    })
  }
})
```

需要注意的是，虽然 scroll-view 组件中可以使用 view 组件，但不可以使用 textarea、map、canvas、video 组件。在布局时，如果对事件没有特殊要求，也可以使用 view 组件代替 scroll-view 组件进行布局。

4.2.3 swiper组件

开发小程序时常常会遇到轮播图、滑动页面等需求，swiper 滑块视图组件可实现以上效果。一个完整的 swiper 组件由 swiper 和 swiper-item 两个组件构成，不能单独使用，一个 swiper 组件中可放置一个或多个 swiper-item 组件。swiper 组件的属性如表 4-4 所示。

表 4–4　swiper 组件的属性

属性名	类型	默认值	说明
indicator-dots	boolean	false	是否显示面板指示点，也就是轮播图效果中的提示点
indicator-color	color	rgba(0,0,0,.3)	指示点颜色
indicator-active-color	color	#000000	当前选中的指示点颜色
autoplay	boolean	false	是否自动切换
current	number	0	当前所在滑块的 index
current-item-id	string	""	当前所在滑块的 item-id，不能与 current 同时被指定
interval	number	5000	自动切换时间间隔 ms
duration	number	500	滑动动画时长 ms
circular	boolean	false	是否采用衔接滑动
vertical	boolean	false	滑动方向是否为纵向
pervious-margin	string	"0px"	前边距，可用于露出前一项的一小部分，接受 px 和 rpx 值
next-margin	string	"0px"	后边距，可用于露出后一项的一小部分，接受 px 和 rpx 值

续表

属性名	类型	默认值	说明
display-multiple-items	number	1	同时显示的滑块数量
skip-hidden-item-layout	boolean	false	是否跳过未显示的滑块布局，设为 true 可优化复杂情况下的滑动性能，但会丢失隐藏状态滑块的布局信息
bindchange	eventHandle	—	current 改变时会触发 change 事件，event.detail={current: current, source:source}
bindscale	eventHandle	—	缩放过程中触发的事件，event.detail={scale.scale}

注意

如果在bindchange的事件回调函数中使用setData改变current值，则有可能导致setData被不停地调用，因此通常情况下在改变current值前，会检测source字段来判断是否是由于用户触摸引起。

swiper-item 组件放在 swiper 组件中使用的话，宽高会自动设置为 100%。swiper-item 有一个 item-id 属性，如表 4-5 所示。

表 4-5　swiper-item 组件的属性

属性名	类型	默认值	说明
item-id	string	""	该 swiper-item 组件的标识符

swiper 组件示例如图 4-3 所示。

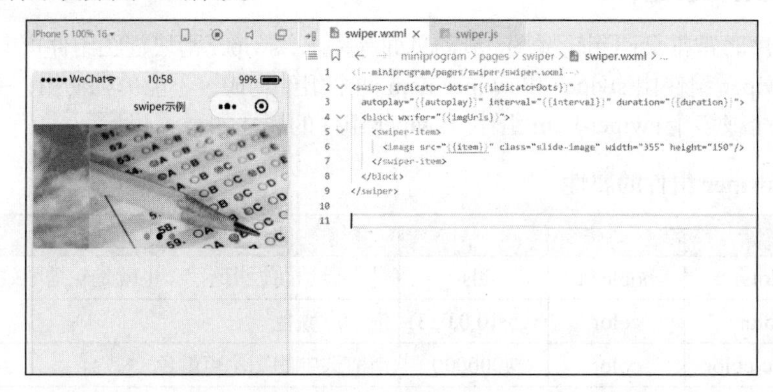

图4-3　swiper组件示例

该示例只是为了最简单地展示 swiper 组件，没有进行过多操作，只展示了一个简单的轮播。代码如下。

```
<!--miniprogram/pages/swiper/swiper.wxml-->
<swiper indicator-dots="{{indicatorDots}}"
  autoplay="{{autoplay}}" interval="{{interval}}" duration="{{duration}}">
  <block wx:for="{{imgUrls}}">
    <swiper-item>
      <image src="{{item}}" class="slide-image" width="355" height="150"/>
    </swiper-item>
  </block>
</swiper>

// miniprogram/pages/swiper/swiper.js
Page({
  data: {
```

```
        imgUrls: [
          'cloud://test-506w5.7465-test-506w5-1301463506/swiper示例/3.jpg',
          'cloud://test-506w5.7465-test-506w5-1301463506/swiper示例/2.jpg',
          'cloud://test-506w5.7465-test-506w5-1301463506/swiper示例/1.jpg'
        ],
        indicatorDots: true,
        autoplay: true,
        interval: 5000,
        duration: 1000
      }
    })
```

4.2.4 movable-view组件

movable-view 组件是一个可移动的视图容器组件，在页面中可以拖拽滑动以及缩放。movable-view 组件必须放在<movable-area/>标签中，并且必须是直接子节点，否则不能移动，movable-area 组件中可以放多个 movable-view 组件。movable-view 组件与 movable-area 组件都需要设置 width 和 height 属性。如果不设置的话，系统会自动默认为 10px。无论 movable-view 组件是大于还是小于 movable-area 组件，movable-view 组件的移动范围都必须在父容器 movable-area 组件范围内。movable-area 组件有个 scale-area 属性，如表 4-6 所示。

表 4-6　movable-area 组件的属性

属性名	类型	默认值	说明
scale-area	boolean	false	当 movable-view 组件设置为支持双指缩放时，设置此值可将缩放手势生效区域修改为整个 movable-area 组件

可以设置和获取 movable-view 组件在拖拽滑动时的多个状态属性，具体如表 4-7 所示。

表 4-7　movable-view 组件的属性

属性名	类型	默认值	说明
direction	string	none	movable-view 组件的移动方向，属性值有 all、vertical、horizontal、none
inertia	boolean	false	movable-view 组件是否有惯性
out-of-bounds	boolean	false	超过可移动区域后，movable-view 组件是否还可以移动
x	number	—	定义 *x* 轴方向的偏移，如果 x 的值不在可移动范围内，会自动移动到可移动范围；改变 x 的值会触发动画
y	number	—	定义 *y* 轴方向的偏移，如果 y 的值不在可移动范围内，会自动移动到可移动范围；改变 y 的值会触发动画
damping	number	20	阻尼系数，用于控制 x 或 y 改变时的动画和过界回弹的动画，值越大移动越快
friction	number	2	摩擦系数，用于控制惯性滑动的动画，值越大摩擦力越大，滑动越快停止；必须大于 0，否则会被设置成默认值
disabled	boolean	false	是否禁用
scale	boolean	false	是否支持双指缩放，默认缩放手势生效区域是在 movable-view 组件内
scale-min	number	0.5	定义缩放倍数最小值

续表

属性名	类型	默认值	说明
scale-max	number	10	定义缩放倍数最大值
scale-value	number	1	定义缩放倍数，取值范围为 0.5～10
bindchange	eventHandle	—	拖动过程中触发的事件，event.detail={x:x, y:y, source: source}，其中 source 表示产生移动的原因，值可为 touch（拖动）、touch-out-of-bounds（超出移动范围）、out-of-bounds（超出移动范围后的回弹）、friction（惯性）和空字符串（setData）
skip-hidden-item-layout	boolean	false	是否跳过未显示的滑块布局，设为 true 可优化复杂情况下的滑动性能，但会丢失隐藏状态滑块的布局信息
bindchange	eventHandle	—	current 改变时会触发 change 事件，event.detail={current: current, source:source}
bindscale	eventHandle	—	缩放过程中触发的事件，event.detail={scale:scale}

除了基本事件外，movable-view 组件还提供了两个特殊事件，其属性如表 4-8 所示。

表 4-8 movable-view 组件特殊事件的属性

属性名	触发条件
htouchmove	初次手指触摸后移动方向为横向，如果捕获此事件，则意味着 touchmove 事件也被捕获
vtouchmove	初次手指触摸后移动方向为纵向，如果捕获此事件，则意味着 touchmove 事件也被捕获

根据上面的功能介绍可以快速生成一个可拖拽、可缩放的视图，如图 4-4 所示。

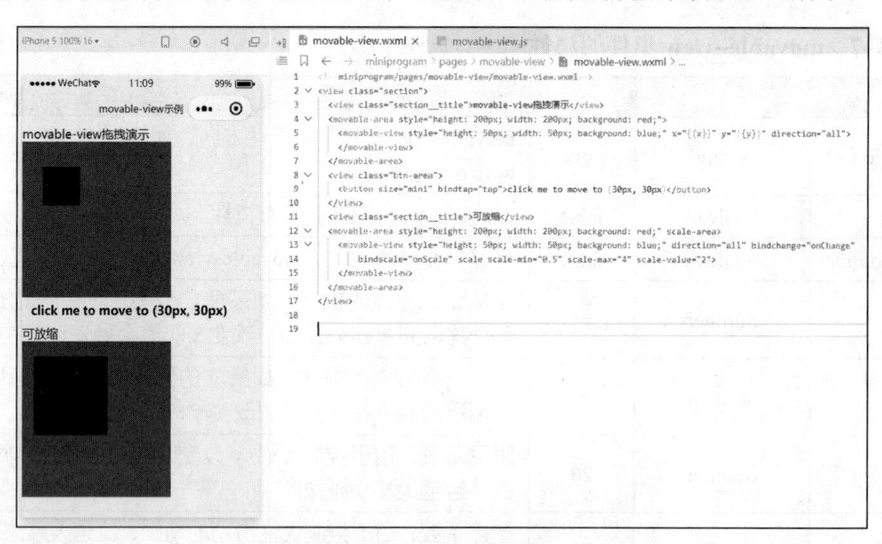

图4-4 movable-view组件示例

代码如下。

```
<!--miniprogram/pages/movable-view/movable-view.wxml-->
<view class="section">
  <view class="section__title">movable-view 拖拽演示</view>
  <movable-area style="height: 200px; width: 200px; background: red;">
    <movable-view style="height: 50px; width: 50px; background: blue;" x="{{x}}"
```

```
y="{{y}}" direction="all">
        </movable-view>
      </movable-area>
      <view class="btn-area">
        <button size="mini" bindtap="tap">click me to move to (30px, 30px)</button>
      </view>
      <view class="section__title">可放缩</view>
      <movable-area style="height: 200px; width: 200px; background: red;" scale-area>
        <movable-view style="height: 50px; width: 50px; background: blue;" direction=
"all" bindchange="onChange"
           bindscale="onScale" scale scale-min="0.5" scale-max="4" scale-value="2">
        </movable-view>
      </movable-area>
    </view>

    // miniprogram/pages/movable-view/movable-view.js
    Page({
      data: {
        x: 0,
        y: 0
      },
      tap: function (e) {
        this.setData({
          x: 30,
          y: 30
        });
      },
      //current 改变时触发
      onChange: function (e) {
        console.log(e.detail)
      },
      //缩放事件
      onScale: function (e) {
        console.log(e.detail)
      }
    })
```

4.2.5 cover-view组件

cover-view 是覆盖在原生组件之上的文本视图，这是小程序新出的一个容器组件，很实用，也很简单。它应用于地图组件、视频播放组件以及 canvas、camera、live-player、live-pusher 等原生组件之上。以前在使用地图组件进行开发时，无法在地图组件上覆盖文字，现在使用 cover-view 组件可以轻松地在原生组件上增加文字或图片。目前小程序支持嵌套 cover-view 组件、cover-image 组件。图 4-5 结合视频播放组件展示了 cover-view 组件的功能。

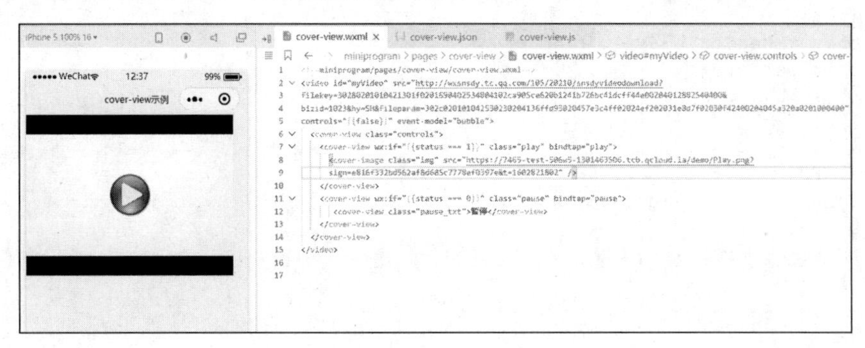

图4-5 cover-view组件示例

该示例在 video 组件中嵌套了 cover-view 组件、cover-image 组件。代码如下。

```
<!--miniprogram/pages/cover-view/cover-view.wxml-->
<video id="myVideo" src="http://wxsnsdy.tc.qq.com/105/20210/snsdyvideodownload?filekey=30280201010421301f0201690402534804102ca905ce620b1241b726bc41dcff44e00204012882540400&bizid=1023&hy=SH&fileparam=302c020101042530230204136ffd93020457e3c4ff02024ef202031e8d7f02030f42400204045a320a0201000400" controls="{{false}}" event-model="bubble">
  <cover-view class="controls">
    <cover-view wx:if="{{status === 1}}" class="play" bindtap="play">
      <cover-image class="img" src="https://7465-test-506w5-1301463506.tcb.qcloud.la/demo/Play.png?sign=e816f332bd562af8d685c7778ef0397e&t=1602821802" />
    </cover-view>
    <cover-view wx:if="{{status === 0}}" class="pause" bindtap="pause">
      <cover-view class="pause_txt">暂停</cover-view>
    </cover-view>
  </cover-view>
</video>

/* miniprogram/pages/cover-view/cover-view.wxss */
.controls {
  display: flex;
  width: 100%;
  height: 100%;
  display: flex;
  align-items: center;
  justify-content: center;
}
.img {
  width: 60px;
  height: 60px;
  margin: 5px auto;
}
.pause_txt{
  width: 40px;
  height: 20px;
  border: 1px solid #000
}

// miniprogram/pages/cover-view/cover-view.js
Page({
  data: {
    status: 1
  },
  onReady() {
    this.videoCtx = wx.createVideoContext('myVideo')
  },
  play() {
    this.videoCtx.play();
    this.setData({
       status : 0
    })
  },
  pause() {
    this.videoCtx.pause();
    this.setData({
       status : 1
    })
  }
})
```

4.3　基础内容组件

4.3.1　icon组件

icon 组件是页面上经常用到的图标组件，常用来表示某种状态，例如，成功、警告、错误等。其属性如表 4-9 所示。

表 4-9　icon 组件的属性

属性名	类型	默认值	说明
type	string	—	icon 组件的类型，有效值：success、success_no_circle、info、warn、waiting、cancel、download、search、clear
size	number	23	icon 组件的大小，单位为 px
color	color	—	icon 组件的颜色，取值与 CSS 中的 color 取值类似

图 4-6 展示了不同大小、类型和颜色的图标。

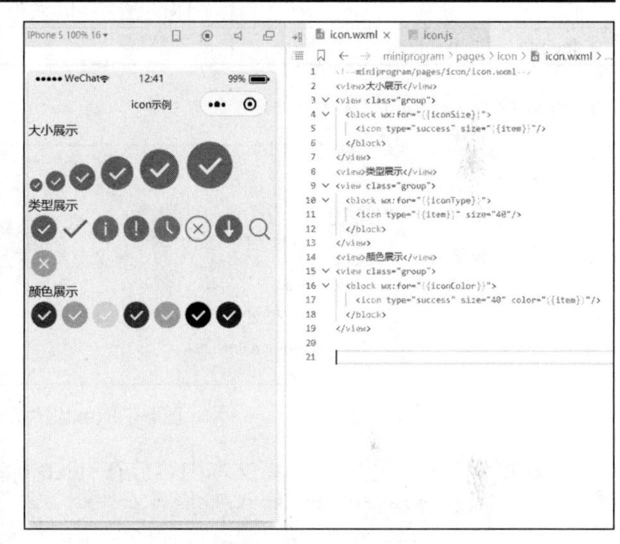

图4-6　icon组件示例

代码如下。

```
<!--miniprogram/pages/icon/
icon.wxml-->
<view>大小展示</view>
<view class="group">
  <block wx:for="{{iconSize}}">
    <icon type="success" size=
"{{item}}"/>
  </block>
</view>
<view>类型展示</view>
<view class="group">
  <block wx:for="{{iconType}}">
    <icon type="{{item}}" size=
"40"/>
  </block>
</view>
<view>颜色展示</view>
<view class="group">
  <block wx:for="{{iconColor}}">
    <icon type="success" size="40" color="{{item}}"/>
  </block>
</view>

// miniprogram/pages/icon/icon.js
Page({
  data: {
    iconSize: [20, 30, 40, 50, 60, 70],
    iconColor: [
      'red', 'orange', 'yellow', 'green', 'rgb(0,255,255)', 'blue', 'purple'
    ],
    iconType: [
      'success', 'success_no_circle', 'info', 'warn', 'waiting', 'cancel',
'download', 'search', 'clear'
    ]
  }
})
```

4.3.2 text组件

text 组件主要用于文本内容的展示，类似于 HTML 中的<p>标签。在小程序中，只有 text 组件中的内容能被长按选中。text 组件中只能嵌套 text 组件，text 组件有一个 boolean 类型的“decode”属性，其默认值为 false，代表是否解码，可以解析的编码字符有 、<、>、&、'、 、 。

其具体属性如表 4-10 所示。

表 4-10　text 组件的属性

属性名	类型	默认值	说明
selectable	boolean	false	文本是否可选（已废弃）
user-select	boolean	false	文本是否可选，该属性会使文本节点显示为 inline-block
space	string	—	显示连续空格。取值有 3 种：ensp、emsp、nbsp。其中，ensp 为中文字符空格一半大小；emsp 为中文字符空格大小；nbsp 根据字体设置空格的大小
decode	boolean	false	是否解码

text 组件示例如图 4-7 所示。

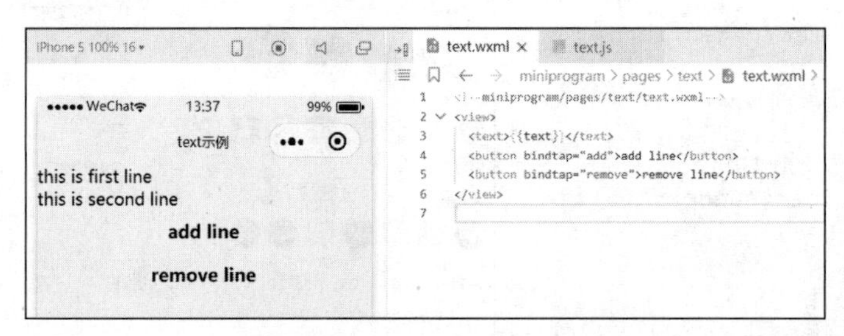

图4-7　text组件示例

text 组件的用法很简单，将文本内容放在<text>标签中间即可，代码如下。

```
<!--miniprogram/pages/text/text.wxml-->
<view>
  <text>{{text}}</text>
  <button bindtap="add">add line</button>
  <button bindtap="remove">remove line</button>
</view>
```


```
<!--miniprogram/pages/text/text.wxml-->
<view>
  <text>{{text}}</text>
  <button bindtap="add">add line</button>
  <button bindtap="remove">remove line</button>
</view>
```


4.3.3 rich-text组件

有时小程序会显示管理后台的数据，管理后台常常会使用富文本编辑器来编辑内容，这时就需要小程序能够解析富文本编辑生成的 HTML 标签。小程序在 1.4.0 版后推出了 rich-text 富文本组件，用来解析 HTML 标签，但是并不是支持全部 HTML 标签的解析。具体支持的标签有<a>、<abbr>、<b>、<blockquote>、
、<code>、<col>、<colgroup>、<dd>、<del>、<div>、<dl>、<dt>、<em>、<fieldset>、<h1>、<h2>、<h3>、<h4>、<h5>、<h6>、<hr>、<i>、<img>、

<ins>、<labe>、<legend>、<li>、<ol>、<p>、<q>、<span>、<strong>、<sub>、<sup>、<table>、<tbody>、<td>、<tfoot>、<th>、<thead>、<tr>、<ul>。

解析时，以上标签之外的其他标签会被移除。rich-text 组件有一个名为 nodes 的属性，以上被支持的标签会被绑定到这个属性上，具体属性如表 4-11 所示。

表 4-11 rich-text 组件的属性

属性名	类型	默认值	说明
nodes	array/string	[]	节点列表/HTML String
space	string	—	显示连续空格

nodes 属性推荐使用 array 类型，由于组件会将 string 类型转换为 array 类型，因而性能会有所下降。同时，nodes 也支持绑定默认事件，包括 tap、touchstart、touchmove、touchcancel、touchend 和 longtap。rich-text 组件示例如图 4-8 所示。

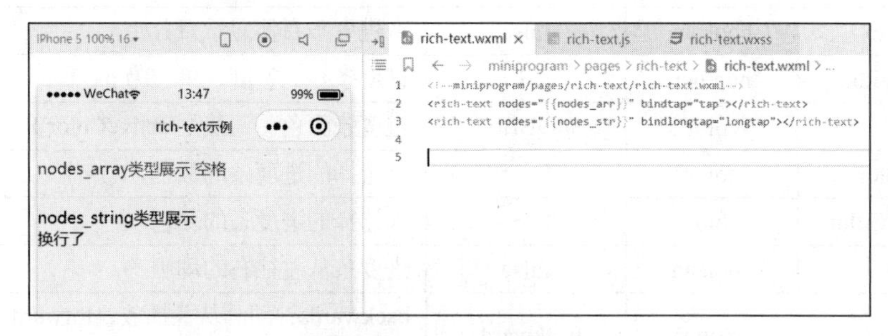

图4-8 rich-text组件示例

图中分别展示了 nodes 为 array 类型和 string 类型时的效果，同时绑定了 tap 和 longtap 事件，代码如下。

```
<!--miniprogram/pages/rich-text/rich-text.wxml-->
<rich-text nodes="{{nodes_arr}}" bindtap="tap"></rich-text>
<rich-text nodes="{{nodes_str}}" bindlongtap="longtap"></rich-text>

// miniprogram/pages/rich-text/rich-text.js
Page({
  data: {
    nodes_arr : [{
      name : 'div',
      attrs : {
         class : 'main',
         style : 'line-height:40px; color: red;'
      },
      children:[{
        type: 'text',
        text : 'nodes_array 类型展示  空格'
      }]
    }],
    nodes_str:'<br/><br/><div>nodes_string 类型展示<br /> 换行了</div>'
  },
  tap(){
    console.log("tap…");
  },
  longtap(){
    console.log("longtap…");
  }
```

```
})

/* miniprogram/pages/rich-text/rich-text.wxss */
.main{
  width: 100%;
  height: 40rpx;
}
```

4.3.4 progress组件

progress 组件用于显示进度状态，如资源加载进度、用户资源完成度等。其使用方法简单，属性如表 4-12 所示。

表 4-12 progress 组件的属性

属性名	类型	默认值	说明
percent	float	无	百分比（0～100%）
show-info	boolean	false	在进度条右侧显示百分比
stroke-width	number	6	进度条线的宽度，单位为 px
color	color	#09BB07	进度条颜色（请使用 activeColor）
activeColor	color	—	已选择的进度条的颜色
backgroundColor	color	—	未选择的进度条的颜色
active	boolean	false	进度条从左往右的动画
active-mode	string	backwards	backwards：动画从头播放；forwards：动画从上次结束点接着播放

progress 组件示例如图 4-9 所示。

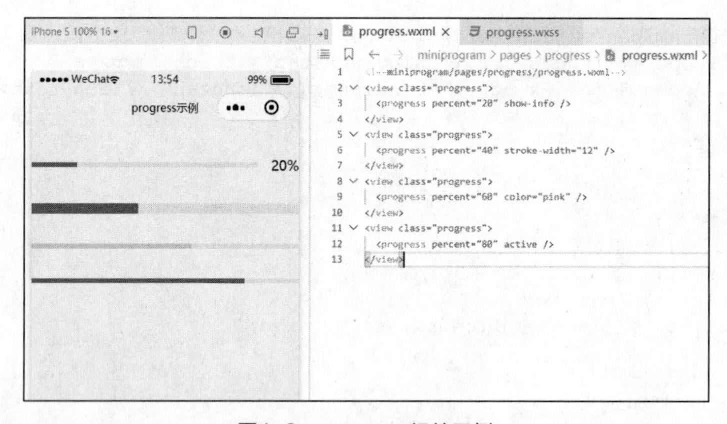

图4-9 progress组件示例

具体代码如下。

```
<!--miniprogram/pages/progress/progress.wxml-->
<view class="progress">
  <progress percent="20" show-info />
</view>
<view class="progress">
  <progress percent="40" stroke-width="12" />
</view>
<view class="progress">
```

```
    <progress percent="60" color="pink" />
  </view>
  <view class="progress">
    <progress percent="80" active />
  </view>

  /* miniprogram/pages/progress/progress.wxss */
  .progress{
    margin-top: 80rpx;
  }
```

4.4 表单组件

4.4.1 button组件

按钮（button）组件是经常用到的一个组件，该组件提供了 3 种状态：primary（绿色）、default（白色）、warn（红色）。除了这 3 种状态之外该组件还提供了很多属性（见表 4-13）以及小程序已经封装好的开放能力。

表 4-13 button 组件的属性

属性名	类型	默认值	说明	生效时机
size	string	default	按钮的大小。有效值：default（默认大小）、mini（小尺寸）	—
type	string	default	按钮的样式类型。有效值：primary（绿色）、default（白色）、warn（红色）	—
plain	boolean	false	按钮是否镂空，背景色透明	—
disabled	boolean	false	是否禁用	—
loading	boolean	false	名称前是否带 loading 图标	—
form-type	string	—	用于<form/>组件，点击会触发<form/>。有效值：submit（提交表单）、reset（重置表单）	—
open-type	string	—	微信开放能力。微信封装好的一些常用的功能，如表 4-14 所示	—
hover-class	string	button-hover	指定按钮按下去的样式类型。当hover-class='none'时，没有点击效果	—
hover-stop-propagation	boolean	false	指定是否阻止本节点的父节点出现点击态	—
hover-start-time	number	20	按住后多久出现点击态，单位为 ms	—
hover-stay-time	number	70	手指松开后点击态保留时间，单位为 ms	—
lang	string	en	指定返回用户信息的语言：zh_CN 为简体中文，zh_TW 为繁体中文，en 为英文	open-type="getUserInfo"
bindgetuserinfo	handler	—	用户点击该按钮时，会返回获取到的用户信息，回调的 detail 数据与 wx.getUserInfo 返回的一致	open-type="getUserInfo"
session-from	string	—	会话来源	open-type="contact"
send-message-title	string	当前标题	会话内消息卡片标题	open-type="contact"
send-message-path	string	当前分享路径	会话内消息卡片点击跳转小程序路径	open-type="contact"

续表

属性名	类型	默认值	说明	生效时机
send-message-img	string	截图	会话内消息卡片图片	open-type="contact"
show-message-card	boolean	false	显示会话内消息卡片	open-type="contact"
bindcontact	handler	—	客服消息回调	open-type="contact"
bindgetphonenumber	handler	—	获取用户手机号回调	open-type="getPhoneNumber"
app-parameter	string	—	打开 App 时，向 App 传递的参数	open-type="launchApp"
binderror	handler	—	当使用开放能力时，发生错误的回调	open-type="launchApp"
bindopensetting	handler	—	在打开授权设置页后回调	open-type="openSetting"

open-type 开发能力的属性如表 4-14 所示。

表 4-14　open-type 开放能力的属性

值	说明
contact	打开客服会话
share	触发用户转发
getUserInfo	获取用户信息，可以从 bindgetuserinfo 回调中获取用户信息
getPhoneNumber	获取用户手机号，可以从 bindgetphonenumber 回调中获取用户手机号
launchApp	打开 App，可以通过 app-parameter 属性设定向 App 传输的参数
openSetting	打开授权设置页
feedback	打开“意见反馈”页面，用户可提交反馈内容并上传日志，开发者可以登录小程序管理后台后进入左侧菜单“客服反馈”页面获取反馈内容
exit	退出小程序

以上是目前 button 组件所有的属性，一些特殊样式大家可以通过 WXSS 来实现。示例如图 4-10 所示。

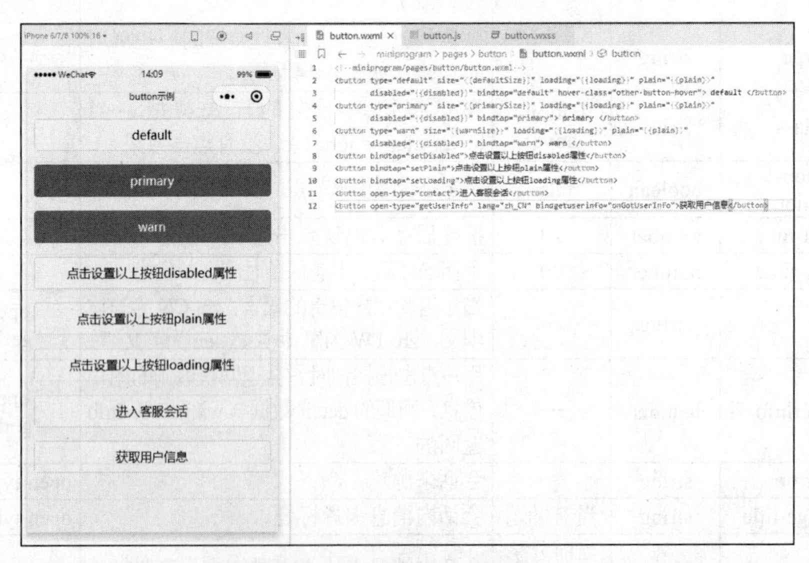

图4-10　button组件示例

具体代码如下所示。

```
<!--miniprogram/pages/button/button.wxml-->
<button type="default" size="{{defaultSize}}" loading="{{loading}}" plain="{{plain}}"
        disabled="{{disabled}}" bindtap="default" hover-class="other-button-
hover"> default </button>
<button type="primary" size="{{primarySize}}" loading="{{loading}}" plain="{{plain}}"
        disabled="{{disabled}}" bindtap="primary"> primary </button>
<button type="warn" size="{{warnSize}}" loading="{{loading}}" plain="{{plain}}"
        disabled="{{disabled}}" bindtap="warn"> warn </button>
<button bindtap="setDisabled">点击设置以上按钮 disabled 属性</button>
<button bindtap="setPlain">点击设置以上按钮 plain 属性</button>
<button bindtap="setLoading">点击设置以上按钮 loading 属性</button>
<button open-type="contact">进入客服会话</button>
<button open-type="getUserInfo" lang="zh_CN" bindgetuserinfo="onGotUserInfo">获取
用户信息</button>

// miniprogram/pages/button/button.js
var types = ['default', 'primary', 'warn']
var pageObject = {
  data: {
    defaultSize: 'default',
    primarySize: 'default',
    warnSize: 'default',
    disabled: false,
    plain: false,
    loading: false
  },
  setDisabled: function (e) {
    this.setData({
      disabled: !this.data.disabled
    })
  },
  setPlain: function (e) {
    this.setData({
      plain: !this.data.plain
    })
  },
  setLoading: function (e) {
    this.setData({
      loading: !this.data.loading
    })
  },
  onGotUserInfo: function (e) {
    console.log(e.detail.errMsg)
    console.log(e.detail.userInfo)
    console.log(e.detail.rawData)
  },
}

for (var i = 0; i < types.length; ++i) {
  (function (type) {
    pageObject[type] = function (e) {
      var key = type + 'Size'
      var changedData = {}
      changedData[key] =
        this.data[key] === 'default' ? 'mini' : 'default'
      this.setData(changedData)
    }
  })(types[i])
}
```

```
Page(pageObject)

/* miniprogram/pages/button/button.wxss */
.button-hover {
  background-color: red;
}
.other-button-hover {
  background-color: blue;
}
button {margin: 10px;}
```

4.4.2 radio组件

单选框由一组单选按钮组成，供用户从一批固定的选项中做出选择。小程序中的单选框由radio-group 和 radio 两个组件一起实现。它们的属性如表 4-15、表 4-16 所示。

表 4-15 radio-group 组件的属性

属性名	类型	默认值	说明
bindchange	eventHandle	—	radio-group 组件中的"选中项"发生变化时触发 change 事件，event.detail={value:选中项 radio 的 value}

表 4-16 radio 组件的属性

属性名	类型	默认值	说明
value	string	—	当该 radio 组件被选中时，radio-group 组件的 change 事件会携带 radio 组件的 value
checked	boolean	false	当前是否选中
disabled	boolean	false	是否禁用
color	color	—	radio 组件的颜色，同 CSS 中的 color

radio-group 组件不能单独使用，需要包含一组 radio 组件，这样才能形成一组单选按钮。

radio 组件的选中状态不能直接获取，需要通过表 4-15 中 radio-group 组件的 change 事件进行获取。radio-group 组件除了包含 radio 组件外，也可以包含其他组件，radio 组件是相互排斥的。示例如图 4-11 所示。

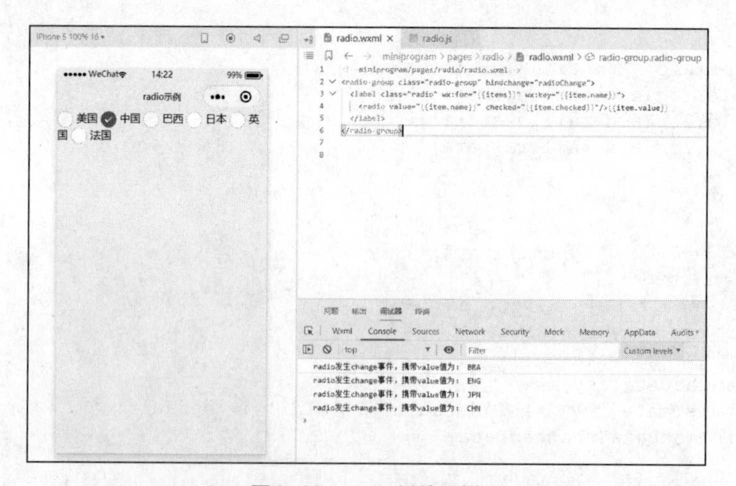

图4-11 radio组件示例

代码如下。

```
<!--miniprogram/pages/radio/radio.wxml-->
<radio-group class="radio-group" bindchange="radioChange">
  <label class="radio" wx:for="{{items}}" wx:key="{{item.name}}">
    <radio value="{{item.name}}" checked="{{item.checked}}"/>{{item.value}}
  </label>
</radio-group>

// miniprogram/pages/radio/radio.js
Page({
  data: {
    items: [
      { name: 'USA', value: '美国' },
      { name: 'CHN', value: '中国', checked: 'true' },
      { name: 'BRA', value: '巴西' },
      { name: 'JPN', value: '日本' },
      { name: 'ENG', value: '英国' },
      { name: 'FRA', value: '法国' },
    ]
  },
  radioChange: function (e) {
    console.log('radio 发生 change 事件，携带 value 值为：', e.detail.value)
  }
})
```

4.4.3 checkbox组件

与 radio 组件类似，多选框由 checkbox-group 组件和 checkbox 组件一起实现。checkbox-group 组件的属性如表 4-17 所示。

表 4-17 checkbox-group 组件的属性

属性名	类型	默认值	说明
bindchange	eventHandle	—	checkbox-group 组件中的“选中项”发生变化时触发 change 事件，event.detail={value:选中项 checkbox 的 value}

checkbox 组件是 checkbox-group 组件中的多选项，其属性和 radio 组件一样，具体如表 4-18 所示。

表 4-18 checkbox 组件的属性

属性名	类型	默认值	说明
value	string	—	选中时触发 checkbox-group 组件的 change 事件会携带 checkbox 组件的 value
checked	boolean	false	当前是否选中，可用来设置默认选中
disabled	boolean	false	是否禁用
color	color	—	checkbox 的颜色，同 CSS 中的 color

checkbox 组件示例如图 4-12 所示。

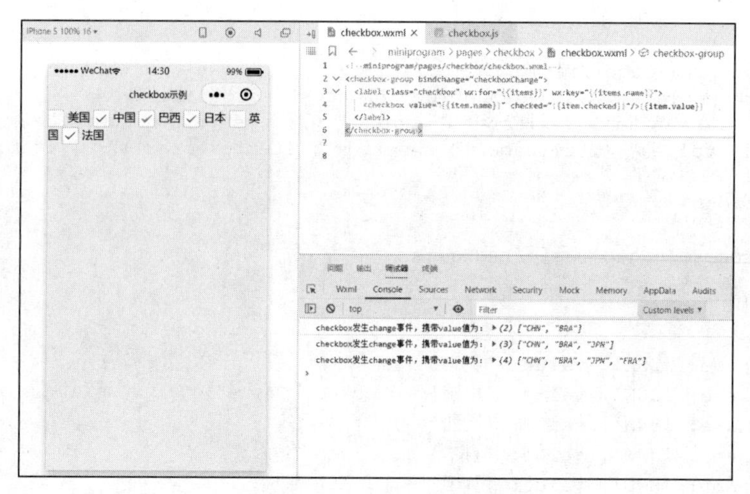

图4-12　checkbox组件示例

代码如下。

```
<!--miniprogram/pages/checkbox/checkbox.wxml-->
<checkbox-group bindchange="checkboxChange">
  <label class="checkbox" wx:for="{{items}}" wx:key="{{items.name}}">
    <checkbox value="{{item.name}}" checked="{{item.checked}}"/>{{item.value}}
  </label>
</checkbox-group>

// miniprogram/pages/checkbox/checkbox.js
Page({
  data: {
    items: [
      { name: 'USA', value: '美国' },
      { name: 'CHN', value: '中国', checked: 'true' },
      { name: 'BRA', value: '巴西' },
      { name: 'JPN', value: '日本' },
      { name: 'ENG', value: '英国' },
      { name: 'FRA', value: '法国' },
    ]
  },
  checkboxChange: function (e) {
    console.log('checkbox 发生 change 事件，携带 value 值为：', e.detail.value)
  }
})
```

4.4.4　switch组件

switch 组件可以在两种状态之间切换，在功能上和 checkbox 组件有点接近，不同点在于 switch 组件是一个单独组件，共有 4 个属性，如表 4-19 所示。

表 4-19　switch 组件的属性

属性名	类型	默认值	说明
checked	boolean	false	是否选中
disabled	boolean	false	是否禁用
type	string	switch	样式，有效值：switch、checkbox

续表

属性名	类型	默认值	说明
bindchange	EventHandle	—	checked 改变时触发 change 事件，event.detail={value: checked}
color	color	#04BE02	switch 的颜色，同 css 的 color

具体效果如图 4-13 所示。

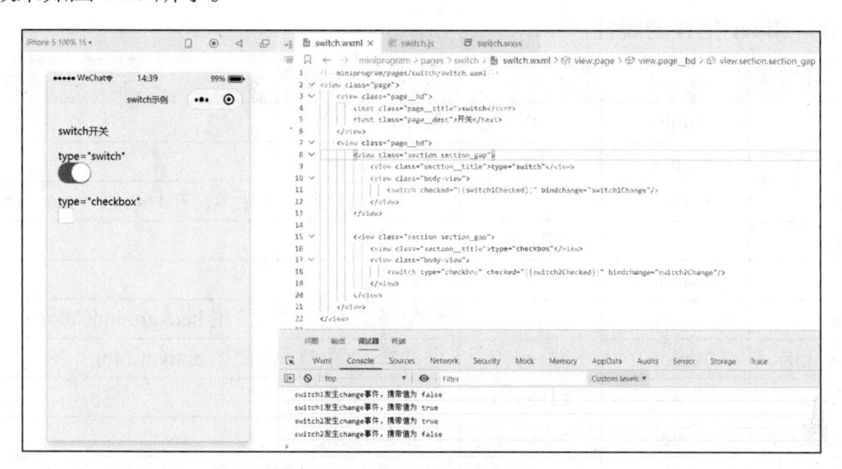

图4-13　switch组件示例

代码如下。

```
<!--miniprogram/pages/switch/switch.wxml-->
<view class="page">
    <view class="page__hd">
        <text class="page__title">switch</text>
        <text class="page__desc">开关</text>
    </view>
    <view class="page__bd">
        <view class="section section_gap">
            <view class="section__title">type="switch"</view>
            <view class="body-view">
                <switch checked="{{switch1Checked}}" bindchange="switch1Change"/>
            </view>
        </view>

        <view class="section section_gap">
            <view class="section__title">type="checkbox"</view>
            <view class="body-view">
                <switch type="checkbox" checked="{{switch2Checked}}" bindchange=
"switch2Change"/>
            </view>
        </view>
    </view>
</view>

//switch.js
Page({
  switch1Change: function (e){
    console.log('switch1 发生 change 事件，携带值为', e.detail.value)
  },
  switch2Change: function (e){
```

```
        console.log('switch2 发生 change 事件，携带值为', e.detail.value)
    }
})
```

4.4.5 slider组件

slider 组件是滑动选择器组件，一般用于调节滑动值的大小。经常会在播放器中看到这种组件，如滑动调节声音、调节视频播放时间段等。其具体属性如表 4-20 所示。

表 4-20 slider 组件的属性

属性名	类型	默认值	说明
min	number	0	最小值
max	number	100	最大值
step	number	1	步长，取值必须大于 0，并且可被（max-min）整除
disabled	boolean	false	是否禁用
value	number	0	当前取值
color	color	#e9e9e9	背景条的颜色（请使用 backgroundColor）
selected-color	color	#1aad19	已选择的颜色（请使用 activeColor）
activeColor	color	#1aad19	已选择的颜色
backgroundColor	color	#e9e9e9	背景条的颜色
block-size	number	28	滑块的大小，取值范围为 12～28
block-color	color	#ffffff	滑块的颜色
show-value	boolean	false	是否显示当前 value
bindchange	eventHandle	—	完成一次拖动后触发的事件，event.detail = {value: value}
bindchanging	eventHandle	—	拖动过程中触发的事件，event.detail = {value: value}

如图 4-14 所示，该示例创建了两个滑动选择器，分别绑定 change 事件用于调整图标大小和透明度。

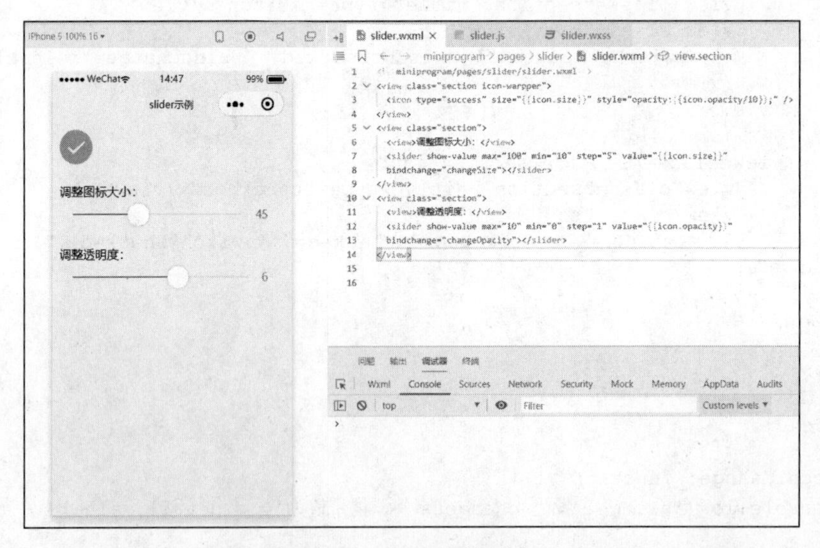

图4-14 slider组件示例

代码如下。

```
<!--miniprogram/pages/slider/slider.wxml-->
<view class="section icon-warpper">
  <icon type="success" size="{{icon.size}}" style="opacity:{{icon.opacity/10}};" />
</view>
<view class="section">
  <view>调整图标大小：</view>
  <slider show-value max="100" min="10" step="5" value="{{icon.size}}"
  bindchange="changeSize"></slider>
</view>
<view class="section">
  <view>调整透明度：</view>
  <slider show-value max="10" min="0" step="1" value="{{icon.opacity}}"
  bindchange="changeOpacity"></slider>
</view>

// miniprogram/pages/slider/slider.js
Page({
  data: {
    icon : {
      size : 20,
      opacity : 8
    }
  },
  changeSize:function(e){
    this.data.icon.size = e.detail.value;
    this.setData( this.data );
  },
  changeOpacity:function(e){
    this.data.icon.opacity = e.detail.value;
    this.setData( this.data );
  }
})

/* miniprogram/pages/slider/slider.wxss */
.section{
  padding : 10px;
}
.section .icon-wrapper{
  height: 100px;
  font-size: 12px;
}
```

4.4.6 label组件

在 radio 组件和 checkbox 组件的示例中，点击文案内容时不能选中对应的单选框和复选框，这时可以利用 label 组件来改进表单组件的可用性。绑定 for 属性可以让用户点击 label 组件时触发对应的组件，目前可以绑定的组件有 button 组件、checkbox 组件、radio 组件、switch 组件。

小程序中 label 组件的触发规则有两种。

- 将组件放在标签内。当用户点击时触发 label 组件中第一个组件。
- 设置 label 组件的 for 属性。当用户点击时触发 for 属性对应的组件，for 属性优先级高于内部组件。

label 组件只有一个 String 类型的 for 属性，表示绑定组件的 id。下面的示例仅为展示 label 组件的特性，如图 4-15 所示。

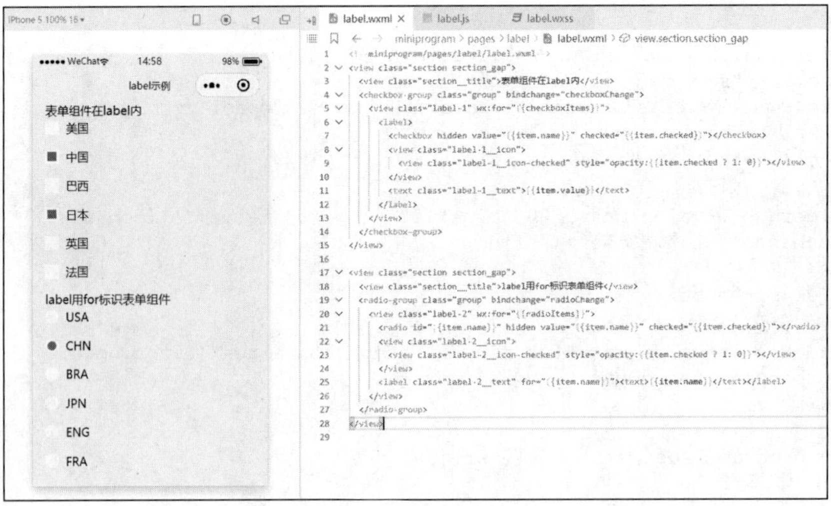

图4-15　label组件示例

具体代码如下。

```
<!--miniprogram/pages/label/label.wxml-->
<view class="section section_gap">
 <view class="section__title">表单组件在 label 内</view>
 <checkbox-group class="group" bindchange="checkboxChange">
   <view class="label-1" wx:for="{{checkboxItems}}">
    <label>
      <checkbox hidden value="{{item.name}}" checked="{{item.checked}}"></checkbox>
      <view class="label-1__icon">
       <view class="label-1__icon-checked" style="opacity:{{item.checked ? 1:
0}}"></view>
      </view>
      <text class="label-1__text">{{item.value}}</text>
    </label>
   </view>
 </checkbox-group>
</view>

<view class="section section_gap">
 <view class="section__title">label 用 for 标识表单组件</view>
 <radio-group class="group" bindchange="radioChange">
  <view class="label-2" wx:for="{{radioItems}}">
   <radio id="{{item.name}}" hidden value="{{item.name}}" checked="{{item.
checked}}"></radio>
    <view class="label-2__icon">
     <view class="label-2__icon-checked" style="opacity:{{item.checked ? 1:
0}}"></view>
      </view>
     <label class="label-2__text" for="{{item.name}}"><text>{{item.name}}
</text></label>
     </view>
 </radio-group>
</view>

// miniprogram/pages/label/label.js
Page({
 data: {
  checkboxItems: [
   { name: 'USA', value: '美国' },
```

```
    { name: 'CHN', value: '中国', checked: 'true' },
    { name: 'BRA', value: '巴西' },
    { name: 'JPN', value: '日本', checked: 'true' },
    { name: 'ENG', value: '英国' },
    { name: 'FRA', value: '法国' },
  ],
  radioItems: [
    { name: 'USA', value: '美国' },
    { name: 'CHN', value: '中国', checked: 'true' },
    { name: 'BRA', value: '巴西' },
    { name: 'JPN', value: '日本' },
    { name: 'ENG', value: '英国' },
    { name: 'FRA', value: '法国' },
  ],
  hidden: false
 },
 checkboxChange: function (e) {
  var checked = e.detail.value
  var changed = {}
  for (var i = 0; i < this.data.checkboxItems.length; i++) {
   if (checked.indexOf(this.data.checkboxItems[i].name) !== -1) {
    changed['checkboxItems[' + i + '].checked'] = true
   } else {
    changed['checkboxItems[' + i + '].checked'] = false
   }
  }
  this.setData(changed)
 },
 radioChange: function (e) {
  var checked = e.detail.value
  var changed = {}
  for (var i = 0; i < this.data.radioItems.length; i++) {
   if (checked.indexOf(this.data.radioItems[i].name) !== -1) {
    changed['radioItems[' + i + '].checked'] = true
   } else {
    changed['radioItems[' + i + '].checked'] = false
   }
  }
  this.setData(changed)
 }
})

/* miniprogram/pages/label/label.wxss */
.section_gap{
  padding-left: 40rpx;
}
.label-1, .label-2{
  margin-bottom: 15px;
}
.label-1__text, .label-2__text {
  display: inline-block;
  vertical-align: middle;
}

.label-1__icon {
  position: relative;
  margin-right: 10px;
  display: inline-block;
  vertical-align: middle;
```

```
  width: 18px;
  height: 18px;
  background: #fcfff4;
}

.label-1__icon-checked {
  position: absolute;
  top: 3px;
  left: 3px;
  width: 12px;
  height: 12px;
  background: #1aad19;
}

.label-2__icon {
  position: relative;
  display: inline-block;
  vertical-align: middle;
  margin-right: 10px;
  width: 18px;
  height: 18px;
  background: #fcfff4;
  border-radius: 50px;
}

.label-2__icon-checked {
  position: absolute;
  left: 3px;
  top: 3px;
  width: 12px;
  height: 12px;
  background: #1aad19;
  border-radius: 50%;
}

.label-4_text{
  text-align: center;
  margin-top: 15px;
}
```

4.4.7 picker组件

picker 组件可以在屏幕底部弹出一个窗口，为用户提供滚动选择器的效果，其本身不会向用户呈现出任何特殊效果，只会像 checkbox-group 组件一样用于包裹其他组件。picker 组件目前支持 5 种选择器，分别是普通选择器、多列选择器、时间选择器、日期选择器和省市区选择器，默认支持普通选择器。这 5 种选择器在功能上有所不同，可以使用 mode 属性值来切换不同的选择器。表 4-21 所示为普通选择器（mode=selector）的属性。

表 4–21　普通选择器（mode=selector）的属性

属性名	类型	默认值	说明
range	array/Object array	[]	mode 为 selector 或 multiSelector 时，range 有效
range-key	string	—	当 range 是一个 Object array 时，通过 range-key 来指定 Object 中 key 的值作为选择器显示内容
value	number	0	value 的值表示选择了 range 中的第几个（索引从 0 开始）

续表

属性名	类型	默认值	说明
bindchange	eventHandle	—	value 改变时触发 change 事件，event.detail = {value: value}
disabled	boolean	false	是否禁用
bindcancel	eventHandle	—	取消选择或点遮罩层收起 picker 时触发

下面创建一个 view 组件用于布局，点击后显示相应选项如选项-A，用来示范普通选择器的使用方法，如图 4-16 所示。

代码如下。

```
<!--miniprogram/pages/picker/picker.wxml-->
<view class="main">
  普通选择器（mode=selector）
</view>
<picker value="{{selectedIndex}}" range="{{list}}" bindchange="change">
  <view class="picker">
    当前选中：{{list[selectedIndex]}}
  </view>
</picker>
```

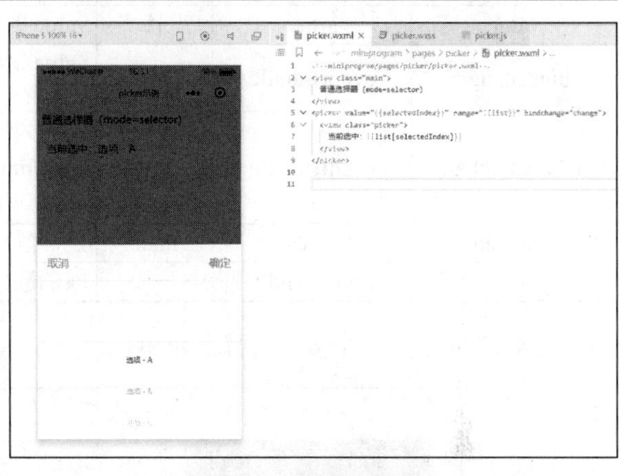

图4-16　普通选择器示例

```
// miniprogram/pages/picker/picker.js
Page({
  data: {
    list:[
      '选项 - A',
      '选项 - B',
      '选项 - C',
      '选项 - D'
    ],
    selectedIndex : 0
  },
  change : function( e ){
    this.setData({
      selectedIndex : e.detail.value
    })
  }
})

/* miniprogram/pages/picker/picker.wxss */
.main{
  padding: 20rpx;
}
.picker{
  border:1px solid #ddd;
  background-color: #fafafa;
  padding: 10px;
  margin: 10rpx;
}
```

表 4-22 所示为多列选择器（mode= multiSelector）的属性。

表 4-22　多列选择器（mode= multiSelector）的属性

属性名	类型	默认值	说明
range	二维 array / 二维 Object array	[]	mode 为 selector 或 multiSelector 时，range 有效。二维数组，长度表示多少列，数组的每项表示每列的数据，如 [["a","b"], ["c","d"]]
range-key	string	—	当 range 是一个 Object array 时，通过 range-key 来指定 Object 中 key 的值作为选择器的显示内容
value	array	[]	value 的值表示选择了 range 中的第几个（索引从 0 开始）
bindchange	eventHandle	—	value 改变时触发 change 事件，event.detail = {value: value}
bindcolumnchange	eventHandle	—	某一列的值改变时触发 columnchange 事件，event.detail = {column: column, value: value}，column 的值表示改变了第几列（索引从 0 开始），value 的值表示变更值的索引
disabled	boolean	false	是否禁用
bindcancel	eventHandle	—	取消选择时触发

图 4-17 所示为一个多列选择器示例。

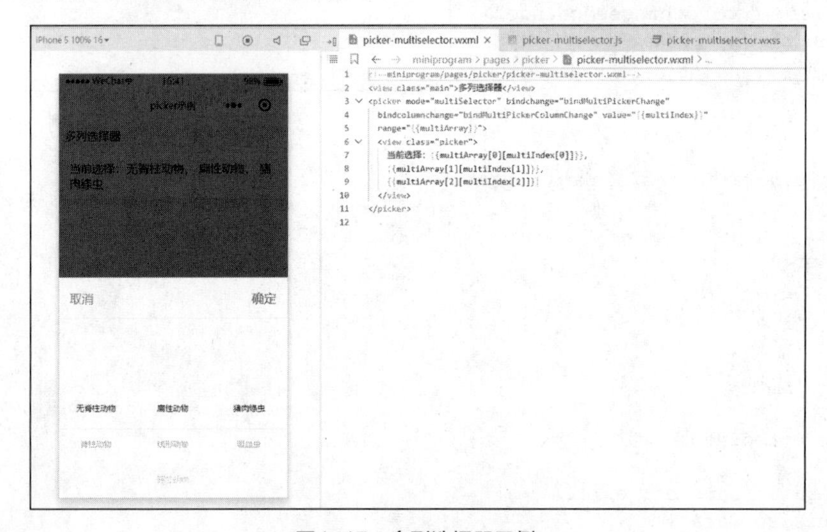

图4-17　多列选择器示例

代码如下。

```
<!--miniprogram/pages/picker/picker-multiselector.wxml-->
<view class="main">多列选择器</view>
<picker mode="multiSelector" bindchange="bindMultiPickerChange"
  bindcolumnchange="bindMultiPickerColumnChange" value="{{multiIndex}}"
  range="{{multiArray}}">
  <view class="picker">
    当前选择：{{multiArray[0][multiIndex[0]]}},
    {{multiArray[1][multiIndex[1]]}},
    {{multiArray[2][multiIndex[2]]}}
  </view>
</picker>

// miniprogram/pages/picker/picker-multiselector.js
Page({
  data: {
```

```
        multiArray: [['无脊柱动物', '脊柱动物'], ['扁形动物', '线形动物', '环节动物', '软体
动物', '节肢动物'], ['猪肉绦虫', '血吸虫']],
        objectMultiArray: [
          [
            {
              id: 0,
              name: '无脊柱动物'
            },
            {
              id: 1,
              name: '脊柱动物'
            }
          ], [
            {
              id: 0,
              name: '扁形动物'
            },
            {
              id: 1,
              name: '线形动物'
            },
            {
              id: 2,
              name: '环节动物'
            },
            {
              id: 3,
              name: '软体动物'
            },
            {
              id: 3,
              name: '节肢动物'
            }
          ], [
            {
              id: 0,
              name: '猪肉绦虫'
            },
            {
              id: 1,
              name: '血吸虫'
            }
          ]
        ],
        multiIndex: [0, 0, 0],
      },
      bindMultiPickerChange: function (e) {
        console.log('picker 发送选择改变，携带值为', e.detail.value)
        this.setData({
          multiIndex: e.detail.value
        })
      },
      bindMultiPickerColumnChange: function (e) {
        console.log('修改的列为', e.detail.column, '，值为', e.detail.value);
        var data = {
          multiArray: this.data.multiArray,
          multiIndex: this.data.multiIndex
        };
        data.multiIndex[e.detail.column] = e.detail.value;
```

```
    switch (e.detail.column) {
      case 0:
        switch (data.multiIndex[0]) {
          case 0:
            data.multiArray[1] = ['扁形动物', '线形动物', '环节动物', '软体动物', '节肢动物'];
            data.multiArray[2] = ['猪肉绦虫', '血吸虫'];
            break;
          case 1:
            data.multiArray[1] = ['鱼', '两栖动物', '爬行动物'];
            data.multiArray[2] = ['鲫鱼', '带鱼'];
            break;
        }
        data.multiIndex[1] = 0;
        data.multiIndex[2] = 0;
        break;
      case 1:
        switch (data.multiIndex[0]) {
          case 0:
            switch (data.multiIndex[1]) {
              case 0:
                data.multiArray[2] = ['猪肉绦虫', '血吸虫'];
                break;
              case 1:
                data.multiArray[2] = ['蛔虫'];
                break;
              case 2:
                data.multiArray[2] = ['蚂蚁', '蚂蟥'];
                break;
              case 3:
                data.multiArray[2] = ['河蚌', '蜗牛', '蛞蝓'];
                break;
              case 4:
                data.multiArray[2] = ['昆虫', '甲壳动物', '蛛形动物', '多足纲动物'];
                break;
            }
            break;
          case 1:
            switch (data.multiIndex[1]) {
              case 0:
                data.multiArray[2] = ['鲫鱼', '带鱼'];
                break;
              case 1:
                data.multiArray[2] = ['青蛙', '娃娃鱼'];
                break;
              case 2:
                data.multiArray[2] = ['蜥蜴', '龟', '壁虎'];
                break;
            }
            break;
        }
        data.multiIndex[2] = 0;
        console.log(data.multiIndex);
        break;
    }
    this.setData(data);
  }
})

/* miniprogram/pages/picker/picker-multiselector.wxss */
```

```
.main{
  padding: 20rpx;
}
.picker{
  border:1px solid #ddd;
  background-color: #fafafa;
  padding: 10px;
  margin: 10rpx;
}
```

在多列选择器的基础上还提供了时间选择器，对应的 mode 属性值为 time。表 4-23 所示为时间选择器（mode= time）的属性。

表 4-23　时间选择器（mode=time）的属性

属性名	类型	默认值	说明
value	string	—	表示选中的时间，字符串格式为“hh:mm”
start	string	—	表示有效时间范围的开始，字符串格式为“hh:mm”
end	string	—	表示有效时间范围的结束，字符串格式为“hh:mm”
bindchange	eventHandle	—	value 改变时触发 change 事件，event.detail = {value: value}
disabled	boolean	false	是否禁用
bindcancel	eventHandle	—	取消选择时触发

图 4-18 所示为时间选择器示例。

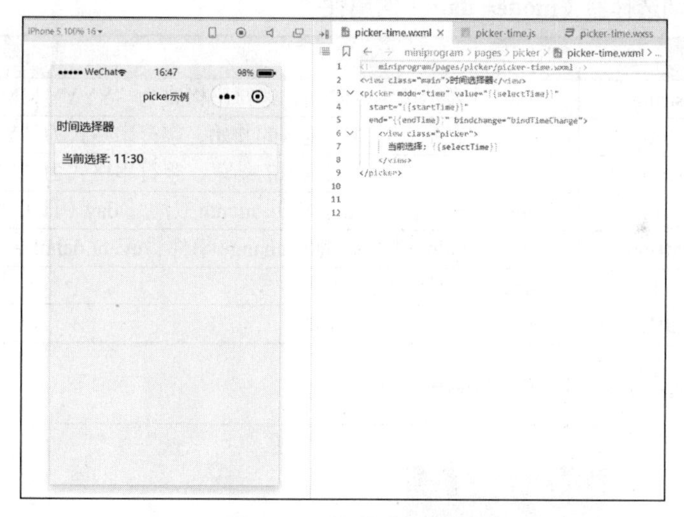

图4-18　时间选择器示例

代码如下。

```
<!--miniprogram/pages/picker/picker-time.wxml-->
<view class="main">时间选择器</view>
<picker mode="time" value="{{selectTime}}"
  start="{{startTime}}"
  end="{{endTime}}" bindchange="bindTimeChange">
    <view class="picker">
      当前选择: {{selectTime}}
    </view>
</picker>

// miniprogram/pages/picker/picker-time.js
```

```
Page({
  data: {
    startTime : "00:00",
    endTime : "24:00",
    selectTime : "11:30"
  },
  bindTimeChange : function( e ){
    this.setData({
      selectTime : e.detail.value
    })
  }
})

/* miniprogram/pages/picker/picker-time.wxss */
.main{
  padding: 20rpx;
}
.picker{
  border:1px solid #ddd;
  background-color: #fafafa;
  padding: 10px;
  margin: 10rpx;
}
```

有时间选择器当然也会有日期选择器，日期选择器与时间选择器极为相似，表 4-24 所示为日期选择器（mode=date）的属性。

表 4–24　日期选择器（mode= date）的属性

属性名	类型	默认值	说明
value	string	当天	表示选中的时间，字符串格式为“YYYY-MM-DD”
start	string	—	表示有效时间范围的开始，字符串格式为“YYYY-MM-DD”
end	string	—	表示有效时间范围的结束，字符串格式为“YYYY-MM-DD”
fields	string	day	有效值：year（年）、month（月）、day（日），表示选择器的粒度
bindchange	eventHandle	—	value 改变时触发 change 事件，event.detail = {value: value}
disabled	boolean	false	是否禁用
bindcancel	eventHandle	—	取消选择时触发

效果与时间选择器相同，如图 4-19 所示。

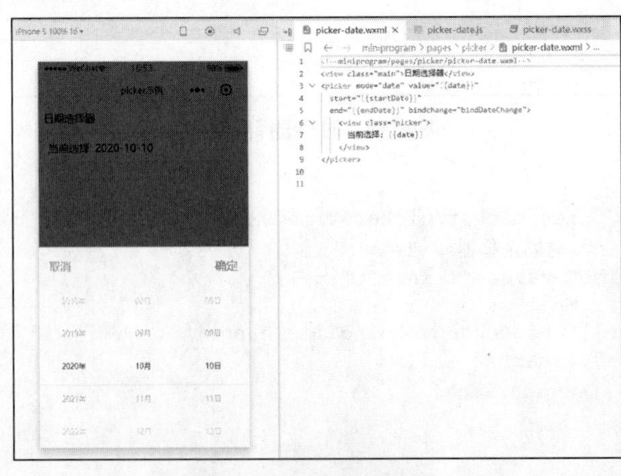

图4-19　日期选择器示例

代码如下所示。

```
<!--miniprogram/pages/picker/picker-date.wxml-->
<view class="main">日期选择器</view>
<picker mode="date" value="{{date}}"
  start="{{startDate}}"
  end="{{endDate}}" bindchange="bindDateChange">
    <view class="picker">
       当前选择：{{date}}
    </view>
</picker>

// miniprogram/pages/picker/picker-date.js
Page({
  data: {
    startDate: "2020-01-01",
    endDate: "2022-12-30",
    date: "2020-10-10"
  },
  bindDateChange: function (e) {
    this.setData({
       date: e.detail.value
    })
  }
})

/* miniprogram/pages/picker/picker-date.wxss */
.main{
  padding: 20rpx;
}
.picker{
  border:1px solid #ddd;
  background-color: #fafafa;
  padding: 10px;
  margin: 10rpx;
}
```

还有一个多列类型的选择器，名称为省市区选择器，对应的 mode 为 region，要求微信小程序最低版本为 1.4.0。表 4-25 所示为省市区选择器（mode=region）的属性。

表 4–25 省市区选择器（mode= region）的属性

属性名	类型	默认值	说明
value	array	[]	表示选中的省市区，默认选中每一列的第一个值
custom-item	string	—	可为每一列的顶部添加一个自定义的项
bindchange	eventHandle	—	value 改变时触发 change 事件，event.detail = {value: value}
disabled	boolean	false	是否禁用
bindcancel	eventHandle	—	取消选择时触发

使用效果如图 4-20 所示。

代码如下。

```
<!--miniprogram/pages/picker/picker-region.wxml-->
<view class="main">省市区选择器</view>
<picker mode="region" bindchange="bindRegionChange" value="{{region}}"
custom-item="{{customItem}}">
    <view class="picker">
       当前选择：{{region[0]}}，{{region[1]}}，{{region[2]}}
```

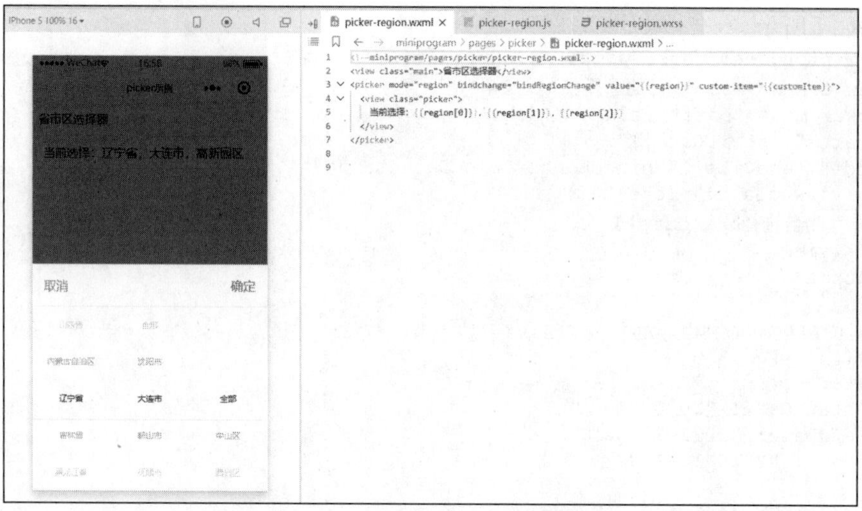

图4-20 省市区选择器示例

```
    </view>
  </picker>

  // miniprogram/pages/picker/picker-region.js
  Page({
    data: {
      region: ['辽宁省', '大连市', '高新园区'],
      customItem: '全部'
    },
    bindRegionChange: function (e) {
      this.setData({
        region: e.detail.value
      })
    }
  })

  /* miniprogram/pages/picker/picker-region.wxss */
  .main{
    padding: 20rpx;
  }
  .picker{
    border:1px solid #ddd;
    background-color: #fafafa;
    padding: 10px;
    margin: 10rpx;
  }
```

4.4.8 picker-view组件

虽然 picker 组件提供了 5 类选择器，但是这 5 类选择器在模式、交互上都比较固定。在平时开发中可能会涉及多种类型的选择器，针对这种情况，小程序提供了 picker-view 组件用于实现自定义滚动选择器。在 picker-view 组件中能按自己的意愿插入任意数量列，同时也能设置整个组件的样式。一个完成的 picker-view 组件包含两个组件：picker-view 组件和 picker-view-column 组件。picker-view-column 组件用于创建列，列中每个子节点的高度会自动设置为 picker-view 组件的选中框高度。picker-view 组件中仅可放置 picker-view-column 组件，放置其他节点不会被显示。picker-view 组件的属性如表 4-26 所示。

表 4-26　picker-view 组件的属性

属性名	类型	说明
value	numberarray	数组中的数字依次表示 picker-view 组件内的 picker-view-column 组件选择的第几项（索引从 0 开始），数字大于 picker-view-column 组件可选项长度时，选择最后一项
indicator-style	string	设置选择器中选中框的样式
indicator-class	string	设置选择器中选中框的类名
mask-style	string	设置蒙层的样式
mask-class	string	设置蒙层的类名
bindchange	eventHandle	当滚动选择，value 改变时触发 change 事件，event.detail = {value: value}。value 为数组，表示 picker-view 组件内的 picker-view-column 组件当前选择的是第几项（下标从 0 开始）
bindpickstart	eventHandle	当滚动选择开始时触发事件
bindpickend	eventHandle	当滚动选择结束时触发事件

基于 picker-view 组件自定义一个日期选择器的示例如图 4-21 所示。

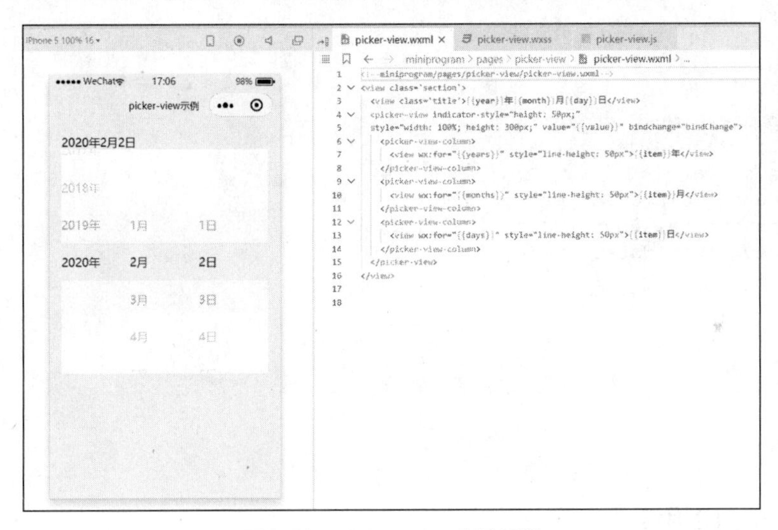

图4-21　picker-view组件示例

代码如下。

```
<!--miniprogram/pages/picker-view/picker-view.wxml-->
<view class='section'>
  <view class='title'>{{year}}年{{month}}月{{day}}日</view>
  <picker-view indicator-style="height: 50px;"
  style="width: 100%; height: 300px;" value="{{value}}" bindchange="bindChange">
     <picker-view-column>
       <view wx:for="{{years}}" style="line-height: 50px">{{item}}年</view>
     </picker-view-column>
     <picker-view-column>
       <view wx:for="{{months}}" style="line-height: 50px">{{item}}月</view>
     </picker-view-column>
     <picker-view-column>
       <view wx:for="{{days}}" style="line-height: 50px">{{item}}日</view>
```

```
      </picker-view-column>
    </picker-view>
  </view>

  // miniprogram/pages/picker-view/picker-view.js
  const date = new Date()
  const years = []
  const months = []
  const days = []
  for (let i = 1990; i <= date.getFullYear(); i++) {
     years.push(i)
  }
  for (let i = 1; i <= 12; i++) {
     months.push(i)
  }
  for (let i = 1; i <= 31; i++) {
     days.push(i)
  }
  Page({
    data: {
      years: years,
      year: date.getFullYear(),
      months: months,
      month: 2,
      days: days,
      day: 2,
      value: [9999, 1, 1],
    },
    bindChange: function (e) {
      const val = e.detail.value
      this.setData({
         year: this.data.years[val[0]],
         month: this.data.months[val[1]],
         day: this.data.days[val[2]]
      })
    }
  })

  /* miniprogram/pages/picker-view/picker-view.wxss */
  .section{
    padding: 40rpx;
  }
```

4.4.9 input组件

input 组件是单行输入框组件，用于收集用户信息。根据不同的 type 属性值，输入的字段有多种形式。与 HTML 不同的是，小程序中的 input 组件没有按钮类型，都是与输入相关的类型。input 组件属性较多，但大部分都和 HTML 的<input>标签相似，其属性如表 4-27 所示。

表 4-27　input 组件的属性

属性名	类型	默认值	说明
value	string	—	单行输入框的初始内容
type	string	text	input 的类型：text（文件输入键盘）、number（数字输入键盘）、idcard（身份证输入键盘）、digit（带小数点的数字键盘）

续表

属性名	类型	默认值	说明
password	boolean	false	是否是密码类型
placeholder	string	—	单行输入框为空时的占位符
placeholder-style	string	—	指定 placeholder 的样式
placeholder-class	string	input-placeholder	指定 placeholder 的样式类
disabled	boolean	false	是否禁用
maxlength	number	140	最大输入长度，设置为-1 时不限制最大长度
cursor-spacing	number	0	指定光标与键盘的距离，单位为 px。取 input 距离底部的距离和 cursor-spacing 指定的距离的最小值作为光标与键盘的距离
focus	boolean	false	获取焦点
confirm-type	string	done	设置键盘右下角按钮的文字。分别为：send（发送）、search（搜索）、next（下一个）、go（前往）、done（完成）
confirm-hold	boolean	false	点击键盘右下角按钮时是否保持键盘不收起
cursor	number	—	指定 focus 时的光标位置
selection-start	number	-1	光标起始位置，自动聚集时有效，需与 selection-end 搭配使用
selection-end	number	-1	光标结束位置，自动聚集时有效，需与 selection-start 搭配使用
adjust-position	boolean	true	键盘弹起时，是否自动上推页面
bindinput	eventHandle	—	用键盘输入时触发，event.detail={value,cursor,keycode}，keycode 为键值，处理函数可以直接 return 一个字符串，将替换单行输入框的内容
bindfocus	eventHandle	—	单行输入框聚焦时触发，event.detail={value,height}，height 为键盘高度
bindblur	eventHandle	—	单行输入框失去焦点时触发，event.detail={value:value}
bindconfirm	eventHandle	—	点击完成按钮时触发，event.detail={value:value}
bindkeyboardheightchange	eventHandle	—	键盘高度发生变化时触发此事件，event.detail = {height: height, duration: duration}

具体示例如图 4-22 所示。

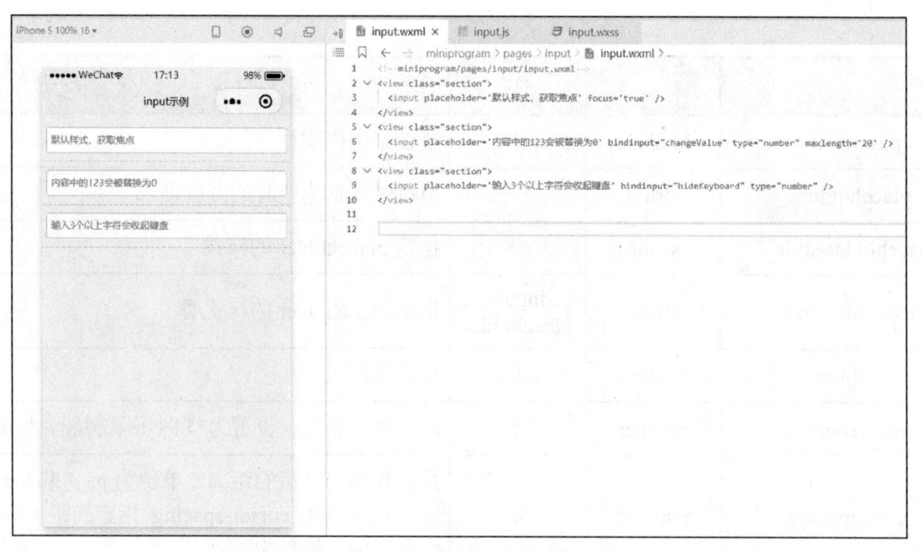

图4-22　input组件示例

代码如下。

```
<!--miniprogram/pages/input/input.wxml-->
<view class="section">
  <input placeholder='默认样式，获取焦点' focus='true' />
</view>
<view class="section">
  <input placeholder='内容中的 123 会被替换为 0' bindinput="changeValue" type="number"
maxlength='20' />
</view>
<view class="section">
  <input placeholder='输入 3 个以上字符会收起键盘' bindinput="hideKeyboard" type=
"number" />
</view>

// miniprogram/pages/input/input.js
Page({
  data: {},
  changeValue : function(e){
    var value = e.detail.value,
      pos = e.detail.cursor,
      left;
    //计算光标位置
    if( pos != -1){
        //光标在中间位置
        left = value.slice( 0, pos );
        //修改后光标位置要随之变化
        pos = left.replace( /123/g, '2').length;
    }
    return {
      value : e.detail.value.replace( /123/g, '2'),
      cursor : pos
    }
  },
  hideKeyboard : function( e ){
    if( e.detail.value.length >= 3 ){
        //调用关闭键盘 API
        wx.hideKeyboard();
```

```
      }
    }
  })

  /* miniprogram/pages/input/input.wxss */
  .section {
    font-size: 12px;
    padding: 10px 5px;
    border-bottom: 1px dashed #cecece;
  }
  .section input {
    border: 1px solid #ccc;
    padding: 0 5px;
    background-color: #fff;
    border-radius: 4px;
    height: 30px;
  }
```

4.4.10 textarea组件

textarea 组件是多行输入框组件，与 input 组件相比，大部分属性都一样，其属性如表 4-28 所示。

表 4-28 textarea 组件的属性

属性名	类型	默认值	说明
value	string	—	多行输入框的初始内容
placeholder	string	—	多行输入框为空时的占位符
placeholder-style	string	—	指定 placeholder 的样式
placeholder-class	string	input-placeholder	指定 placeholder 的样式类
disabled	boolean	false	是否禁用
maxlength	number	140	最大输入长度，设置为-1 的时候不限制最大长度
auto-focus	boolean	false	自动聚焦，拉起键盘
focus	boolean	false	获取焦点
auto-height	boolean	false	是否自动增高，设置 auto-height 时，style.height 不生效
fixed	boolean	false	如果 textarea 组件是在一个 position:fixed 的区域，需要指定属性 fixed 为 true
cursor-spacing	number	0	指定光标与键盘的距离，单位为 px。取 textarea 距离底部的距离和 cursor-spacing 指定的距离的最小值作为光标与键盘的距离
cursor	number	—	指定获取焦点时的光标位置
show-confirm-bar	boolean	true	是否显示键盘上方带有“完成”按钮那一栏
selection-start	number	-1	光标起始位置，自动聚集时有效，需与 selection-end 搭配使用
selection-end	number	-1	光标结束位置，自动聚集时有效，需与 selection-start 搭配使用
adjust-position	boolean	true	键盘弹出时，是否自动上推页面
bindfocus	eventHandle	—	多行输入框聚焦时触发，event.detail={value,height}，height 为键盘高度

续表

属性名	类型	默认值	说明
bindblur	eventHandle	—	多行输入框失去焦点时触发，event.detail={value: value}
bindlinechange	eventHandle	—	多行输入框框数变化时调用，event.detail={height:0, heightRpx:0,lineCount:0}
bindinput	eventHandle	—	当用键盘输入时，触发 input 事件，event.detail = {value, cursor}，bindinput 处理函数的返回值并不会反映到 textarea 上
bindconfirm	eventHandle	—	点击完成按钮时触发，event.detail={value:value}
bindkeyboardheightchange	eventHandle	—	键盘高度发生变化时触发此事件，event.detail = {height: height, duration: duration}

它的效果也很简单，如图 4-23 所示。

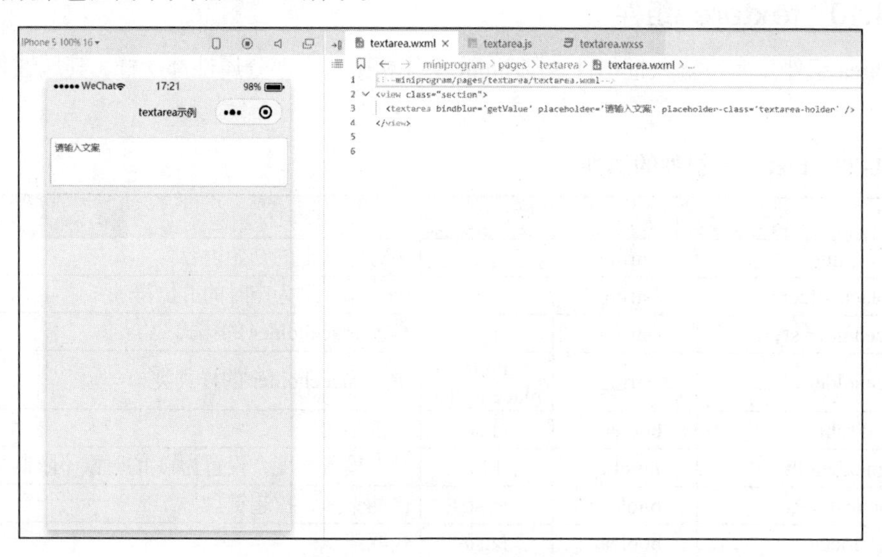

图4-23　textarea组件示例

示例代码如下。

```
<!--miniprogram/pages/textarea/textarea.wxml-->
<view class="section">
  <textarea bindblur='getValue' placeholder='请输入文案' placeholder-class='textarea-holder' />
</view>

// miniprogram/pages/textarea/textarea.js
Page({
  data: {
  },
  getValue : function( e ){
    //由于没有bindinput，可以用 blur 代替
    console.log( e.detail.value);
  }
})

/* miniprogram/pages/textarea/textarea.wxss */
.section{
  font-size: 12px;
```

```
    padding: 10px 5px;
    border-bottom: 1px dashed #cecece;
  }
  .section textarea {
    border: 1px solid #ccc;
    padding: 5px;
    background-color: #fff;
    border-radius: 4px;
    height: 50px;
  }
  .section .textarea-holder{
    color : red;
  }
```

4.4.11 form组件

form 组件是本节最后一个也是最关键的一个组件，它用于嵌套本节其他组件，使之形成表单。当触发 form 组件的 submit 方法时，form 组件能将组件内用户输入的数据按组件 name 属性进行封装，作为参数传递给 submit 方法。通过这种方式，可以利用 form 组件很方便地获取表单数据传递到后台。form 组件的属性如表 4-29 所示。

表 4-29 form 组件的属性

属性名	类型	默认值	说明
report-submit	boolean	—	是否返回 formId 用于发送模板消息
report-submit-timeout	number	0	等待一段时间（毫秒数）以确认 formId 是否生效。如果未指定这个参数，formId 有很小的概率是无效的（如遇到网络失败的情况）。指定这个参数将可以检测 formId 是否有效，以这个参数的时间作为这项检测的超时时间。如果失败，将返回 requestFormId:fail 开头的 formId
bindsubmit	eventHandle	—	携带 form 组件中的数据触发 submit 事件，event.detail = {value : {'name': 'value'} , formId: ''}
bindreset	eventHandle	—	表单重置时会触发 reset 事件

下面构建一个简单的表单列表，如图 4-24 所示。

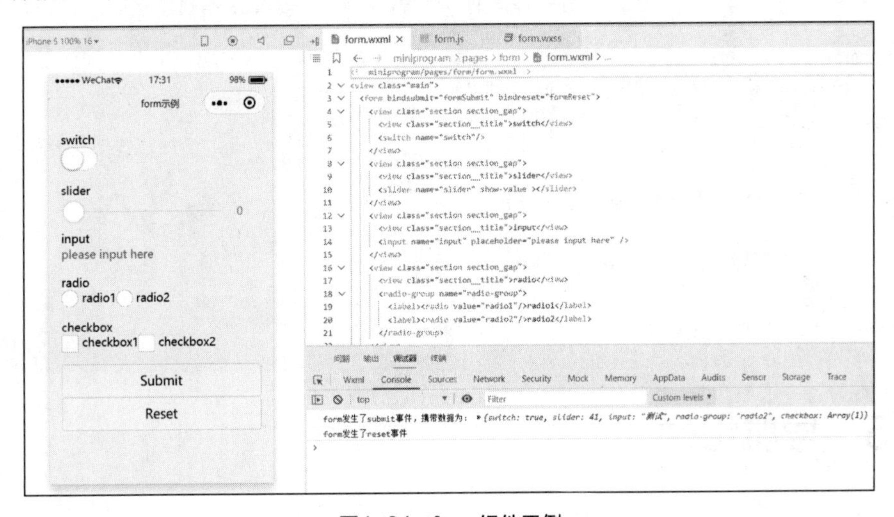

图4-24 form组件示例

具体代码如下。

```
<!--miniprogram/pages/form/form.wxml-->
<view class="main">
  <form bindsubmit="formSubmit" bindreset="formReset">
    <view class="section section_gap">
      <view class="section__title">switch</view>
      <switch name="switch"/>
    </view>
    <view class="section section_gap">
      <view class="section__title">slider</view>
      <slider name="slider" show-value ></slider>
    </view>
    <view class="section section_gap">
      <view class="section__title">input</view>
      <input name="input" placeholder="please input here" />
    </view>
    <view class="section section_gap">
      <view class="section__title">radio</view>
      <radio-group name="radio-group">
        <label><radio value="radio1"/>radio1</label>
        <label><radio value="radio2"/>radio2</label>
      </radio-group>
    </view>
    <view class="section section_gap">
      <view class="section__title">checkbox</view>
      <checkbox-group name="checkbox">
        <label><checkbox value="checkbox1"/>checkbox1</label>
        <label><checkbox value="checkbox2"/>checkbox2</label>
      </checkbox-group>
    </view>
    <view class="btn-area">
      <button formType="submit">Submit</button>
     <button formType="reset">Reset</button>1
    </view>
  </form>
</view>

// miniprogram/pages/form/form.js
Page({
  formSubmit: function (e) {
    console.log('form发生了submit事件，携带数据为：', e.detail.value)
  },
  formReset: function () {
    console.log('form发生了reset事件')
  }
})

/* miniprogram/pages/form/form.wxss */
.main{
  padding: 40rpx;
}
.section_gap{
  margin-bottom: 40rpx;
}
```

4.5 导航组件

导航（navigator）组件是小程序中的页面链接组件，其作用和HTML中的超链接标签类似，主要控制页面的跳转。导航组件的属性如表 4-30 所示，open-type 的有效值如表 4-31 所示。

表 4-30 导航组件的属性

属性名	类型	默认值	说明
target	string	—	在哪个目标（target）上发生跳转，默认为当前小程序。target 值为 self 时表示为当前小程序；target 值为 miniProgram 时表示其他小程序
url	string	—	当前小程序内的跳转链接
open-type	string	navigate	跳转方式。具体见表 4-31
delta	number	—	当 open-type 为“navigateBack”时有效，表示回退的层数
app-id	string	—	当 target="miniProgram"时有效，表示要打开的小程序 AppID
path	string	—	当 target="miniProgram"时有效，表示打开的页面路径，如果为空则打开首页
extra-data	object	—	当 target="miniProgram"时有效，表示需要传递给目标小程序的数据，目标小程序可在 App.onLaunch()、App.onShow（中获取这份数据
version	version	release	当 target="miniProgram"时有效，表示要打开的小程序版本，有效值为 develop（开发版）、trial（体验版）、release（正式版），仅在当前小程序为开发版或体验版时此参数有效；如果当前小程序是正式版，则打开的小程序必定是正式版。这个参数在实际开发测试中很有用
hover-class	string	—	指定点击时的样式类，当 hover-class="none"时，没有点击态效果
hover-stop-propagation	boolean	false	指定是否组织本节点的父节点出现点击态
hover-start-time	number	50	按住后多久出现点击态，单位为 ms
hover-stay-time	number	600	手指松开后点击态保留时间，单位为 ms
bindsuccess	string	—	当 target="miniProgram"时有效，表示跳转小程序成功
bindfail	string	—	当 target="miniProgram"时有效，表示跳转小程序失败
bindcomplete	string	—	当 target="miniProgram"时有效，跳转小程序完成

表 4-31 open-type 的有效值

值	说明	最低版本
navigate	对应 wx.navigateTo 或 wx.navigateToMiniProgram 的功能	—
redirect	对应 wx.redirectTo 的功能	—
switchTab	对应 wx.switchTab 的功能	—
relaunch	对应 wx.reLaunch 的功能	1.1.0
navigateBack	对应 wx.navigateBack 的功能	1.1.0
exit	退出小程序，target="miniProgram"时生效	2.1.0

页面间跳转可以通过 url 进行参数传递，规则需符合 URL 协议，新页面可以通过 onLoad 方法获取参数，也可以通过 redirect 和 url 的配合刷新当前页面。示例如图 4-25 所示。

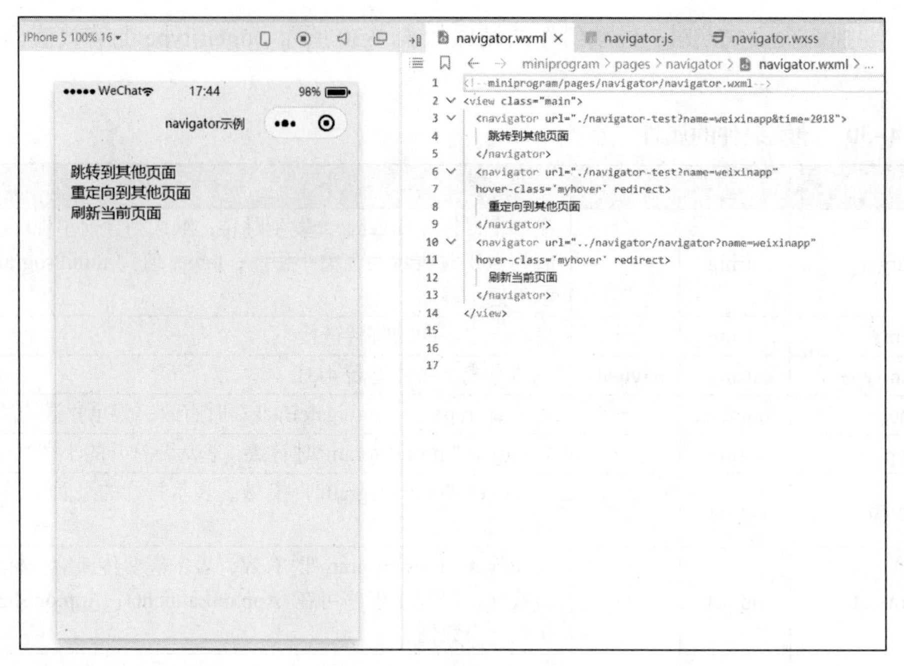

图4-25　navigator组件示例

一些简单的数据可以通过 url 进行传递，代码如下。

```
<!--miniprogram/pages/navigator/navigator.wxml-->
<view class="main">
  <navigator url="./navigator-test?name=weixinapp&time=2018">
    跳转到其他页面
  </navigator>
  <navigator url="./navigator-test?name=weixinapp"
  hover-class='myhover' redirect>
    重定向到其他页面
  </navigator>
  <navigator url="../navigator/navigator?name=weixinapp"
  hover-class='myhover' redirect>
    刷新当前页面
  </navigator>
</view>

/* miniprogram/pages/navigator/navigator.wxss */
.main{
  padding: 40rpx;
}
```

在 navigator-test 页面中可以使用 onLoad 方法接收参数，代码如下。

```
// miniprogram/pages/navigator/navigator-test.js
Page({
  data: {
    query : {}
  },
  onLoad: function (options) {
    console.log("options:", options)
    //前一个页面传递的参数在 options 里
    this.data.query = options;
    this.setData( this.data )
  }
})
```

4.6 媒体组件

4.6.1 image组件

进行小程序开发时图片是必不可少的元素，小程序提供了封装好的 image 组件用于处理图片。除了显示图片外，它还具有图片裁剪、缩放等功能。这大大增强了 image 组件的图片处理能力。image 组件默认宽度为 300px，默认高度为 225px，具体属性如表 4-32 所示。mode 的有效值如表 4-33 所示。

表 4–32 image 组件的属性

属性名	类型	默认值	说明
src	string	—	图片资源地址
mode	string	scaleToFill	图片裁剪、缩放的模式，如表 4-33 所示
webp	boolean	false	默认不解析 webP 格式，只支持网络资源
lazy-load	boolean	false	图片懒加载。只针对 page 与 scroll-view 下的 image 有效
show-menu-by-longpress	boolean	false	开启长按图片显示识别小程序码菜单
binderror	eventHandle	—	当错误发生时触发，时间对象 event.detail = {errMsg}
bindload	eventHandle	—	当图片载入完毕时触发，实践对象 event.detail = {height, width}

表 4–33 mode 的有效值

模式	值	说明
缩放	scaleToFill	不保持纵横比缩放图片，使图片的宽高完全拉伸至填满 image 组件
缩放	aspectFit	保持纵横比缩放图片，使图片的长边能完全显示出来。也就是说，可以完整地将图片显示出来
缩放	aspectFill	保持纵横比缩放图片，只保证图片的短边能完全显示出来。也就是说，图片通常只在水平或垂直方向是完整的，另一个方向将会发生截取
缩放	widthFix	宽度不变，高度自动变化，保持原图宽高比例不变
裁剪	top	不缩放图片，只显示图片的顶部区域
裁剪	bottom	不缩放图片，只显示图片的底部区域
裁剪	center	不缩放图片，只显示图片的中间区域
裁剪	left	不缩放图片，只显示图片的左边区域
裁剪	right	不缩放图片，只显示图片的右边区域
裁剪	top left	不缩放图片，只显示图片的左上边区域
裁剪	top right	不缩放图片，只显示图片的右上边区域
裁剪	bottom left	不缩放图片，只显示图片的左下边区域
裁剪	bottom right	不缩放图片，只显示图片的右下边区域

图 4-26 所示的示例使用一张大小为 690px×998px 的原图，和大小为 200px×200px 的 image 组件来展示不同模式下的显示效果。

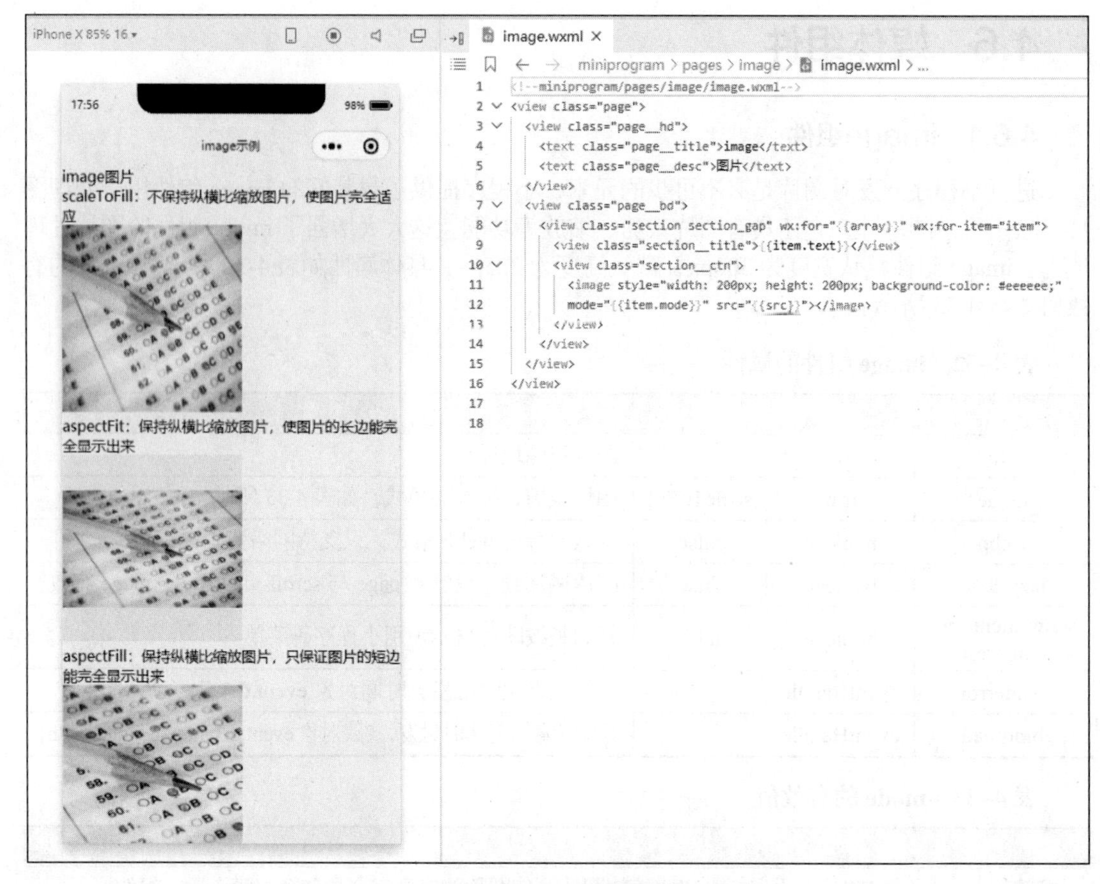

图4-26　image组件示例

代码如下。

```
<!--miniprogram/pages/image/image.wxml-->
<view class="page">
  <view class="page__hd">
    <text class="page__title">image</text>
    <text class="page__desc">图片</text>
  </view>
  <view class="page__bd">
    <view class="section section_gap" wx:for="{{array}}" wx:for-item="item">
      <view class="section__title">{{item.text}}</view>
      <view class="section__ctn">
        <image style="width: 200px; height: 200px; background-color: #eeeeee;"
        mode="{{item.mode}}" src="{{src}}"></image>
      </view>
    </view>
  </view>
</view>

// miniprogram/pages/image/image.js
Page({
  data: {
    array: [{
      mode: 'scaleToFill',
      text: 'scaleToFill：不保持纵横比缩放图片，使图片完全适应'
    }, {
```

```
            mode: 'aspectFit',
            text: 'aspectFit：保持纵横比缩放图片，使图片的长边能完全显示出来'
        }, {
            mode: 'aspectFill',
            text: 'aspectFill：保持纵横比缩放图片，只保证图片的短边能完全显示出来'
        }, {
            mode: 'top',
            text: 'top：不缩放图片，只显示图片的顶部区域'
        }, {
            mode: 'bottom',
            text: 'bottom：不缩放图片，只显示图片的底部区域'
        }, {
            mode: 'center',
            text: 'center：不缩放图片，只显示图片的中间区域'
        }, {
            mode: 'left',
            text: 'left：不缩放图片，只显示图片的左边区域'
        }, {
            mode: 'right',
            text: 'right：不缩放图片，只显示图片的右边区域'
        }, {
            mode: 'top left',
            text: 'top left：不缩放图片，只显示图片的左上边区域'
        }, {
            mode: 'top right',
            text: 'top right：不缩放图片，只显示图片的右上边区域'
        }, {
            mode: 'bottom left',
            text: 'bottom left：不缩放图片，只显示图片的左下边区域'
        }, {
            mode: 'bottom right',
            text: 'bottom right：不缩放图片，只显示图片的右下边区域'
        }],
        src: 'https://7465-test-506w5-1301463506.tcb.qcloud.la/demo/2.jpg?sign=
5d1c0fa64ecd38f177a34b1f4a2dd2c6&t=1602842088'
    },
    imageError: function (e) {
        console.log('image3 发生 error 事件，携带值为', e.detail.errMsg)
    }
})
```

4.6.2 video组件

小程序允许简单地嵌入视频（video）组件，与其对应的还有音频组件，但是目前音频组件在 1.6.0 版本以后就不再维护，官方建议使用能力更强的 wx.createInnerAudioContext 接口。该接口会在第 5 章中详细介绍。video 组件的属性如表 4-34 所示。

表 4–34　video 组件的属性

属性名	类型	默认值	说明
src	string	—	要播放视频的资源地址，支持网络路径、本地临时路径、云文件 ID
initial-time	number	—	指定视频初始播放位置
duration	number	—	指定视频时长

续表

属性名	类型	默认值	说明
controls	boolean	true	是否显示默认播放控件（播放/暂停按钮、播放进度、时间）
danmu-list	objectarray	—	弹幕列表
danmu-btn	boolean	false	是否显示弹幕按钮，只在初始化时有效，不能动态变更
enable-danmu	boolean	false	是否展示弹幕，只在初始化时有效，不能动态变更
autoplay	boolean	false	是否自动播放
loop	boolean	false	是否循环播放
muted	boolean	false	是否静音播放
page-gesture	boolean	false	在非全屏模式下，是否开启亮度与音量调节手势（已废弃，见 vslide-gesture 属性）
direction	number	—	设置全屏时视频的方向，不指定则根据宽高比自动判断。有效值为 0（正常竖向）、90（屏幕逆时针 90°）、-90（屏幕顺时针 90°）
show-progress	boolean	true	若不设置，宽度大于 240 时才会显示
show-fullscreen-btn	boolean	true	是否显示全屏按钮
show-play-btn	boolean	true	是否显示视频底部控制栏的播放按钮
show-center-play-btn	boolean	true	是否显示视频中间的播放按钮
enable-progress-gesture	boolean	true	是否开启控制进度的手势
object-fit	string	contain	当视频大小与 video 容器大小不一致时，视频的表现形式：contain 表示包含、fill 表示填充、cover 表示覆盖
poster	string	—	视频封面的图片网络资源地址，如果 controls 属性值为 false，则设置 poster 无效
show-mute-btn	boolean	false	是否显示静音按钮
title	string	—	视频的标题，全屏时在顶部展示
play-btn-position	string	bottom	播放按钮的位置
enable-play-gesture	boolean	false	是否开启播放手势，即双击切换播放/暂停
auto-pause-if-navigate	boolean	true	当跳转到本小程序的其他页面时，是否自动暂停本页面的视频播放
auto-pause-if-open-native	boolean	true	当跳转到其他微信原生页面时，是否自动暂停本页面的视频
vslide-gesture	boolean	false	在非全屏模式下，是否开启亮度与音量调节手势（同 page-gesture）

续表

属性名	类型	默认值	说明
vslide-gesture-in-fullscreen	boolean	true	在全屏模式下，是否开启亮度与音量调节手势
ad-unit-id	string	—	视频前贴广告单元ID
poster-for-crawler	string	—	用于给搜索等场景作为视频封面，建议使用无播放icon的视频封面图，只支持网络地址
show-casting-button	boolean	false	显示投屏按钮。安卓在同层渲染下生效，支持DLNA协议；iOS支持AirPlay和DLNA协议
picture-in-picture-mode	string/Array	—	设置小窗模式
picture-in-picture-show-progress	boolean	false	是否在小窗模式下显示播放进度
enable-auto-rotation	boolean	false	是否开启手机横屏时自动全屏，当系统设置开启自动旋转时生效
show-screen-lock-button	boolean	false	是否显示锁屏按钮，仅在全屏时显示，锁屏后控制栏的操作
show-snapshot-button	boolean	false	是否显示截屏按钮，仅在全屏时显示
bindplay	eventHandle	—	当开始/继续播放时触发play事件
bindpause	eventHandle	—	当暂停播放时触发pause事件
bindended	eventHandle	—	当播放到末尾时触发ended事件
bindtimeupdate	eventHandle	—	播放进度变化时触发。event.detail = {currentTime, duration}。触发频率为250ms一次
bindfullscreenchange	eventHandle	—	视频进入和退出全屏时触发。event.detail = {fullScreen, direction}，direction有效值为vertical或horizontal
bindwaiting	eventHandle	—	视频出现缓冲时触发
binderror	eventHandle	—	视频播放出错时触发
bindprogress	eventHandle	—	加载进度变化时触发，只支持一段加载。event.detail = {buffered}，百分比
bindloadedmetadata	eventHandle	—	视频元数据加载完成时触发。event.detail = {width, height, duration}
bindcontrolstoggle	eventHandle	—	切换controls显示隐藏时触发。event.detail = {show}
bindenterpictureinpicture	eventHandle	—	播放器进入小窗
bindleavepictureinpicture	eventHandle	—	播放器退出小窗
bindseekcomplete	eventHandle	—	seek完成时触发

video组件的默认宽度为300px、高度为225px，也可以通过WXSS设置它的宽度和高度。具体效果如图4-27所示。

图4-27　video组件示例

代码如下。

```
<!--miniprogram/pages/video/video.wxml-->
<view class="page-body">
  <view class="page-section tc">
    <video id="myVideo" src="http://wxsnsdy.tc.qq.com/105/20210/
snsdyvideodownload?filekey=30280201010421301f0201690402534804102ca905ce620b1241b726b
c41dcff44e00204012882540400&bizid=1023&hy=SH&fileparam=302c020101042530230204136ffd9
3020457e3c4ff02024ef202031e8d7f02030f42400204045a320a0201000400"
binderror="videoErrorCallback" danmu-list="{{danmuList}}" enable-danmu danmu-btn
controls></video>
    <view class="weui-cells">
      <view class="weui-cell weui-cell_input">
        <view class="weui-cell__hd">
          <view class="weui-label">弹幕内容</view>
        </view>
        <view class="weui-cell__bd">
          <input bindblur="bindInputBlur" class="weui-input" type="text"
placeholder="在此处输入弹幕内容" />
        </view>
      </view>
    </view>
    <view class="btn-area">
      <button bindtap="bindSendDanmu" class="page-body-button" type="primary"
formType="submit">发送弹幕</button>
      <button bindtap="bindPlay" class="page-body-button" type="primary">播放
</button>
      <button bindtap="bindPause" class="page-body-button" type="primary">暂停
</button>
    </view>
  </view>
</view>

// miniprogram/pages/video/video.js
function getRandomColor() {
  const rgb = []
  for (let i = 0; i < 3; ++i) {
    let color = Math.floor(Math.random() * 256).toString(16)
    color = color.length == 1 ? '0' + color : color
    rgb.push(color)
  }
```

```
    return '#' + rgb.join('')
  }
  Page({
    onReady: function (res) {
      this.videoContext = wx.createVideoContext('myVideo')
    },
    inputValue: '',
    data: {
      src: '',
      danmuList:
      [{
        text: '第 1s 出现的弹幕',
        color: '#ff0000',
        time: 1
      },
      {
        text: '第 3s 出现的弹幕',
        color: '#ff00ff',
        time: 3
      }]
    },
    bindInputBlur: function (e) {
      this.inputValue = e.detail.value
    },
    bindSendDanmu: function () {
      this.videoContext.sendDanmu({
        text: this.inputValue,
        color: getRandomColor()
      })
    },
    bindPlay: function () {
      this.videoContext.play()
    },
    bindPause: function () {
      this.videoContext.pause()
    },
    videoErrorCallback: function (e) {
      console.log('视频错误信息:')
      console.log(e.detail.errMsg)
    }
  })

  /* miniprogram/pages/video/video.wxss */
  .page-body{
    padding: 20rpx;
  }
  .page-body-button{
    margin-top: 40rpx;
  }
```

4.7　地图组件

小程序封装了一个地图（map）组件以及与位置定位相关的 API，可以很轻松地展示地理信息。本节主要讲解 map 组件，它主要实现展示的功能，关于地理位置的获取将在 5.4 节介绍。

在 map 组件中，经纬度如果为空的话，它的默认值是北京的经纬度。map 组件是由客户端创建的原生组件，它的层级是最高的，不能通过 z-index 控制层级，也不能在 scroll-view、swiper、 picker-view、movable-view 等组件中使用 map 组件。另外，map 组件使用的经纬度是火星坐标系，调用 wx.getLocation 接口时需要指定 type 为 gcj02。表 4-35 是 map 组件的属性。

表 4–35　map 组件的属性

属性名	类型	默认值	说明
longitude	number	—	中心经度
latitude	number	—	中心纬度
scale	number	16	缩放级别，取值范围为 5～18
markers	array	—	标记点，属性如表 4-36 所示
polyline	array	—	路线，属性如表 4-39 所示
circles	array	—	圆，属性如表 4-40 所示
controls	array	—	控件
include-points	array	—	缩放视野以包含所有给定的坐标点
show-location	boolean	—	显示带有方向的当前定位点
bindmarkertap	eventHandle	—	点击标记点时触发，会返回 marker 的 id
bindcallouttap	eventHandle	—	点击标记点对应的气泡时触发，会返回 marker 的 id
bindcontroltap	eventHandle	—	点击控件时触发，会返回 control 的 id
bindregionchange	eventHandle	—	视野发生变化时触发
bindtap	eventHandle	—	点击地图时触发
bindupdated	eventHandle	—	在地图渲染更新完成时触发

表 4–36　markers 属性

属性名	说明	类型	必填	备注
id	标记点 id	number	否	marker 点击事件回调会返回此 id。建议为每个 marker 设置 number 类型 id，保证更新 marker 时有更好的性能
latitude	纬度	number	是	浮点数，范围-90°～90°
longitude	经度	number	是	浮点数，范围-180°～180°
title	标注点名	string	否	
iconPath	显示的图标	string	是	项目目录下的图片路径，支持相对路径写法，以“/”开头则表示相对小程序根目录；也支持临时路径
rotate	旋转角度	number	否	顺时针旋转的角度，范围 0～360°，默认为 0
alpha	标注的透明度	number	否	默认为 1，无透明，范围 0～1
width	标注图宽度	number	否	默认为图片实际宽度
heigth	标注图高度	number	否	默认为图片实际高度
callout	自定义标记点上方的气泡窗口	object	否	具体内容如表 4-37 所示
label	为标记点增加标签	object	否	具体内容如表 4-38 所示
anchor	经纬度在标注图标的锚点，默认为底边中点	object	否	{x, y}，x 表示横向（0～1），y 表示竖向（0～1）。{x: 0.5, y: 1} 表示底边中点

表 4–37 callout 属性

属性名	类型	说明
content	string	文本
color	string	文本颜色
fontSize	number	文字大小
borderRadius	number	callout 的边框圆角
bgColor	string	背景色
padding	number	文本边缘留白
display	string	BYCLICK：点击显示；ALWAYS：常显
textAlign	string	文本对齐方式。有效值：left、right、center

表 4–38 label 属性

属性名	类型	说明
content	string	文本
color	string	文本颜色
fontSize	number	文字大小
anchorX	number	label 的坐标，原点是 marker 对应的经纬度（已废弃）
anchorY	number	label 的坐标，原点是 marker 对应的经纬度（已废弃）
borderWidth	number	边框宽度
borderColor	string	边框颜色
borderRadius	number	边框圆角
bgColor	string	背景色
padding	number	文本边缘留白
textAlign	string	文本对齐方式。有效值：left、right、center

表 4–39 polyline 属性

属性名	说明	类型	必填	备注
points	经纬度数组	array	是	[{latitude: 0, longitude: 0}]
color	线的颜色	string	否	8 位十六进制表示，后两位表示 alpha 值，如 #000000AA
width	线的宽度	number	否	—
dottedLine	是否虚线	boolean	否	默认为 false
arrowLine	带箭头的线	boolean	否	默认为 false，微信开发者工具暂不支持该属性
arrowIconPath	更换箭头图标	string	否	在 arrowLine 为 true 时生效
borderColor	线的边框颜色	string	否	—
borderWidth	线的边框的宽度	number	否	—

表 4-40 circles 属性

属性名	说明	类型	必填	备注
latitude	纬度	number	是	浮点数，范围-90～90
longitude	经度	number	是	浮点数，范围-180～180
color	描边的颜色	string	否	8 位十六进制表示，后两位表示 alpha 值，如 #000000AA
fillColor	填充颜色	string	否	8 位十六进制表示，后两位表示 alpha 值，如 #000000AA
radius	半径	number	是	—
strokeWidth	描边的宽度	number	否	—

map 组件的属性很多，但是使用起来很简单，如图 4-28 所示。

图4-28 map组件示例

代码如下。

```
<!--miniprogram/pages/map/map.wxml-->
<view class="page-body">
  <view class="page-section page-section-gap">
    <map
      id="myMap"
      style="width: 100%; height: 300px;"
      latitude="{{latitude}}"
      longitude="{{longitude}}"
      markers="{{markers}}"
      covers="{{covers}}"
      show-location
    ></map>
  </view>
```

```
    <view class="btn-area">
      <button bindtap="getCenterLocation" class="page-body-button" type="primary">
获取位置</button>
      <button bindtap="moveToLocation" class="page-body-button" type="primary">移动
位置</button>
      <button bindtap="translateMarker" class="page-body-button" type="primary">移
动标注</button>
      <button bindtap="includePoints" class="page-body-button" type="primary">缩放
视野展示所有经纬度</button>
    </view>
  </view>

  // miniprogram/pages/map/map.js
  Page({
    data: {
      latitude: 23.099994,
      longitude: 113.324520,
      markers: [{
       id: 1,
       latitude: 23.099994,
       longitude: 113.324520,
       name: 'T.I.T 创意园'
      }],
      covers: [{
        latitude: 23.099994,
        longitude: 113.344520,
        iconPath: '../src/location.png'
      }, {
        latitude: 23.099994,
        longitude: 113.304520,
        iconPath: '../src/location.png'
      }]
    },
    onReady: function (e) {
     this.mapCtx = wx.createMapContext('myMap')
    },
    getCenterLocation: function () {
      this.mapCtx.getCenterLocation({
        success: function (res) {
          console.log(res.longitude)
          console.log(res.latitude)
        }
      })
    },
    moveToLocation: function () {
     this.mapCtx.moveToLocation()
    },
    translateMarker: function () {
      this.mapCtx.translateMarker({
        markerId: 1,
        autoRotate: true,
        duration: 1000,
        destination: {
          latitude: 23.10229,
          longitude: 113.3345211,
        },
        animationEnd() {
          console.log('animation end')
        }
      })
```

```
    },
    includePoints: function () {
      this.mapCtx.includePoints({
        padding: [10],
        points: [{
          latitude: 23.10229,
          longitude: 113.3345211,
        }, {
          latitude: 23.00229,
          longitude: 113.3345211,
        }]
      })
    }
  })

/* miniprogram/pages/map/map.wxss */
.page-body{
  padding: 20rpx;
}
.page-section-gap{
  box-sizing: border-box;
  padding: 0 30rpx;
}
.page-body-button {
  margin-bottom: 30rpx;
}
```

4.8 画布组件

画布（canvas）组件主要用于绘制图形。在页面上放置一个 canvas 组件，就相当于在页面上放置了一块“画布”，可以在其中进行图形绘制。canvas 组件本身并没有绘图能力，它仅仅是图形容器，需要调用相关的 API 来完成实际的绘图任务。

canvas 组件默认宽度为 300px、高度为 225px，同一个页面中 canvas-id 不可重复，如果使用一个已经出现过的 canvas-id，该 canvas 组件对应的画布将被隐藏并不再正常工作。canvas 组件和 map 组件一样也是由客户端创建的原生组件，它的层级是最高的，不能通过 z-index 控制层级，也不能在 scroll-view、swiper、picker-view、movable-view 组件中使用 canvas 组件。canvas 组件的属性如表 4-41 所示。

表 4-41　canvas 组件的属性

属性名	类型	默认值	说明
canvas-id	string	—	canvas 组件的唯一标识符
disable-scroll	boolean	false	当在 canvas 组件中移动时且有绑定手势事件时，禁止屏幕滚动以及下拉刷新
bindtouchstart	eventHandle	false	手指触摸动作开始
bindtouchmove	eventHandle	—	手指触摸后移动
bindtouchend	eventHandle	—	手指触摸动作结束
bindtouchcancel	eventHandle	—	手指长按 500ms 之后触发，触发长按事件后进行移动不会触发屏幕的滚动
binderror	eventHandle	—	当发生错误时触发 error 事件，detail = {errMsg: 'something wrong'}

下面演示 canvas 组件的绘图操作，如图 4-29 所示。

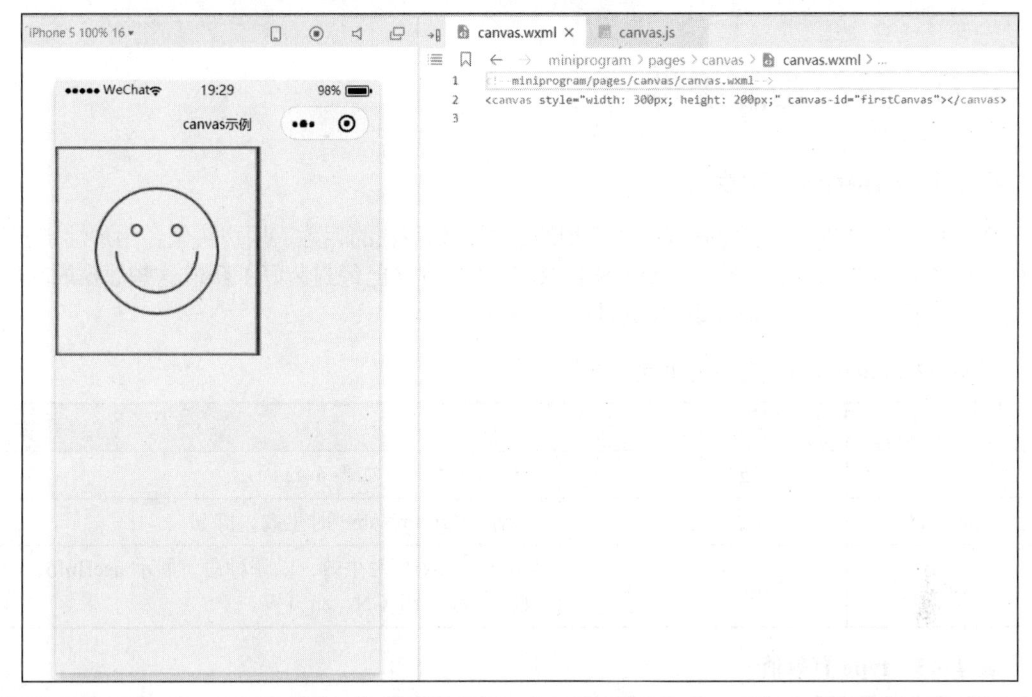

图4-29　canvas组件示例

代码如下。

```
<!--miniprogram/pages/canvas/canvas.wxml-->
<canvas style="width: 300px; height: 200px;" canvas-id="firstCanvas"></canvas>

// miniprogram/pages/canvas/canvas.js
Page({
  canvasIdErrorCallback: function (e) {
    console.error(e.detail.errMsg)
  },
  onReady: function (e) {
    // 使用 wx.createContext 获取绘图上下文 context
    var context = wx.createCanvasContext('firstCanvas')

    context.setStrokeStyle("#00ff00")
    context.setLineWidth(5)
    context.rect(0, 0, 200, 200)
    context.stroke()
    context.setStrokeStyle("#ff0000")
    context.setLineWidth(2)
    context.moveTo(160, 100)
    context.arc(100, 100, 60, 0, 2 * Math.PI, true)
    context.moveTo(140, 100)
    context.arc(100, 100, 40, 0, Math.PI, false)
    context.moveTo(85, 80)
    context.arc(80, 80, 5, 0, 2 * Math.PI, true)
    context.moveTo(125, 80)
    context.arc(120, 80, 5, 0, 2 * Math.PI, true)
    context.stroke()
```

```
    context.draw()
  }
})
```

4.9 开放功能组件

4.9.1 open-data组件

在小程序开发中常常需要获取一些常用的数据，如用户的昵称、用户头像、用户性别，甚至所在群的名称等，之前只能调用API来获取，现在小程序已经封装好了获取这些数据的功能，方便用户直接使用。open-data组件的属性如表4-42所示。

表4-42 open-data组件的属性

属性名	类型	默认值	说明
type	string	—	开放数据类型，如表4-43所示
open-gid	string	—	当type="groupName"时生效，群id
lang	string	en	当type="user*"时生效，以哪种语言展示userInfo，有效值有en、zh_CN、zh_TW

表4-43 type有效值

值	说明
groupName	拉取群名称（只有当前用户在此群内才能拉取到群名称）
userNickName	用户昵称
userAvatarUrl	用户头像
userGender	用户性别
userCity	用户所在城市
userProvince	用户所在省份
userCountry	用户所在国家
userLanguage	用户使用的语言

具体示例如图4-30所示。

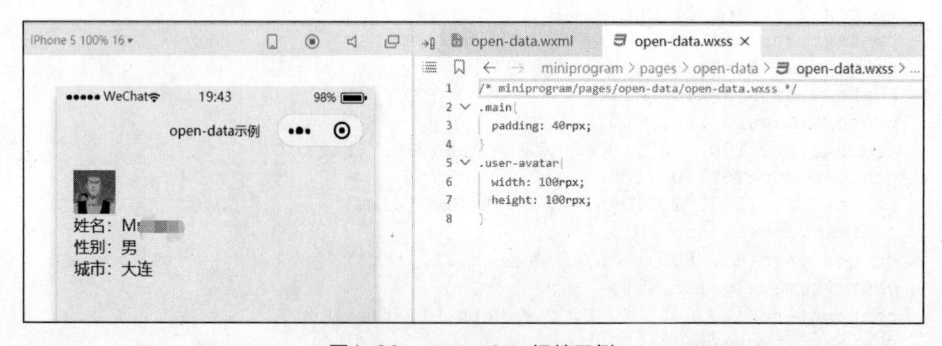

图4-30 open-data组件示例

代码如下所示。

```
<!--miniprogram/pages/open-data/open-data.wxml-->
<view class="main">
 <view class="user-avatar">
  <open-data type="userAvatarUrl"></open-data>
 </view>
 <view>
  姓名：<open-data type="userNickName"></open-data>
 </view>
 <view>
  性别：<open-data type="userGender" lang="zh_CN"></open-data>
 </view>
 <view>
  城市：<open-data type="userCity" lang="zh_CN"></open-data>
 </view>
</view>

/* miniprogram/pages/open-data/open-data.wxss */
.main{
  padding: 40rpx;
}
.user-avatar{
  width: 100rpx;
  height: 100rpx;
}
```

4.9.2 web-view组件

在以前的小程序开发中并不能打开第三方网页，从 1.6.4 版本开始，小程序引用了像原生 App 一样的 web-view 组件。它是一个用来承载网页的容器，加载网页后，网页会自动铺满整个小程序页面。需注意的是，目前个人类型与海外类型的小程序暂时不支持此功能。

web-view 组件有两个属性，一个是 string 类型的“src”，用来指向打开页面的链接；另一个属性是 eventHandler 类型的“bingmessage”，主要用于网页向小程序传递消息。代码如下。

```
<!-- wxml -->
<!-- 指向微信公众平台首页的 web-view -->
<web-view src="https://mp.weixin.qq.com/"></web-view>
```

4.10 自定义组件

小程序从 1.6.3 版本开始支持强大的自定义组件功能。开发者可以根据项目的需求把一些模块抽象成公用的自定义组件，使用时可以在需要的页面上直接引用。这样可以将不同页面具有共同样式的布局独立开来，减少代码的冗余，从而提高开发效率，降低项目之间代码的耦合度，有助于代码的维护。

4.10.1 实现popup自定义组件

自定义弹窗组件经常在项目开发中使用，本小节将详细讲解如何实现一个名为 popup 的弹窗自定义组件。

首先新建 components 目录用于存放各自定义组件，在 components 目录中新建一个 popup 目录，然后在 popup 目录上单击鼠标右键，在弹出的快捷菜单中选择“新建 Component”，会在该目录下自动创建与创建 pages 时一样的 4 个文件，分别为 WXML、WXSS、JS、JSON 文件，如图 4-31 所示。

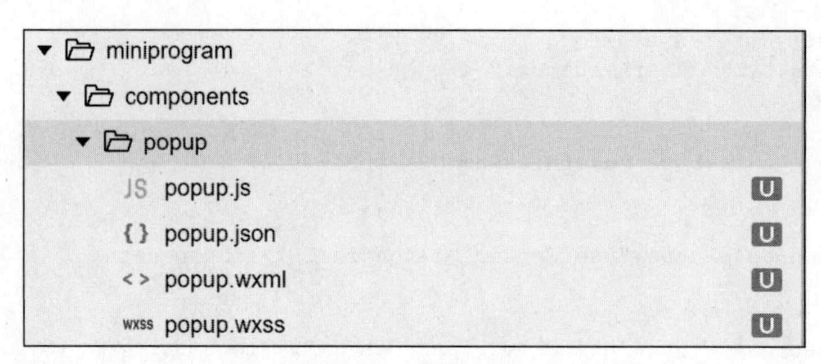

图4-31　popup目录

在完成自定义组件文件创建后，需要在 popup.json 文件中声明自定义组件，将 component 字段设为 true，代码如下。

```
//popup.json
{
  "component": true,
  "usingComponents": {}
}
```

然后就可以在 popup.wxml 与 popup.wxss 文件中编写关于弹窗组件结构和样式的代码了。这里需要注意的是，在自定义组件样式中不能使用 ID 选择器、标签选择器以及属性选择器，一律采用 class 选择器，代码如下。

```
//popup.wxml
<view class="pop {{ visible? 'pop_visible': '' }} ">
  <view class='pop-content'>
    <view class='title'>{{ title }}</view>
  </view>
</view>

//popup.wxss
.pop {
    display: none;
}
.pop_visible {
    position: fixed;
    top: 0;
    right: 0;
    bottom: 0;
    left: 0;
    display: flex;
    justify-content: center;
    align-items: center;
    background-color: rgba(0,0,0,0.8);
    box-sizing: border-box;
    z-index: 999;
}
.pop-content {
     width: 570rpx;
     height: 600rpx;
     background-color: #fff;
     border-radius: 16rpx;
     padding: 80rpx 60rpx 60rpx 60rpx;
}
```

在 popup.wxml 文件中只使用了 view 组件定义了一个弹窗结构，其中“visible”作为组件属性的数据绑定用来判断是否显示这个组件；“title”是组件自己内容的数据绑定，具体内容是通过 popup.js 文件中的 data 来动态赋值的。

```
//popup.js
Component({
  /**
   * 组件的属性列表
   */
  properties: {
    visible: {
      type: Boolean,
      value: false
    }
  },

  /**
   * 组件的初始数据
   */
  data: {
    title: "popup 自定义组件"
  },

  /**
   * 组件的方法列表
   */
  methods: {

  }
})
```

在 popup.js 文件中，首先使用 Component 构造器来注册组件，并提供组件的属性定义、内部数据和自定义方法。Component 构造器会在 4.10.3 小节中详细介绍。在 popup.js 文件的 Component 构造器中包含了一个 properties 属性列表，它用来提供组件对外的属性，其中的 visible 属性用来让该组件的使用者设置组件是否显示。data 是组件内部初始化数据的对象，它和 properties 一样都用来做组件的渲染。最下面的 methods 是组件的方法列表，在组件内定义的事件响应函数以及自定义的方法都会写在这里，具体会在后文详细介绍。

4.10.2 使用popup自定义组件

4.10.1 小节创建了一个 popup 自定义组件，这一小节介绍怎么使用这个组件。首先在 pages 目录下创建一个 mycomponents 目录，然后在 mycomponents.json 中的 usingComponents 里写入 popup 自定义组件的路径，代码如下。

```
{
  "usingComponents": {
    "popup": "../../components/popup/popup"
  }
}
```

在 mycomponents.wxml 页面中打开这个组件，代码如下。

```
<view>
  <button bindtap='openPopup'>打开 popup 自定义组件</button>
</view>
<!-- 引用 popup 自定义组件 -->
<popup visible='{{showPopup}}'></popup>
```

其中 popup 就是在 mycomponents.json 文件 usingComponents 字段中开发者自定义的组件名

字，popup 组件中的“visible”是组件提供的属性。在 popup 组件上方添加一个 button 组件，并为该按钮组件绑定一个名为“openPopup”的 tap 事件。当点击 button 组件时会触发 bindtap 事件到 mycomponents.js 逻辑层，该逻辑层中定义有“openPopup”响应事件函数，用来设置“showPopup”为 true。mycomponents.js 文件的代码如下。

```
Page({
  // 页面初始化数据
  data: {
    showPopup: false
  },

  // 响应 bindtap 事件函数
  openPopup: function () {
    this.setData({
       showPopup: true
    })
  }
})
```

具体效果如图 4-32 所示。

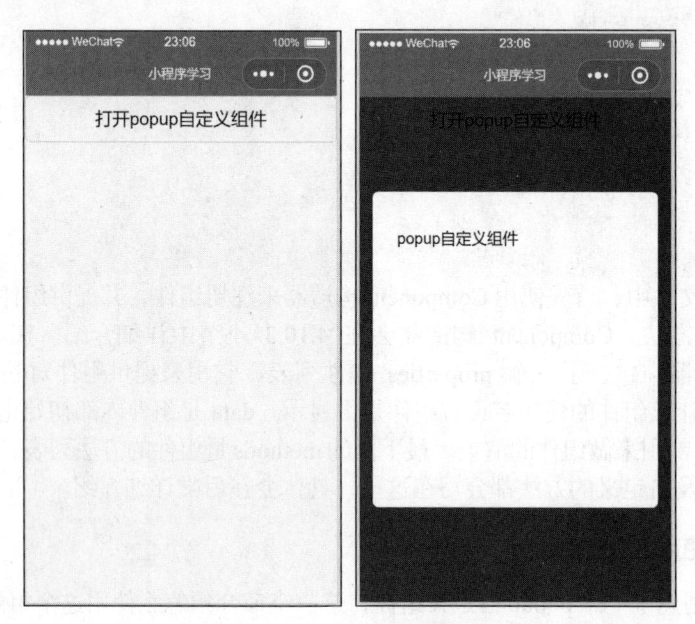

图4-32　popup自定义组件的效果

4.10.3　详解自定义组件

4.10.1～4.10.2 小节通过一个简单的实例介绍了自定义组件的创建与使用方法，接下来将详细介绍自定义组件的模板、样式、Component 构造器与生命周期等内容。

1. 自定义组件模板

在自定义组件中也可以使用模板和样式。模板中提供了一个<slot>节点，用于承载组件引用时提供的子节点，即在引用组件时，可以在组件内填写一些内容，并自动渲染在组件中。如在 popup 自定义组件中设置标题时，不需要使用组件内部属性传值，而直接在引用自定义组件中填写，如：<popup>标题内容</popup>，代码如下。

```
//popup.wxml
<view class="pop {{ visible? 'pop_visible': '' }} ">
```

```
  <view class='pop-content'>
    <!-- 在自定义组件模板中加入 slot 节点，用于承载引用时的内容 -->
    <slot></slot>
    <view class='title'>{{ title }}</view>
  </view>
</view>

//mycomponents.wxml
<view>
  <button bindtap='openPopup'>打开 popup 自定义组件</button>
</view>
<!-- 引用 popup 自定义组件 -->
<popup visible='{{showPopup}}'>
  <!-- 可以在组件内添加内容，甚至可以添加组件 -->
  <view class='slottitle'>自定义组件标题</view>
</popup>

//mycomponents.wxss
.slottitle{
   font-size: 20px;
   color: #000;
   text-align: center;
}
```

看完代码之后，是不是觉得实现起来很简单？只要在实现的 popup 组件模板中加入<slot>节点就可以了。具体效果如图 4-33 所示。

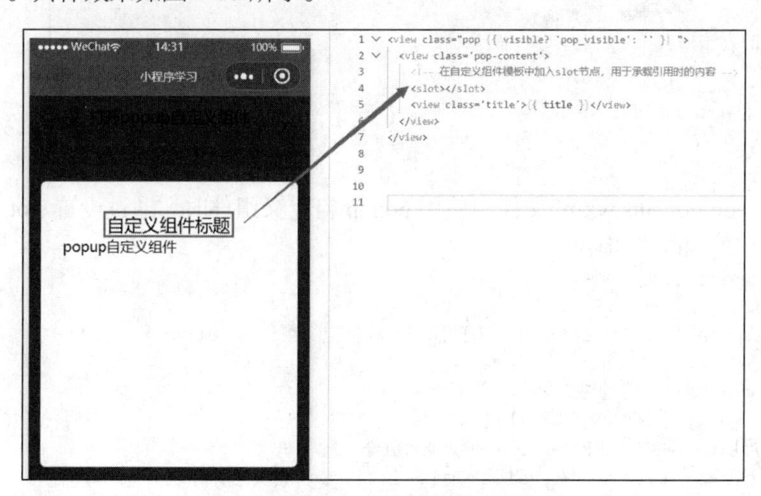

图4-33　自定义组件模板slot节点的效果

自定义组件默认情况下只能有一个 slot 节点，当需要使用多个 slot 节点时，需要在组件的 JS 文件中把“multiplesSlots”设置成“true”来启用多个 slot 节点。同时多个 slot 节点需要使用“name”来声明，如：<slot name=" first">，具体使用方法如下。

（1）定义两个 slot 节点，分别用“name”来区分。

```
//popup.wxml
<view class="pop {{ visible? 'pop_visible': '' }} ">
  <view class='pop-content'>
    <!-- 在自定义组件模板中加入 slot 节点，用于承载引用时的内容 -->
    <slot name="slotTitle"></slot>
    <slot name="slotImg"></slot>
    <view class='title'>{{ title }}</view>
  </view>
```

```
</view>
```

（2）在 popup.js 文件中定义多个 slot 节点。

```
//popup.js
Component({
  options: {
    //定义多个 slot 节点
    multipleSlots: true
  },
  /**
   * 组件的属性列表
   */
  properties: {
    visible: {
       type: Boolean,
       value: false
    }
  },

  /**
   * 组件的初始数据
   */
  data: {
    title: "popup 自定义组件"
  },

  /**
   * 组件的方法列表
   */
  methods: {

  }
})
```

（3）在 mycomponents.wxml 文件中使用 popup 自定义组件时，通过设置 slot 属性将自定义组件插入到相应的 slot 节点中。

```
//mycomponents.wxml
<view>
  <button bindtap='openPopup'>打开 popup 自定义组件</button>
</view>
<!-- 引用 popup 自定义组件 -->
<popup visible='{{showPopup}}'>
   <!-- 可以在组件内添加内容，甚至可以添加组件 -->
  <view class='slottitle' slot="slotTitle">自定义组件标题</view>
  <image class='slotimg' slot="slotImg" src='../../img/slot_img.jpg'></image>
</popup>
```

（4）设置插入自定义组件的 slot 节点内容的样式。

```
//mycomponents.wxss
.slottitle{
   font-size: 20px;
   color: #000;
   text-align: center;
}
.slotimg{
   margin-top:50rpx;
   width: 100%;
   height: 200rpx;
}
```

具体效果如图 4-34 所示。

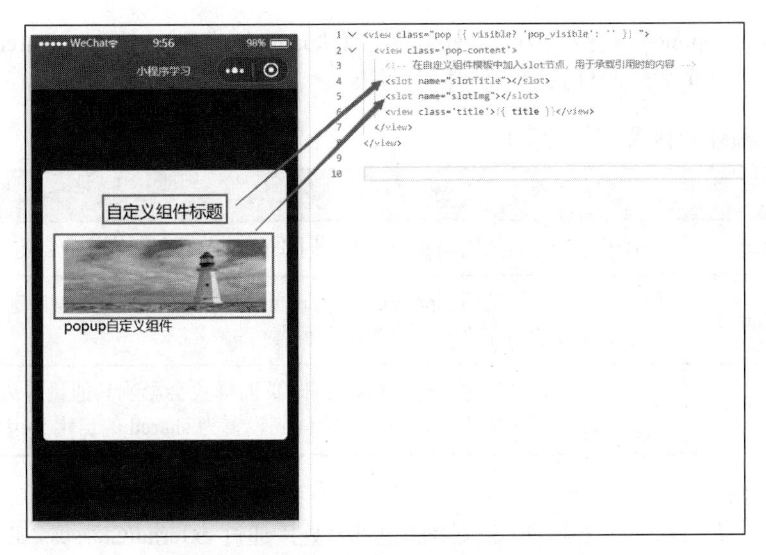

图4-34　自定义组件中加入多个slot节点的效果

2. 自定义组件样式

（1）在上面的组件示例中，所有样式都是使用 class 样式定义的，这点与 page 不同，在组件中不允许使用 ID 选择器（#ID）、属性选择器（[view]）以及标签选择器。这其实很容易理解，因为无论是 HTML 开发，还是小程序页面开发，每个页面 id 都是唯一的，在小程序 page 引用自定义组件时，直接把组件插入页面中，如果组件中使用了 ID 选择器，那么很容易造成与页面中或者另一个组件中的 ID 选择器重复。同理，属性选择器和标签选择器也有类似情况。

（2）选择器还有后代选择器以及子元素选择器，在自定义组件中是允许使用的，但是在极端情况下也会造成非预期表现，为避免出现不必要的麻烦，最好直接使用 class 选择器。

（3）组件样式隔离。在默认情况下自定义组件的样式只受到样式文件的影响，除非在 app.wxss 全局样式文件中或者引用该组件的 page.wxss 文件中使用了相同的标签选择器来直接指定样式，或者在自定义组件内部指定了特殊的样式隔离选项“styleIsolation”。styleIsolation 的属性值如表 4-44 所示。

表 4-44　styleIsolation 的属性值

值	说明
isolated	默认值，表示启用样式隔离，在自定义组件内外，使用 class 指定的样式将不会相互影响
apply-shared	表示页面样式将影响自定义组件，但自定义组件的样式文件中指定的样式不会影响页面
shared	表示页面样式将影响自定义组件，自定义组件的样式文件中指定的样式也会影响页面和其他设置为 apply-shared 或 shared 的自定义组件

注意

使用“apply-shared”“shared”时请务必注意组件间样式的相互影响。大多数情况下使用默认值——isolated。具体的设置代码如下。

```
Component({
  options: {
    styleIsolation: 'isolated'
  }
})
```

如果使用 Component 构造器构造页面，则“styleIsolation”默认值为“shared”，而且还会有表 4-45 所示的几个额外的样式隔离属性值可用。

表 4-45 额外的样式隔离属性值

值	说明
page-isolated	表示在这个页面禁用 app.wxss，同时页面样式不会影响其他自定义组件
page-apply-shared	表示在这个页面禁用 app.wxss，同时页面样式不会影响其他自定义组件，但设置为 shared 的自定义组件会影响页面
page-shared	表示在这个页面禁用 app.wxss，同时页面样式会影响其他设置为 apply-shared 或 shared 的自定义组件，页面也会受到设置为 shared 的自定义组件的影响

（4）外部样式类

除了上面的样式隔离设置外，自定义组件也可以直接通过 externalClassess 属性应用外部样式。代码如下。

```
//style.js
Component({
  externalClasses: ['my-class']
})

//style.wxml
<custom-component class="my-class">这段文本的颜色由组件外的 class 决定</custom-component>

//引用 style 自定义组件的外部页面 index.wxml
<my-component my-class="red-text" />

//index.wxss
.red-text {
  color: red;
}
```

3. Component 构造器与生命周期

使用 Component 构造器也可以创建自定义组件。Component 构造器包含了组件的方法、属性以及组件的整个生命周期。

（1）方法

方法（Methods）在上文出现过，它包括自定义方法以及事件响应函数。组件间通信也是通过事件来实现的，具体方式如下。

- 父组件向子组件传递消息：可以直接使用 WXML 绑定数据，在前文中多有使用。代码如下。

```
//父组件
<view>
    <!-- 父组件引用子组件 -->
    <child name="hello child"></child>
</view>

//子组件 child.js
Component({
  /**
   * 组件的属性列表
```

```
    */
  properties: {
    //暴露给父组件的属性
    name: {
      type: String,
      value: ""
    }
  },
})
```

- 子组件向父组件传递数据：使用事件回调方式可传递任何数据。代码如下。

```
<!-- 父组件引用子组件 -->
<child bindmyevent="onMyEvent" name="hello child"></child>

methods: {
    //父组件绑定的事件方法
    onMyEvent: function (e) {
      console.log("子组件调用父组件方法")
    }
},

<!-- 子组件 -->
<button bindtap='onTap'>向父组件传递数据</button>

/**
   * 组件的方法列表
   */
  methods: {
    onTap: function(){
      var myEventDetail = {} // detail对象，提供给事件监听函数
      var myEventOption = {} // 触发事件的选项
      this.triggerEvent('myevent', myEventDetail, myEventOption);
    }
  }
```

（2）生命周期

组件与页面一样也有自己的生命周期，组件的生命周期可以在 lifetimes 字段内进行声明。代码如下。

```
Component({
  lifetimes: {
    created: function(){
      console.log("在组件实例刚刚被创建时执行");
    },
    attached: function(){
      console.log("在组件实例进入页面节点树时执行");
    },
    ready: function(){
      console.log("在组件在视图层布局完成后执行");
    },
    moved: function(){
      console.log("在组件实例被移动到节点树另一个位置时执行");
    },
    detached: function(){
      console.log("在组件实例被从页面节点树移除时执行");
    },
    error: function(error){
      console.log("每当组件方法抛出错误时执行  ");
    }
```

```
  }
})
```

其中，最重要的生命周期节点是 created、attached、detached，它们包含了一个组件实例生命流程中比较主要的时间节点。还有一些特殊的生命周期节点，它们用于引用它们的页面上，来判断组件所在的页面是否展示或隐藏等。代码如下。

```
Component({
  pageLifetimes: {
    show: function () {
      console.log("页面被展示");
    },
    hide: function () {
      console.log("页面被隐藏");
    },
    resize: function (size) {
      console.log("页面尺寸变化");
    }
  }
})
```

4. 数据监听器

数据监听器在自定义组件中发挥着非常重要的作用，它可以监听组件中的属性和数据字段的变化。下面的示例通过设置 a、b 的值，在 observers 方法里监听 a、b 属性，在字段变化里设置“c = a + b”。代码如下。

```
<view class='pop-content'>
       改变 a 和 b 的值:
      <view class="section">
          a:<input bindinput="seta" placeholder="设置 a 的值" />
      </view>
      <view class="section">
          b:<input bindinput="setb" placeholder="设置 b 的值" />
      </view>
      <view class="section">
          c 随着 a+b 的值改变: {{c}}
      </view>
  </view>

Component({
  observers: {
    'name': function(name){
},
//监听 a、b 的变化
    'a, b': function(a, b){
      this.setData({
        c: parseInt(a) + parseInt(b)
      })
    }
  },

  /**
   * 组件的初始数据
   */
  data: {
      name: null,
      a : 0,
      b : 0,
      c : 0
  },
```

```
  /**
   * 组件的方法列表
   */
  methods: {
    setA: function(e){
      this.setData({
        a: e.detail.value
      })
    },
    setB: function(e){
      this.setData({
        b: e.detail.value
      })
    }
  }
})
```

不仅可以监听单个字段的变化，还可以监听对象、数组等中的某个字段的变化。代码如下。

```
observers: {
    'obj.name': function(obj){
      name = obj.name;
    },
    'arr[2]': function(arr){
      arr2 = arr[2];
    }
 },
```

使用通配符“**”，可以批量监听某些字段的改变。代码如下。

```
observers: {
    'obj.**': function(obj){
      console.log("监听 obj 内的所有字段")
    },
    '**': function(){
      console.log("监听所有的 setData 字段")
    }
  },
```

4.10.4　实现tabBar自定义组件

在学习了自定义组件的创建及使用方法后，本小节来实现一个在实际开发中常用的自定义组件。通过第 3 章的学习我们知道在小程序全局配置文件 app.json 中，可以应用配置项对 tabBar 进行基本配置，但为了使开发者可以更灵活地设置 tabBar 的样式，以满足更多个性化的场景，tabBar 也可以设置成自定义模式。具体效果如图 4-35 所示。

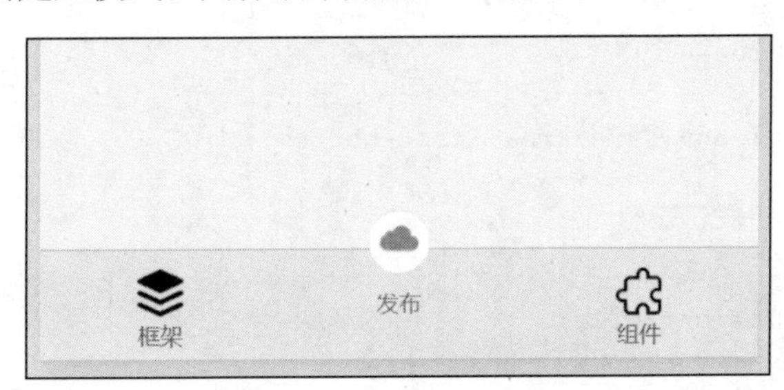

图4-35　自定义tabBar

实现流程如下。

首先，将 app.json 文件中的 tabBar 下的 custom 设置成 true，pagePath 等其他配置项信息也需要补全。此处这些字段信息不会在自定义组件中渲染，只是做兼容之用，如图 4-36 所示。

其次，在小程序项目根目录下创建一个“custom-tab-bar”目录，在该目录下单击鼠标右键选择“新建 component”，创建一个名为 index 的自定义组件文件，如图 4-37 所示。

```
"tabBar": {
  "custom": true,
  "color": "#000000",
  "selectedColor": "#7fffd4",
  "backgroundColor": "#ffffff",
  "list": [
   {
    "pagePath": "pages/tabbar3/tabbar3",
    "text": "框架",
    "iconPath": "img/tabbar1-0.png",
    "selectedIconPath": "img/tabbar1-1.png"
   },
   {
    "pagePath": "pages/tabbar2/tabbar2",
    "text": "组件",
    "iconPath": "img/tabbar2-0.png",
    "selectedIconPath": "img/tabbar2-1.png"
   },
   {
    "pagePath": "pages/tabbar1/tabbar1",
    "text": "API",
    "iconPath": "img/tabbar3-0.png",
    "selectedIconPath": "img/tabbar3-1.png"
   }
  ]
},
```

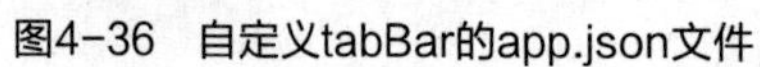

图4-36　自定义tabBar的app.json文件

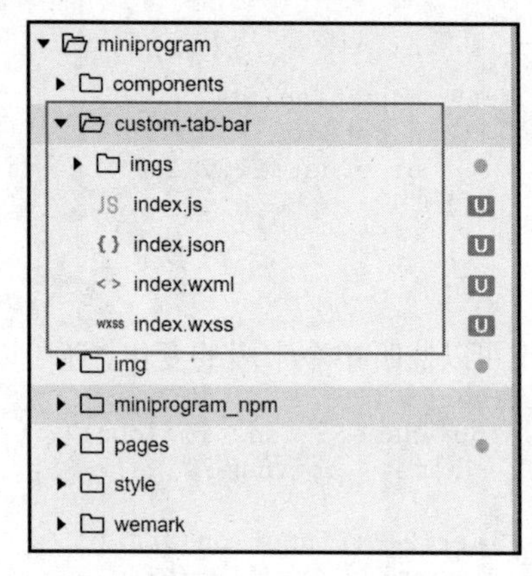

图4-37　创建目录和文件

最后，在新建的自定义组件的各文件中编写相应代码，代码如下。

```
//index.wxml
<cover-view class='tab-box'>
  <cover-view class='tab-box-border'></cover-view>
  <cover-view wx:for="{{list}}" wx:key="index" class='tab-box-item' data-path="{{item.pagePath}}" data-index="{{index}}" bindtap="tabHandle">
    <cover-image src="{{selected === index ? item.selectedIconPath : item.iconPath}}" class="{{ item.isSpecial ? 'special-wrapper' : ''}}"></cover-image>
    <cover-view style='color: {{selected === index ? selectedColor: color}}'>{{item.text}}</cover-view>
  </cover-view>
</cover-view>

//index.wxss
.tab-box {
   position: fixed;
   bottom: 0;
   left: 0;
   right: 0;
   height: 48px;
   background: #ecf1f7;
   display: flex;
   padding-bottom: env(safe-area-inset-bottom);
   z-index: 999;
   overflow: visible;
}
.tab-box-border {
   background-color:darkgray;
   position: absolute;
   left: 0;
   top: 0;
   width: 100%;
   height: 1px;
   transform: scaleY(0.5)
```

```
}
.tab-box-item {
   flex: 1;
   text-align: center;
   display: flex;
   justify-content: center;
   align-items: center;
   flex-direction: column;
}
.tab-box-item cover-image {
   width: 27px;
   height: 27px;
}
.tab-box-item cover-view {
   font-size: 10px;
}

.special-wrapper{
  position: absolute;
  /* left: 77rpx; */
  top: -36rpx;
  width: 126rpx;
  height: 126rpx;
  border-radius: 50%;
  border-top: 2rpx solid #f2f2f3;
  background-color: #fff;
  text-align: center;
  box-sizing: border-box;
  padding: 6rpx;
  z-index: 999
}

//index.js
Component({
  /**
   * 组件的属性列表
   */
  properties: {

  },
  /**
   * 组件的初始数据
   */
  data: {
    selected: 0,
    color: "#7A7E83",
    selectedColor: "#3cc51f",
    list: [{
        pagePath: "/pages/tabbar1/tabbar1",
        iconPath: "imgs/tabbar1-0.png",
        selectedIconPath: "imgs/tabbar1-1.png",
        text: "框架"
    }, {
          pagePath: "/pages/tabbar3/tabbar3",
          iconPath: "imgs/tabbar_1.png",
          selectedIconPath: "imgs/tabbar_0.png",
          text: "发布",
          isSpecial: true
        },{
          pagePath: "/pages/tabbar2/tabbar2",
```

```
            iconPath: "imgs/tabbar2-0.png",
            selectedIconPath: "imgs/tabbar2-1.png",
            text: "组件"
      }]
    },

    /**
     * 组件的方法列表
     */
   methods: {
     tabHandle(e){
       const data = e.currentTarget.dataset;
       const url = data.path;
       wx.switchTab({url});
       this.setData({
         selected: data.index
       })
     }
   }
})

index.json
{
  "component": true,
  "usingComponents": {}
}
```

代码解释如下。

index.wxml 文件使用的 cover-view + cover-image 组件保证了 tabBar 的层级是最高级显示。其中还有一个列表绑定 list，用来渲染几个 tab 页，并绑定了一个方法名为 tabHandle 的 bindtap 事件，用来切换 tab 页。

index.wxss 文件用来修饰 tabBar 样式，其中整个 tabBar 使用了 fixed 布局模式，并实现 tabBar 紧贴在底部。

index.js 文件是自定义组件的页面逻辑文件。与正常小程序页面一样，index.js 文件的 data 中存放的是组件的初始化数据，并定义 tabBar 需要的数据信息。自定义 tabBar 会根据这里的信息来渲染。在组件的方法列表中有一个 tabHandle 方法，主要用于 tab 页的切换，其中 wx.switchTab 方法是路由方法，用来切换 tab 页。

这里需要注意的是，因为是自定义 tabBar，所以与 tabBar 相关的接口（如 wx.setTabBarItem）都将失效。自定义 tabBar 提供了 getTabBar 接口，来获取当前页面的自定义 tabBar 组件，代码如下。

```
//tabbar1 页面:
onShow: function () {
    if(typeof this.getTabBar === 'function' && this.getTabBar()){
        this.getTabBar().setData({
            selected: 0
        })
    }
  },

//tabbar2 页面:
onShow: function () {
    if(typeof this.getTabBar === 'function' && this.getTabBar()){
        this.getTabBar().setData({
            selected: 1
        })
```

```
        }
    },

    //tabbar3 页面:
    onShow: function () {
        if(typeof this.getTabBar === 'function' && this.getTabBar()){
            this.getTabBar().setData({
                selected: 2
            })
        }
    },
```

本章小结

组件是视图层的基本组成单元，一个组件包括开始标签、结束标签、内容，并通过多个属性进行配置。开发者可以对基础组件任意组合进行快速开发。本章详细介绍了小程序提供的八大基础组件及用法，概括如下。

小程序组件：

- 视图容器组件：view、scroll-view、swiper、swiper-item、movable-area、movable-view、cover-view
- 基础内容组件：icon、text、rich-text、progress
- 表单组件：button、radio、checkbox-group、checkbox、switch、slider、label、picker、picker-view、picker-view-column、input、textarea、form
- 导航组件：navigator
- 媒体组件：image、video
- 地图组件：map
- 画布组件：canvas
- 开放能力组件：open-data、web-view

另外，小程序中常常会有一些通用的交互模块，如“下拉选择列表”“搜索框”“日期选择器”等，这些界面交互模块可能会在多个页面中用到，逻辑也相对独立，此时可以选择小程序提供的自定义组件功能。自定义组件的目的在于在页面尽可能地减少业务逻辑，因为组件的核心在于复用，在于大量的复用。它的使用场景如下：

（1）多个页面用到同样的交互模块；

（2）页面功能很多、很复杂，使用组件来拆分逻辑。

自定义组件由4个文件组成，这4个文件与编写一个页面时用到的4个文件非常类似：

（1）JSON文件用于放置一些最基本的组件配置；

（2）WXML文件为组件模板文件；

（3）WXSS 文件为组件的样式文件（无法直接使用全局样式，需要通过@import导入）；

（4）JS 文件承载组件的主要逻辑。

自定义组件的导入：

（1）在父组件JSON文件的usingComponents中导入组件；

（2）在父组件WXML文件中以组件名作为标签使用组件。

同时自定义组件也可以像页面一样使用模板和样式，还可以实现父子组件通信等功能。

习 题

一、选择题

1. cover-view组件是可以覆盖在原生组件上的视图，其内部可以包含的组件不包括以下哪个（　　）。

   A. cover-view　　B. canvas　　C. cover-image　　D. button

2. 已知有<text decode> < </text>，运行后页面预览效果是（　　）。

   A. 显示>符号　　B. 显示<本身　　C. 显示<符号　　D. 不显示任何内容

3. 以下不属于媒体组件的是（　　）。

   A. audio　　B. video　　C. image　　D. canvas

二、实践题

1. 根据下面的页面结构原型完善“爱电影”小程序的4个页面的布局。

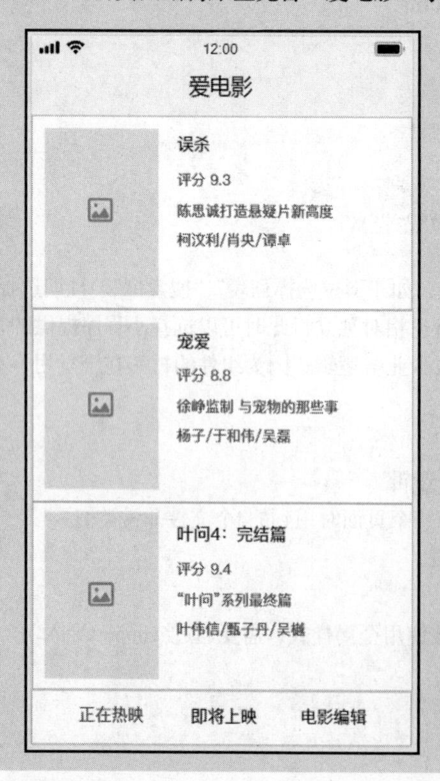

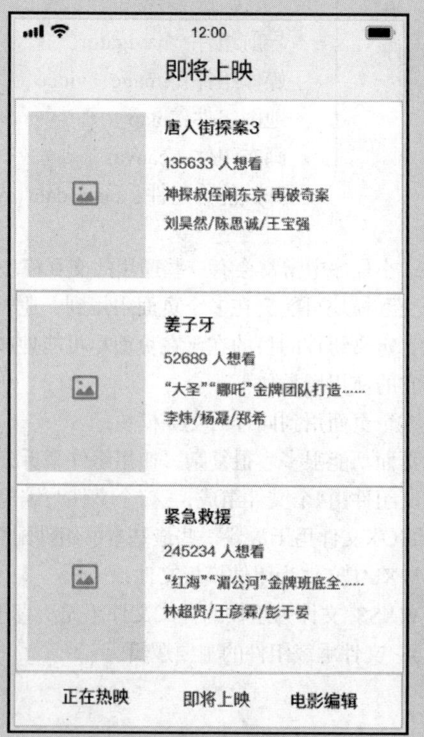

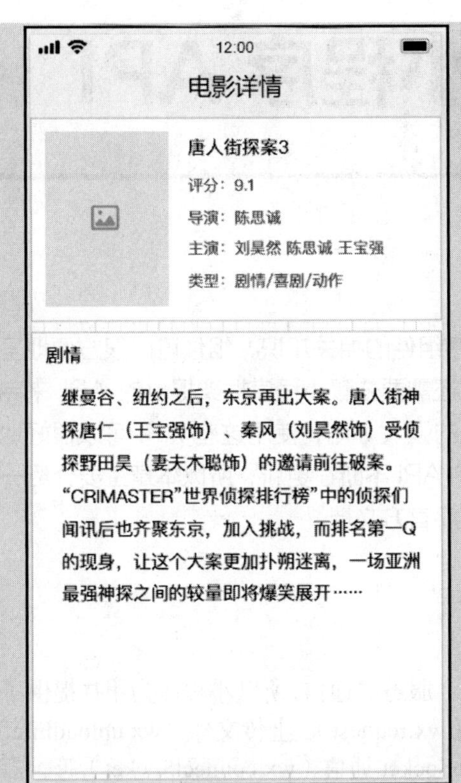

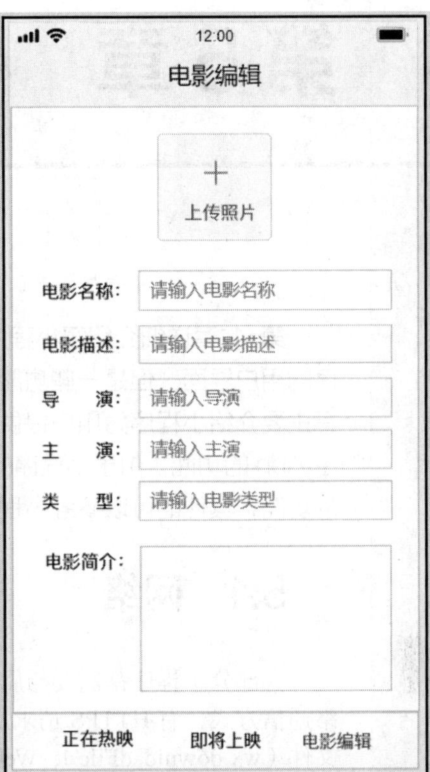

2. 根据上面的布局，创建一个下图所示的列表自定义组件，使tabBar中的“正在热映”“即将上映”功能能够复用。

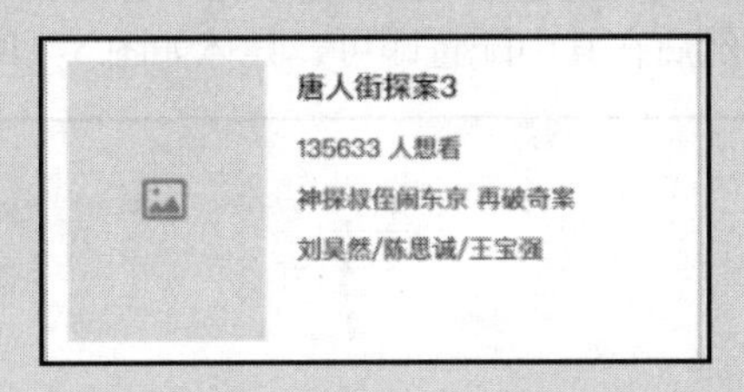

05

第 5 章　小程序 API

第 4 章详细介绍了小程序组件的相关知识，组件可以很方便地呈现小程序的用户界面，但是一些功能还需要依赖小程序框架提供的 API 来完成。本章主要介绍小程序为用户提供的强大 API，使用这些 API 可以很好地实现原生 App 的功能。由于小程序的 API 不断在更新，所以本章主要介绍一些主流的功能，其他的可以参考小程序官方文档。

5.1　网络

大部分小程序都需要与后台服务器通信，所以小程序为用户提供了多种网络通信方式，有 HTTPS 请求（wx.request）、上传文件（wx.uploadFile）、下载文件（wx.downloadFile）、WebSocket 通信（wx.connectSocket）等。需要注意的是，在小程序中使用与网络相关的 API 时，必须设置一个支持 HTTPS 的域名，且 HTTPS 证书必须被系统信任。

服务器域名配置过程如下：在小程序管理后台，选择设置→开发设置→服务器域名，然后在其中配置即可，具体如图 5-1 所示。

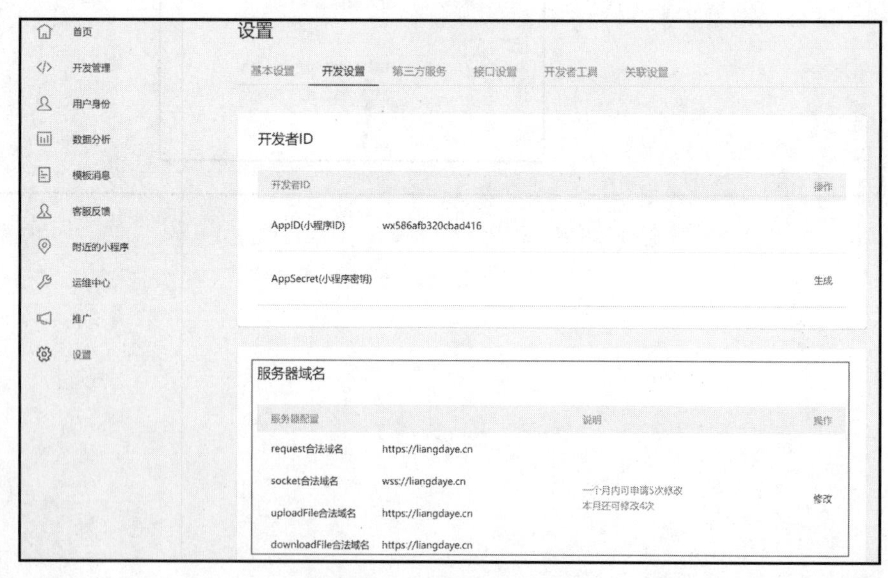

图5-1　服务器域名配置

如果只是暂时在本地测试、开发使用，可以在微信开发者工具的项目设置中临时开启“不校验合法域名、web-view（业务域名）、TLS 版本以及 HTTPS 证书”，来跳过域名验证，如图5-2 所示。

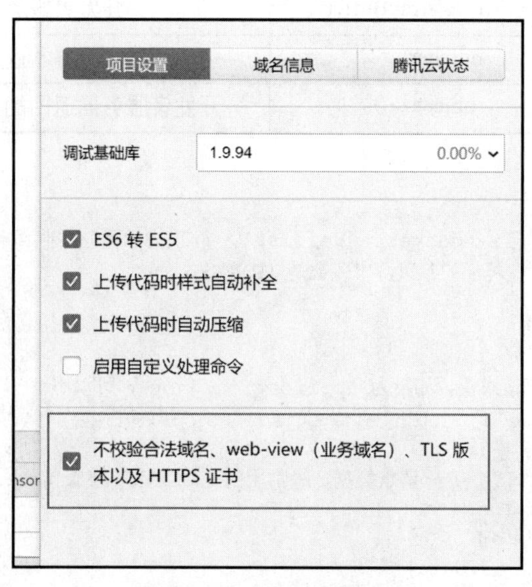

图5-2　跳过域名验证

5.1.1　发起HTTPS请求

1. 发起请求

wx.request 用于发起 HTTPS 请求，默认超时时间和最大超时时间都是 60s，并发请求限制为 10 个。其 Object 参数说明如表 5-1 所示。

表 5-1　Object 参数说明

参数名	类型	必填	默认值	说明
url	string	是		开发者服务器接口地址
data	object/string/arrayBuffer	否		请求的参数。虽然支持 3 种数据类型，但是最终发送给服务器的数据是 string 类型，如果传入的 data 不是 string 类型，会被转换成 string 类型
header	object	否		设置请求的 header，header 中不能设置 Referer
method	string	否	GET	需大写，有效值：OPTIONS、GET、HEAD、POST、PUT、DELETE、TRACE、CONNECT
dataType	string	否	json	如果设为 json，会尝试对返回的数据做一次 JSON.parse
responseType	string	否	text	设置响应的数据类型。合法值：text、arraybuffer
success	function	否		收到开发者服务成功返回的回调函数。具体返回参数说明如表 5-2 所示
fail	function	否		接口调用失败的回调函数
complete	function	否		接口调用结束的回调函数（调用成功、失败都会执行）

表 5-2　success 返回参数说明

参数名	类型	说明
data	object/string/arrayBuffer	开发者服务器返回的数据
statusCode	number	开发者服务器返回的 HTTP 状态码
header	object	开发者服务器返回的 HTTP Response Header

示例代码如下。

```
wx.request({
  url: 'https://liangdaye.cn/getlist', //仅为示例，并非真实的接口地址
  data: {        //传递的参数，大多数是 JSON 格式
    id : 1,
    name: 'mamba'
  },
  header: {   //请求头，如果为 application/json ，可以不写
    'content-type': 'application/json' // 默认值
  },
  method : 'POST',     //请求类型，最常用的是 GET 或 POST
  success: function (res) {
    //成功时执行的语句
    console.log(res.data)
  },
  fail : function(err){
    //失败时执行的语句
    console.log(err);
  },
  complete : function(){
    console.log("接口调用结束，成功或失败都会执行的语句。")
  }
})
```

2. 中断请求

若在请求的数据还没有返回就想直接结束这个请求，这时就需要用 wx.request 返回的 requestTask 对象来中断此次请求，可以通过该对象的 abort 方法来中断请求任务。具体使用方法如下。

```
const requestTask = wx.request({
  url: 'https://liangdaye.cn/getNo', //仅为示例，并非真实的接口地址
  success: function (res) {
    console.log(res.data)
  }
})
requestTask.abort() // 中断请求任务
```

5.1.2　文件的上传、下载

1. 文件上传请求

在实际开发中，常常会上传资源到服务器中，例如把手机中的图片、视频等资源上传到服务器上，这时就需要 wx.uploadFile 接口了。wx.uploadFile 会发起一个 HTTPS POST 请求，header 中的 content-type 为 multipart/form-data。需要注意的是上传文件并发限制为 10 个，默认超时时间和最大超时时间都是 60s。wx.uploadFile 包含一个 Object 参数，具体说明如表 5-3 所示。

表 5-3　Object 参数说明

参数名	类型	必填	说明
url	string	是	开发者服务器接口地址
filePath	string	是	要上传文件的路径
name	string	是	文件对应的 key，开发者在服务器端通过这个 key 可以获取文件二进制内容
header	object	否	HTTP 请求 header，header 中不能设置 Referer
formData	object	否	HTTP 请求中其他额外的 form data。上传时可以加上一些参数
success	function	否	接口调用成功的回调函数。其中有两个参数，分别为服务器端返回的 string 类型的数据（data）和服务器端返回的 HTTP 状态码（statusCode）
fail	function	否	接口调用失败的回调函数
complete	function	否	接口调用结束的回调函数（调用成功、失败都会执行）

示例代码如下。

```
wx.chooseImage({  //获取本地相册中的资源接口，这个会在 5.2 节详细介绍
  success: function (res) {
    var tempFilePaths = res.tempFilePaths    //wx.chooseImage 接口返回的图片的本地
                                             //文件路径列表
    wx.uploadFile({
      url: 'https://liangdaye.cn/upload',    //仅为示例，非真实的接口地址
      filePath: tempFilePaths[0],            //取第一个图片的路径
      name: 'file',
      formData: {
        'user': 'mamba'     //
      },
      success: function (res) {
        var data = res.data
        //do something
      },
      fail : function(err){
        console.log("上传失败")
      }
    })
  }
})
```

上传资源时为方便用户查看上传进度（显示进度条），wx.uploadFile 提供了与之相对应的 uploadTask 对象。该对象提供了两个方法，一个是中断上传任务的 abort 方法，另一个是回调方法 onProgressUpdate，该方法的主要作用是监听上传进度变化。onProgressUpdate 方法包含 3 个参数，示例代码如下。

```
const uploadTask = wx.uploadFile({
    url: 'https://liangdaye.cn/upload', //仅为示例，非真实的接口地址
    filePath: tempFilePaths[0],
    name: 'file',
    success: function(res){
        var data = res.data
        //do something
    }
```

```
})

uploadTask.onProgressUpdate((res) => {
    console.log('上传进度', res.progress)
    console.log('已经上传的数据长度', res.totalBytesSent)
    console.log('预期需要上传的数据总长度', res.totalBytesExpectedToSend)
})

uploadTask.abort() // 取消上传任务
```

2. 文件下载请求

文件下载请求 API（wx.downloadFile）的主要作用是从服务器端下载资源到本地。调用该API后，小程序端直接发起一个 HTTPS GET 请求，返回文件到本地临时路径，临时文件在小程序本次启动期间可以正常使用，但是如果要永久保存，需要主动调用“文件”API 中的“wx.saveFile”进行保存。下载文件最大并发限制为 10 个，默认超时时间和最大超时时间都是60s，wx.downloadFile 也有个 Object 参数，具体说明如表 5-4 所示。

表 5-4　Object 参数说明

参数名	类型	必填	说明
url	string	是	下载资源的 URL
header	object	否	HTTPS 请求的 header，header 中不能设置 Referer
success	function	否	下载成功后返回两个参数，分别为文件的临时路径（tempFilePath）和服务器端返回的 HTTP 状态码（statusCode）
fail	function	否	接口调用失败的回调函数
complete	function	否	接口调用结束的回调函数（调用成功、失败都会执行）

示例代码如下。

```
wx.downloadFile({
  url: 'https://liangdaye.cn/audio/123', //仅为示例，并非真实的资源
  success: function(res) {
      if (res.statusCode === 200) {
          wx.playVoice({  //播放下载下来的音频文件，具体 API 在 5.2 节详解介绍
            filePath: res.tempFilePath
          })
      }
  }
})
```

wx.downloadFile 会返回一个 downloadTask 对象，该对象也有两个方法，abort 方法中断下载任务，onProgressUpdate 回调方法监听下载进度变化，具体使用与 wx.uploadFile 中的 uploadTask 类似，这里就不再详细介绍。

5.1.3 WebSocket

前文介绍的是客户端主动向服务器端请求，服务器端再把数据返回到客户端，服务器端并不能主动向客户端推送数据。在 WebSocket 协议出现之前，我们经常使用客户端轮询方式来实现即时通信，轮询方式简单来说就是客户端在特定时间间隔不断向服务器端发起请求。WebSocket 协议出现后，客户端能时刻与服务器端保持连接，这样服务器端有消息后会实时推送到客户端。小程序封装的 WebSocket 提供了 8 个 API，下面分别进行介绍。

1. wx.connectSocket

该 API 可创建一个 WebSocket 连接。在小程序 1.7.0 之前，一个小程序同时只能有一个 WebScoket 连接，如果当前已存在一个 WebSocket 连接，会自动关闭该连接，然后重新创建一个新的 WebSocket 连接。1.7.0 版之后，小程序支持存在多个 WebSocket 连接，每次成功调用 wx.connectSocket 后会返回一个新的 WebSocket 任务（SocketTask）。创建连接时默认超时时间和最大超时时间都是 60s。wx.connectSocket 中的 Object 参数说明如表 5-5 所示。

表 5-5　Object 参数说明

参数名	类型	必填	说明
url	string	是	开发者服务器接口地址，必须是 wss 协议，并且域名必须是已经在后台配置的合法域名
header	object	否	HTTPS 请求的 header，header 中不能设置 Referer
method	string	否	默认是 GET，有效值：OPTIONS、GET、HEAD、POST、PUT、DELETE、TRACE、CONNECT
protocols	stringArray	否	子协议数组
success	function	否	接口调用成功的回调函数
fail	function	否	接口调用失败的回调函数
complete	function	否	接口调用结束的回调函数（调用成功、失败都会执行）

示例代码如下。

```
wx.connectSocket({
  url: 'wss://liangdaye.cn/',
  data : {
     name : 'mamba'
  },
  header: {   //请求头，如果为 application/json ，可以不写
    'content-type': 'application/json' // 默认值
  },
  method : 'GET'
})
```

2. wx.onSocketOpen

该 API 用于监听 WebSocket 连接打开事件，判断 WebSocket 是否已经成功开启。示例代码如下。

```
wx.connectSocket({
  url: 'wss://liangdaye.cn/'
})
wx.onSocketOpen(function(res) {   //res HTTP 响应的 header 信息
     console.log('WebSocket 连接已打开！')
})
```

3. wx.onSocketError

该 API 用于监听 WebSocket 错误。示例代码如下。

```
wx.connectSocket({
  url: 'wss://liangdaye.cn'
})
wx.onSocketOpen(function(res) {
  console.log('WebSocket 连接已打开！')
})
wx.onSocketError(function(res){
```

```
  console.log('WebSocket 连接打开失败，请检查！')
})
```

4. wx.sendSocketMessage

该 API 通过 WebSocket 连接发送数据，需要先用 wx.connectSocket 创建一个连接，并在 wx.onSocketOpen 回调成功之后才能发送。其 Object 参数说明如表 5-6 所示。

表 5-6 Object 参数说明

参数名	类型	必填	说明
data	string/arrayBuffer	是	需要发送的内容
success	function	否	接口调用成功的回调函数
fail	function	否	接口调用失败的回调函数
complete	function	否	接口调用结束的回调函数（调用成功、失败都会执行）

示例代码如下。

```
var socketOpen = false
var socketMsgQueue = []
wx.connectSocket({ //创建连接
  url: 'wss://liangdaye.cn'
})

wx.onSocketOpen(function(res) { //监听连接是否正确打开
  socketOpen = true
  for (var i = 0; i < socketMsgQueue.length; i++){ //连接打开后先处理之前栈中的数据
      sendSocketMessage(socketMsgQueue[i])
  }
  socketMsgQueue = []
})

function sendSocketMessage(msg) {
  if (socketOpen) {  //如果连接已经打开，直接发送数据
     wx.sendSocketMessage({
       data:msg
     })
  } else {
       socketMsgQueue.push(msg)  //如果连接在请求中还未打开，先将数据压入信息栈中
  }
}
```

5. wx.onSocketMessage

该 API 用于监听 WebSocket 接收服务器的消息事件，即服务器发送过来的消息都在 callback 中接收。示例代码如下。

```
wx.connectSocket({
  url: 'wss://liangdaye.cn'
})

wx.onSocketMessage(function(res) {
  console.log('收到服务器内容：' + res.data)
})
```

6. wx.closeSocket（Object）

该 API 用于关闭 WebSocket 连接。其 Object 参数说明如表 5-7 所示。

表 5-7 Object 参数说明

参数名	类型	必填	说明
code	number	否	一个数值表示关闭连接的状态号，表示连接被关闭的原因。如果这个参数没有被指定，默认的取值是 1000（表示正常连接关闭）
reason	string	否	一个可读的字符串，表示连接被关闭的原因。这个字符串必须是不长于 123B 的 UTF-8 文本（不是字符）
success	function	否	接口调用成功的回调函数
fail	function	否	接口调用失败的回调函数
complete	function	否	接口调用结束的回调函数（调用成功、失败都会执行）

示例代码如下。

```
wx.closeSocket();
```

7. wx.onSocketClose

该 API 用于监听 WebSocket 是否关闭，WebSocket 成功关闭时触发。示例代码如下。

```
wx.connectSocket({
  url: 'wss://liangdaye.cn'
})

/*注意这里有时序问题，如果 wx.connectSocket 还没回调 wx.onSocketOpen，而先调用 wx.closeSocket，那么不能关闭 WebSocket。必须在 WebSocket 打开期间调用 wx.closeSocket 才能关闭。*/
wx.onSocketOpen(function() {
  wx.closeSocket()
})

wx.onSocketClose(function(res) {
  console.log('WebSocket 已关闭！')
})
```

8. SocketTask

这个 API 不常用，本书不介绍，有兴趣的读者可查阅官方文档。

5.2 媒体

本节将通过实例介绍小程序所提供的音频、视频、调用相机、加载字体以及上传图片等功能。

5.2.1 音频

小程序主要通过 wx.createInnerAudioContext 接口获得音频播放功能，它会返回 InnerAudioContext 实例。InnerAudioContext 实例包含了很多属性、方法和事件，具体如表 5-8 和表 5-9 所示。

表 5-8 InnerAudioContext 的属性

属性名	类型	说明
src	string	音频资源的地址，用于直接播放
startTime	number	开始播放的位置（单位为 s），默认为 0
autoplay	boolean	是否自动播放，默认为 false

续表

属性名	类型	说明
loop	boolean	是否循环播放，默认为 false
obeyMuteSwitch	boolean	是否遵循系统静音开关，默认为 true。当此参数为 false 时，即使用户打开了静音开关，也能继续发出声音
volume	number	音量。范围 0～1。默认为 1
duration	number	当前音频的时长（单位为 s）。只有在当前有合法的 src 时返回（只读）
currentTime	number	当前音频的播放位置（单位为 s）。只有在当前有合法的 src 时才返回，时间保留小数点后 6 位（只读）
paused	boolean	当前是否暂停或停止（只读）
buffered	number	音频缓冲的时间点，仅保证当前播放时间点到此时间点的内容已缓冲（只读）

表 5-9　InnerAudioContext 的方法和事件

方法名称	事件说明
InnerAudioContext.play()	播放。调用这个方法就可以播放音频
InnerAudioContext.pause()	暂停。暂停后的音频再调用播放方法时会从暂停处开始播放
InnerAudioContext.stop()	停止。停止后的音频再调用播放方法时会从头开始播放
InnerAudioContext.seek(number position)	跳转到指定音频位置。参数单位为 s。可以精确到 ms 级别
InnerAudioContext.destroy()	销毁当前实例
InnerAudioContext.onCanplay(function callback)	监听音频进入可以播放状态的事件。当音频可以播放时会触发该事件
InnerAudioContext.offCanplay(function callback)	取消监听音频进入可以播放状态的事件
InnerAudioContext.onPlay(function callback)	监听音频播放事件。当音频可以播放时会触发该事件
InnerAudioContext.offPlay(function callback)	取消监听音频播放事件
InnerAudioContext.onPause(function callback)	监听音频暂停事件。当音频暂停时会触发该事件
InnerAudioContext.offPause(function callback)	取消监听暂停事件
InnerAudioContext.onStop(function callback)	监听音频停止事件。当音频停止时会触发该事件
InnerAudioContext.offStop(function callback)	取消监听音频停止事件
InnerAudioContext.onEnded(function callback)	监听音频自然播放至结束的事件。当音频正常播放完毕后会触发该事件
InnerAudioContext.offEnded(function callback)	取消监听音频自然播放至结束的事件
InnerAudioContext.onTimeUpdate(function callback)	监听音频播放进度更新事件。音频播放时会一直触发该事件
InnerAudioContext.offTimeUpdate(function callback)	取消监听音频播放进度更新事件

续表

方法名称	事件说明
InnerAudioContext.onError(function callback)	监听音频播放错误事件。当出现错误时，回调函数中会有一个 errCode 参数。它的合法值包括 10001（系统错误）、10002（网络错误）、10003（文件错误）、10004（格式错误）、-1（未知错误）
InnerAudioContext.offError(function callback)	取消监听音频播放错误事件
InnerAudioContext.onWaiting(function callback)	监听音频加载事件。当音频因为数据不足需要停下来加载时会触发该事件
InnerAudioContext.offWaiting(function callback)	取消监听音频加载事件
InnerAudioContext.onSeeking(function callback)	监听音频进行跳转操作的事件
InnerAudioContext.offSeeking(function callback)	取消监听音频进行跳转操作的事件
InnerAudioContext.onSeeked(function callback)	监听音频完成跳转操作的事件
InnerAudioContext.offSeeked(function callback)	取消监听音频完成跳转操作的事件

示例如图 5-3 所示，由于只是介绍 API 的功能，为了避免干扰，UI 没有附加任何样式和设计。开发者可以在实际项目中根据设计稿设计播放器的功能。

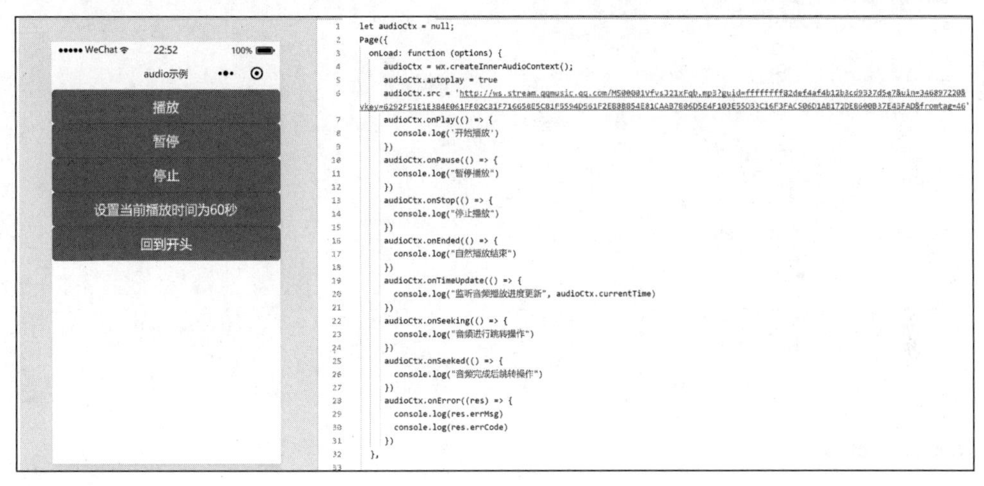

图5-3 audio示例

示例代码如下。

```
    let audioCtx = null;
    Page({
      onLoad: function (options) {
         audioCtx = wx.createInnerAudioContext();
         audioCtx.autoplay = true
         audioCtx.src = 'http://ws.stream.qqmusic.qq.com/M500001VfvsJ21xFqb.mp3?guid=
ffffffff82def4af4b12b3cd9337d5e7&uin=346897220&vkey=6292F51E1E384E061FF02C31F716658E
5C81F5594D561F2E88B854E81CAAB7806D5E4F103E55D33C16F3FAC506D1AB172DE8600B37E43FAD&
fromtag=46'
         audioCtx.onPlay(() => {
           console.log('开始播放')
         })
         audioCtx.onPause(() => {
           console.log("暂停播放")
```

```
        })
        audioCtx.onStop(() => {
          console.log("停止播放")
        })
        audioCtx.onEnded(() => {
          console.log("自然播放结束")
        })
        audioCtx.onTimeUpdate(() => {
          console.log("监听音频播放进度更新", audioCtx.currentTime)
        })
        audioCtx.onSeeking(() => {
          console.log("音频进行跳转操作")
        })
        audioCtx.onSeeked(() => {
          console.log("音频完成后跳转操作")
        })
        audioCtx.onError((res) => {
          console.log(res.errMsg)
          console.log(res.errCode)
        })
    },
    audioPlay: function () {
      audioCtx.play()
    },
    audioPause: function () {
      audioCtx.pause()
    },
    audioStop:function(){
      audioCtx.stop()
    },
    audio60: function () {
      audioCtx.seek(60)
    },
    audioStart: function () {
      audioCtx.seek(0)
    },
    onUnload: function () {
      audioCtx.destroy();
    },
})
```

5.2.2 视频

小程序提供了 3 个调用视频的 API：wx.saveVideoToPhotosAlbum、wx.chooseVideo 和 wx.createVideoContext。

1. wx.saveVideoToPhotosAlbum

该 API 用于保存视频到系统相册中，调用该接口前需要用户授权（scope.writePhotosAlbum）。其 Object 参数说明如表 5-10 所示。

表 5-10　Object 参数说明

参数名	类型	必填	说明
filePath	string	是	视频文件路径，可以是临时文件路径也可以是永久文件路径
success	function	否	接口调用成功的回调函数
fail	function	否	接口调用失败的回调函数
complete	function	否	接口调用结束的回调函数（调用成功、失败都会执行）

2. wx.chooseVideo

该 API 用于拍摄视频或从手机相册中选取视频，其 Object 参数说明如表 5-11 所示。

表 5-11 Object 参数说明

参数名	类型	默认值	必填	说明
sourceType	array	['album','camera']	否	选择视频的来源。album 表示从相册选择视频，camera 表示使用相机拍摄视频
compressed	boolean	true	否	是否压缩所选择的视频文件
maxDuration	number	60	否	视频最长拍摄时间，单位为 s
camera	string	'back'	否	设置默认拉起的是前置或后置摄像头。部分 Android 手机下由于系统 ROM 不支持无法生效。back 指默认拉起后置摄像头。front 指默认拉起前置摄像头
success	function		否	接口调用成功的回调函数，如表 5-12 所示
fail	function		否	接口调用失败的回调函数
complete	function		否	接口调用结束的回调函数（调用成功、失败都会执行）

表 5-12 success 回调函数的 Object 参数说明

参数名	类型	说明
tempFilePath	string	选定视频的临时文件路径
duration	number	选定视频的时间长度
size	number	选定视频的数据量大小
height	number	返回选定视频的高度
width	number	返回选定视频的宽度

3. wx.createVideoContext

该 API 用于创建播放视频的实例，会返回 VideoContext 对象。其中参数 id 是 video 组件的 id，context 是当前实例的上下文，用来操作 video 组件。返回的 VideoContext 对象自带很多方法，用来控制视频播放、停止等操作，具体如表 5-13 所示。

表 5-13 VideoContext 对象的方法

方法名称	说明
VideoContext.play()	播放视频
VideoContext.pause()	暂停视频
VideoContext.stop()	停止视频
VideoContext.seek(number position)	跳转到指定位置。position 单位为 s
VideoContext.sendDanmu(Object data)	播放视频，可以显示弹幕。其 data 参数包括 text（弹幕文字）以及 color（弹幕颜色）
VideoContext.playbackRate(number rate)	设置倍速播放。rate 是可设置的倍率，支持 0.5、0.8、1.0、1.25、1.5 几种不同的倍率

续表

方法名称	说明
VideoContext.requestFullScreen(Object object)	进入全屏，object 参数有一个 direction 属性，它表示设置全屏时视频的方向，合法值有 0（正常竖向）、90（屏幕逆时针 90°）、-90（屏幕顺时针 90°），如果不指定则根据宽高比自动判断
VideoContext.exitFullScreen()	退出全屏
VideoContext.showStatusBar()	显示状态栏，仅在 iOS 全屏下有效
VideoContext.hideStatusBar()	隐藏状态栏，仅在 iOS 全屏下有效

下面结合 video 组件，使用 wx.createVideoContext 接口创建一个播放视频实例，使用 wx.chooseVideo 接口从手机相册中选择一个视频进行播放。示例代码如下。

```
//video.wxml 文件
<view class="section tc">
  <video src="{{src}}"  controls ></video>
  <view class="btn-area">
    <button bindtap="bindButtonTap">获取视频</button>
  </view>
</view>

<view class="section tc">
   <video id="myVideo" src="http://wxsnsdy.tc.qq.com/105/20210/snsdyvideodownload?filekey=30280201010421301f0201690402534804102ca905ce620b1241b726bc41dcff44e00204012882540400&bizid=1023&hy=SH&fileparam=302c020101042530230204136ffd93020457e3c4ff02024ef202031e8d7f02030f42400204045a320a0201000400" danmu-list="{{danmuList}}" enable-danmu danmu-btn controls></video>
   <view class="btn-area">
     <input bindblur="bindInputBlur" placeholder='请输入字幕'/>
     <button bindtap="bindSendDanmu">发送弹幕</button>
   </view>
</view>
//video.js 文件
//用于随机字幕颜色
function getRandomColor() {
  let rgb = []
  for (let i = 0; i < 3; ++i) {
     let color = Math.floor(Math.random() * 256).toString(16)
     color = color.length == 1 ? '0' + color : color
     rgb.push(color)
  }
  return '#' + rgb.join('')
}
Page({
  data: {
    src: '',
    danmuList: [
      {
        text: '第 1s 出现的弹幕',
        color: '#ff0000',
        time: 1
      },
      {
        text: '第 3s 出现的弹幕',
        color: '#ff00ff',
        time: 3
```

```
      }]
    },
    /**
     * 生命周期函数:监听页面初次渲染完成
     */
    onReady: function (res) {
      this.videoContext = wx.createVideoContext('myVideo')
    },
    inputValue: '',
    bindInputBlur(e) {
      this.inputValue = e.detail.value
    },
    bindButtonTap: function () {
      var that = this
      wx.chooseVideo({
        sourceType: ['album', 'camera'],
        maxDuration: 60,
        camera: ['front', 'back'],
        success: function (res) {
          that.setData({
            src: res.tempFilePath
          })
        }
      })
    },
    bindSendDanmu() {
      this.videoContext.sendDanmu({
        text: this.inputValue,
        color: getRandomColor()
      })
    },
  })
```

5.2.3 相机

小程序不仅能够播放视频，还可以直接调用相机进行拍照和摄像。方法是通过 wx.createCameraContext 接口创建一个 CameraContext 实例与页面内唯一的 camera 组件进行绑定，然后通过 CameraContext.takePhoto、CameraContext.startRecord 及 CameraContext.stopRecord 这 3 个方法来操作对应的 camera 组件。

1. CameraContext.takePhoto

该 API 是拍摄照片的接口，用来调用相机拍摄照片。其 Object 参数说明如表 5-14 所示。

表 5-14 Object 参数说明

参数名	类型	默认值	必填	说明
quality	string	normal	否	成像质量。high 为高质量，normal 为普通质量，low 为低质量
success	function		否	接口调用成功的回调函数。成功后会返回一个对象参数，里面包含照片文件的临时路径（tempImagePath）
fail	function		否	接口调用失败的回调函数
complete	function		否	接口调用结束的回调函数（调用成功、失败都会执行）

2. CameraContext.startRecord

该 API 是开始录像的接口，用来调用相机开始录像。其 Object 参数说明如表 5-15 所示。

表 5-15 Object 参数说明

参数名	类型	必填	说明
timeoutCallback	function	否	超过 30s 或页面 onHide 时会结束录像
success	function	否	接口调用成功的回调函数。成功后会返回一个对象参数，里面包含封面图片文件的临时路径（tempThumbPath）、视频文件的临时路径（tempVideoPath）
fail	function	否	接口调用失败的回调函数
complete	function	否	接口调用结束的回调函数（调用成功、失败都会执行）

3. CameraContext.stopRecord

该 API 用于结束录像，其 Object 参数说明如表 5-16 所示。

表 5-16 Object 参数说明

参数名	类型	必填	说明
success	function	否	接口调用成功的回调函数。成功后会返回一个对象参数，里面包含封面图片文件的临时路径（tempThumbPath）、视频文件的临时路径（tempVideoPath）
fail	function	否	接口调用失败的回调函数
complete	function	否	接口调用结束的回调函数（调用成功、失败都会执行）

示例代码如下。

```
//camera.wxml 文件
<view class="page-body">
  <view class="page-body-wrapper">
    <camera device-position="back" flash="off" binderror="error" style="width: 100%; height: 300px;"></camera>
    <view class="btn-area">
      <button type="primary" bindtap="takePhoto">拍照</button>
    </view>
    <view class="btn-area">
      <button type="primary" bindtap="startRecord">开始录像</button>
    </view>
    <view class="btn-area">
      <button type="primary" bindtap="stopRecord">结束录像</button>
    </view>
    <view class="preview-tips">预览</view>
    <image wx:if="{{src}}" mode="widthFix" src="{{src}}"></image>
    <video wx:if="{{videoSrc}}" class="video" src="{{videoSrc}}"></video>
  </view>
</view>
//camera.js
Page({
  onLoad() {
    this.ctx = wx.createCameraContext()
  },
  takePhoto() {
    this.ctx.takePhoto({
      quality: 'high',
      success: (res) => {
        this.setData({
          src: res.tempImagePath
```

```
        })
      }
    })
  },
  startRecord() {
    this.ctx.startRecord({
      success: (res) => {
        console.log('startRecord')
      }
    })
  },
  stopRecord() {
    this.ctx.stopRecord({
      success: (res) => {
        this.setData({
          src: res.tempThumbPath,
          videoSrc: res.tempVideoPath
      })
      }
    })
  },
  error(e) {
    console.log(e.detail)
  }
})
```

5.2.4 图片

上传、下载、读取手机相册图片，保存图片到手机相册都是很常用的功能，针对这些功能小程序直接提供了现成可用的 API。

1. wx.chooseImage

该 API 用于从本地相册选择图片或使用相机拍照，其 Object 参数说明如表 5-17 所示。

表 5–17 Object 参数说明

参数名	类型	默认值	必填	说明
count	number	9	否	最多可以选择的图片张数
sizeType	array	['original','compressed']	否	所选的图片的尺寸。orginal 为原图，compressed 为压缩图
sourceType	array	['album','camera']	否	选择图片的来源。album 表示从相册选图，camera 表示使用相机拍照
success	function		否	接口调用成功的回调函数。success 会返回一个对象参数，里面包含一个图片的本地临时文件路径列表 tempFilePaths 和图片的本地临时文件列表 tempFiles
fail	function		否	接口调用失败的回调函数
complete	function		否	接口调用结束的回调函数（调用成功、失败都会执行）

2. wx.previewImage

该 API 用于在新页面中全屏预览图片。预览的过程中用户可以进行保存图片、把图片发送给朋友等操作，其 Object 参数说明如表 5-18 所示。

表 5-18　Object 参数说明

参数名	类型	默认值	必填	说明
urls	array		是	需要预览的图片链接列表
current	string	urls 的第一张	否	当前显示图片的链接
success	function		否	接口调用成功的回调函数
fail	function		否	接口调用失败的回调函数
complete	function		否	接口调用结束的回调函数（调用成功、失败都会执行）

3. wx.getImageInfo

该 API 用于获取图片信息，若为网络图片，则需要在微信公众平台配置一下 download 域名才能生效。其 Object 参数说明如表 5-19 所示。

表 5-19　Object 参数说明

参数名	类型	必填	说明
src	string	是	图片的路径，可以是相对路径、临时文件路径、存储文件路径、网络图片路径
success	function	否	接口调用成功的回调函数
fail	function	否	接口调用失败的回调函数
complete	function	否	接口调用结束的回调函数（调用成功、失败都会执行）

如果接口调用成功会返回一个 Object 数据，里面包含的信息如表 5-20 所示。

表 5-20　Object 数据说明

属性名	类型	说明
width	number	图片原始宽度，单位为 px。不考虑旋转
height	number	图片原始高度，单位为 px。不考虑旋转
path	string	图片的本地路径
orientation	string	拍照时的设备方向，如表 5-21 所示
type	string	图片格式

表 5-21　orientation 值说明

属性名	说明
up	默认方向（手机横持拍照），对应可交换图像文件格式（Exif）中的 1，或无 orientation 信息
up-mirrored	同 up，但镜像翻转，对应 Exif 中的 2
down	旋转 180°，对应 Exif 中的 3
down-mirrored	同 down，但镜像翻转，对应 Exif 中的 4
left-mirrored	同 left，但镜像翻转，对应 Exif 中的 5

续表

属性名	说明
right	逆时针旋转 90°，对应 Exif 中的 6
right-mirrored	同 right，但镜像翻转，对应 Exif 中的 7
left	逆时针旋转 90°，对应 Exif 中的 8

图片示例如图 5-4 所示。

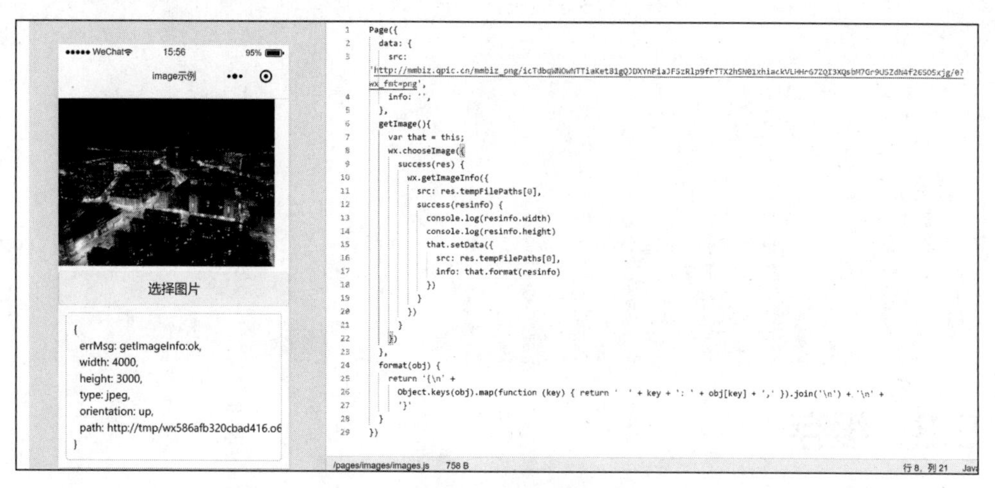

图5-4 图片示例

示例代码如下。

```
//images.wxml
<view class="weui-panel">
  <view class="weui-panel__hd"></view>
  <view class="weui-panel__bd">
    <image mode='widthFix' src="{{src}}" style='width: 300px;'></image>
    <button bindtap="getImage">选择图片</button>
  </view>
  <view class="weui-panel__ft"></view>
</view>
<view wx:if="{{!!info}}" class='result'>
  <text space="nbsp">{{info}}</text>
</view>
//images.wxss
.result {
   overflow-x: scroll;
   margin: 10px;
   padding: 10px;
   font-size: 14px;
   border-radius: 5px;
   border: 1px solid #DDD;
}
//images.js
Page({
  data: {
    src: 'http://mmbiz.qpic.cn/mmbiz_png/icTdbqWNOwNTTiaKet81gQJDXYnPiaJFSzRlp9
frTTX2hSN01xhiackVLHHrG7ZQI3XQsbM7Gr9USZdN4f26SO5xjg/0?wx_fmt=png',
    info: '',
  },
  getImage(){
```

```
      var that = this;
      wx.chooseImage({
        success(res) {
          wx.getImageInfo({
            src: res.tempFilePaths[0],
            success(resinfo) {
              console.log(resinfo.width)
              console.log(resinfo.height)
              that.setData({
                src: res.tempFilePaths[0],
                info: that.format(resinfo)
              })
            }
          })
        }
      })
    },
    format(obj) {
      return '{\n' +
        Object.keys(obj).map(function (key) { return '  ' + key + ': ' + obj[key] +
',' }).join('\n') + '\n' +
        '}'
    }
  })
```

5.3 缓存

缓存是日常开发中常用的功能，小程序提供了缓存 API——Storage，分为同步方法与异步方法两种。其中，同步方法会阻塞当前任务，直到同步方法处理返回，异步方法不会阻塞当前任务。Storage 为单个用户提供 10MB 的存储空间。

5.3.1 wx.setStorage

该 API 用于将数据存储在本地缓存指定的 key 中，会覆盖原来的 key 对应的内容。其 Object 参数说明如表 5-22 所示。

表 5-22 Object 参数说明

属性名	类型	必填	说明
key	string	是	本地缓存中指定的 key
data	object/string	是	需要存储的内容
success	function	否	接口调用成功的回调函数
fail	function	否	接口调用失败的回调函数
complete	function	否	接口调用结束的回调函数（调用成功、失败都会执行）

示例代码如下。

```
//setStorage.wxml
<view class="page-body">
  <view class="page-section">
    <view class="weui-cells weui-cells_after-title">
      <view class="weui-cell weui-cell_input">
        <input class="weui-input" bindinput="bindDataInput"  placeholder="输入存储缓
```

```
存的数据" />
        </view>
      </view>
    </view>
    <view class="page-section" style='margin-top:30rpx'>
        <view class="weui-cell weui-cell_input">
          <button bindtap="setStorage" size="mini">保存到 Storage</button>
        </view>
    </view>
  </view>
  //setStorage.js
  Page({
    data: {
      inputdata : ""
    },
    bindDataInput: function(e){
      this.data.inputdata = e.detail.value;
    },
    setStorage: function(){
      wx.setStorage({
        key: 'demo1',
        data: this.data.inpudata,
        success: function (res) {
          console.log('异步保存成功', res)
        }
      })
    }
  })
```

5.3.2 wx.setStorageSync

该 API 是 wx.setStorage 的同步版本，其参数中的 key 是缓存中的 key，data 是需要存储的数据内容。该 API 的使用方法简单，示例代码如下。

```
wx.setStorageSync('demo1', 'data1')
```

5.3.3 wx.getStorage

该 API 用于从本地缓存中异步获取指定 key 的内容，其参数说明如表 5-23 所示。

表 5-23 wx.getStorage 参数说明

属性名	类型	必填	说明
key	string	是	本地缓存中指定的 key
success	function	否	接口调用成功的回调函数。成功后 success 函数会返回一个 Object/string 数据，它就是 key 对应的内容
fail	function	否	接口调用失败的回调函数
complete	function	否	接口调用结束的回调函数（调用成功、失败都会执行）

示例代码如下。

```
//getStorage.wxml
<view class="page-body">
  <view class="page-section">
      <view class="weui-cell weui-cell_input">
        <button bindtap="getStorage" >获取指定 key 中数据</button>
      </view>
  </view>
```

```
    <view class="page-section" style='margin-top:30rpx'>
      <view class="weui-cells weui-cells_after-title">
        <view class="weui-cell weui-cell_input">
          <input class="weui-input" placeholder="显示缓存数据" value="{{keydata}}"/>
        </view>
      </view>
    </view>
</view>
//getStorage.js
Page({
  data: {
    keydata : ""
  },
  getStorage: function(){
    var that = this;
    wx.getStorage({
      key : 'demo1',
      success : function(res){
        that.setData({
          keydata : res.data
        })
      }
    })
  }
})
```

5.3.4 wx.getStorageSync

该 API 是 wx.getStorage 的同步版本，其参数中的 key 是缓存中的 key，返回值为 string 或 object 类型。该 API 的使用方法很简单，示例代码如下。

```
var data = wx.getStorageSync('demo1')
```

5.3.5 wx.removeStorage

该 API 用于从本地缓存中移除指定 key 以及对应的缓存数据。其参数说明如表 5-24 所示。

表 5-24　wx.removeStorage 参数说明

属性名	类型	必填	说明
key	string	是	本地缓存中指定的 key
success	function	否	接口调用成功的回调函数
fail	function	否	接口调用失败的回调函数
complete	function	否	接口调用结束的回调函数（调用成功、失败都会执行）

示例代码如下。

```
wx.removeStorage({
  key : 'demo1',
  success : function(res){
    console.log("移除 key 为 demo1 的缓存成功")
  }
})
```

5.3.6 wx.removeStorageSync

该 API 是 wx.removeStorage 的同步版本，其参数 key 是缓存中对应的 key。示例代码如下。

```
wx.removeStorageSync('demo1')
```

5.3.7 wx.clearStorage

该 API 用于清空本地缓存。其参数说明如表 5-25 所示。

表 5-25　wx.clearStorage 参数说明

属性名	类型	必填	说明
success	function	否	接口调用成功的回调函数
fail	function	否	接口调用失败的回调函数
complete	function	否	接口调用结束的回调函数（调用成功、失败都会执行）

示例代码如下。

```
wx.clearStorageSync ()
```

5.3.8 wx.clearStorageSync

该 API 是 wx.clearStorage 的同步版本。示例代码如下。

```
wx.clearStorageSync()
```

5.3.9 wx.getStorageInfo

该 API 用于获取本地缓存信息，返回值包含了当前缓存中的所有 key、当前占用的空间大小及限制的空间大小。其参数说明如表 5-26 所示。

表 5-26　wx.getStorageInfo 参数说明

属性名	类型	必填	说明
success	function	否	接口调用成功的回调函数。成功后会返回 object 参数，包含当前 storage 中所有的 key（keys）；当前占用的空间大小，单位为 KB（currentSize）；限制的空间大小，单位为 KB（limitSize）
fail	function	否	接口调用失败的回调函数
complete	function	否	接口调用结束的回调函数（调用成功、失败都会执行）

示例代码如下。

```
wx.getStorageInfo({
  success : function(res){
    console.log("当前 storage 中所有 key: ",res.keys)
    console.log("当前所占用空间: ",res.currentSize)
    console.log("限制的空间大小: ",res.limitSize)
  }
})
```

5.3.10 wx.getStorageInfoSync

该 API 用于 wx.getStorageInfo 的同步版本。示例代码如下。

```
var obj = wx.getStorageInfoSync()
```

5.4 位置

在某些小程序使用场景中，需要使用位置信息来实现一些功能，如寻找附近的店铺，获取用户当前实时位置等。为实现这些功能，小程序提供了获取当前位置以及监听实时地理位置变化的 API。

5.4.1 获取当前位置API

获取当前位置的 API 包括获取位置 API——wx.getLocation、查看位置 API——wx.openLocation、选择位置 API——wx.chooseLocation。

1. wx.getLocation

该 API 用于获取当前的地理位置。当用户离开小程序后，此 API 无法调用。开启高度精度定位后，API 耗时会增加，这时可以设定 API 中的 highAccuracyExpireTime 参数作为超时时间。其参数说明如表 5-27 所示。

表 5-27　wx.getLocation 参数说明

属性名	类型	默认值	必填	说明
type	string	wgs84	否	wgs84 表示返回的是导航系统的坐标。GCJ02 是由我国制订的地理信息系统的坐标系统，它采用一种对经纬度数据加密的算法，即加入随机的偏差。国内的各种地图系统必须至少采用 GCJ02。wx.openLocation 使用的坐标也需要是 GCJ02 形式的
altitude	string	false	否	传入 true 会返回高度信息，但由于获取高度需要较高的精确度，因此会减慢 API 返回的速度
isHighAccuracy	boolean	false	否	开启高精度定位
highAccuracyExpireTime	number		否	高精度定位超时时间（ms），指定时间内返回最高精度，该值在 3 000ms 以上高精度定位才有效果
success	function		否	接口调用成功的回调函数
fail	function		否	接口调用失败的回调函数
complete	function		否	接口调用结束的回调函数（调用成功、失败都会执行）

当 API 调用成功后会返回经纬度、速度等信息，具体如表 5-28 所示。

表 5-28　success 返回值说明

属性名	类型	说明
latitude	number	纬度，范围为-90°～90°，负数表示南纬
longitude	number	经度，范围为-180°～180°，负数表示西经
speed	number	速度，单位为 m/s
accuracy	number	位置的精确度
altitude	number	高度，单位为 m
verticalAccuracy	number	垂直精度，单位为 m（Android 无法获取，返回 0）
horizontalAccuracy	number	水平精度，单位为 m

示例代码如下。

```
var that = this;
     wx.getLocation({
       type: 'wgs84',
       success(res) {
         that.setData({
           latitude: res.latitude,
           longitude: res.longitude,
           speed: res.speed,
           accuracy: res.accuracy,
           altitude: res.altitude,
           verticalAccuracy: res.verticalAccuracy,
           horizontalAccuracy: res.horizontalAccuracy
       })
     }
})
```

调用 API 成功后的返回形式如图 5-5 所示。

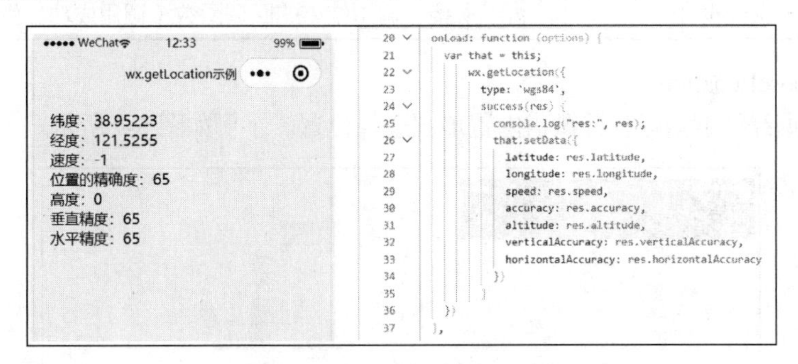

图5-5　wx.getLocation示例

2. wx.openLocation

该 API 根据 wx.getLocation 返回的坐标，调出微信内置地图查看位置。示例如图 5-6 所示。

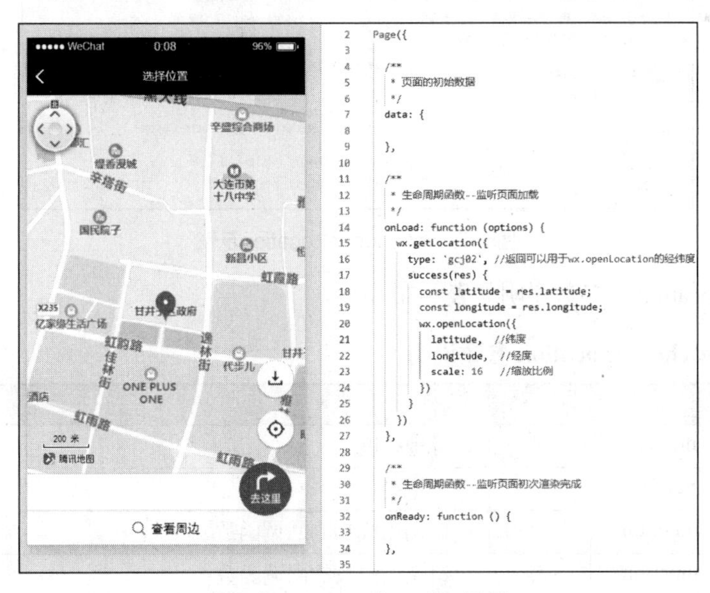

图5-6　wx.openLocation示例

wx.openLocation 的参数说明如表 5-29 所示。

表 5-29 wx.openLocation 参数说明

属性名	类型	默认值	必填	说明
latitude	number		是	纬度,范围为-90°～90°,负数表示南纬。需要使用 GCJ02 坐标系
longitude	number		是	经度，范围为-180°～180°，负数表示西经。需要使用 GCJ02 坐标系
scale	number	18	否	缩放比例，范围为-5°～18°
name	string		否	位置名
address	string		否	地址的详细说明
success	function		否	接口调用成功的回调函数
fail	function		否	接口调用失败的回调函数
complete	function		否	接口调用结束的回调函数（调用成功、失败都会执行）

3. wx.chooseLocation

该 API 根据经纬度坐标打开微信内置地图选择位置。示例如图 5-7 所示。

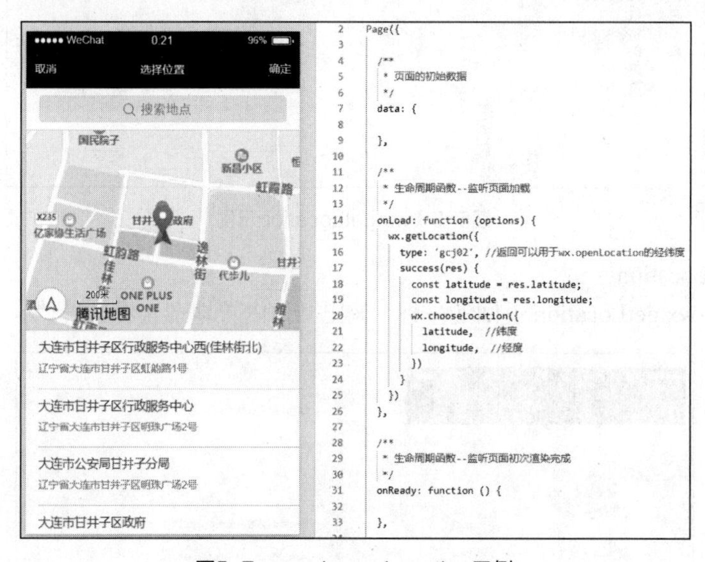

图5-7 wx.chooseLocation示例

wx.chooseLocation 的参数说明如表 5-30 所示。

表 5-30 wx.chooseLocation 参数说明

属性名	类型	必填	说明
latitude	number	是	目标地纬度
longitude	number	是	目标地经度
success	function	否	接口调用成功的回调函数
fail	function	否	接口调用失败的回调函数
complete	function	否	接口调用结束的回调函数（调用成功、失败都会执行）

5.4.2 监听实时地理位置变化API

监听实时地理位置变化 API 最常用的应用场景就是查看外卖骑手实时位置，包括 wx.startLocationUpdate、wx.startLocationUpdateBackground、wx.stopLocationUpdate、wx.onLocationChange、wx.offLocationChange 等 API。需要注意的是，这些 API 需要在真机上调试才能看到效果。

1. wx.startLocationUpdate

该 API 用于开启接收位置消息功能，以供 wx.onLocationChange 使用。示例代码如下。

```
wx.startLocationUpdate({
    success(res){
          //如果成功会输出"errMsg:startLocationUpdate:ok"
    },
     fail(err){ },
     complete(){}
})
```

2. wx.startLocationUpdateBackground

与上一个 API 功能相同，用于开启接收位置消息功能，只不过该 API 无论小程序在前台运行还是进入后台运行均可接收位置变化消息。示例代码如下。

```
wx.startLocationUpdateBackground({
    success(res){
          //如果成功会输出"errMsg:startLocationUpdateBackgroud:ok"
   },
    fail(err){ },
    complete(){}
})
```

3. wx.stopLocationUpdate

关闭前后台监听实时位置变化。示例代码如下。

```
wx.stopLocationUpdate({
    success(res){
    },
     fail(err){ },
     complete(){}
})
```

4. wx.onLocationChange

当接收位置消息功能开启后，该 API 就可以实时监听地址位置的变化。示例代码如下。

```
var that = this;
     wx.startLocationUpdate({
       success(res){
         console.log("开启小程序接收消息", res);
         wx.onLocationChange(function(v){
           console.log("实时监听返回的数据", v);
         })
       },fail(e){
       }
 })
```

该 API 返回的参数如表 5-31 所示。

表 5-31 wx.onLocationChange 的返回参数说明

属性名	类型	说明
latitude	number	纬度，范围为-90°～90°，负数表示南纬
longitude	number	经度，范围为-180°～180°，负数表示西经

续表

属性名	类型	说明
speed	number	速度，单位为 m/s
accuracy	number	位置的精确度
altitude	number	高度，单位为 m
verticalAccuracy	number	垂直精度，单位为 m（Android 无法获取，返回 0）
horizontalAccuracy	number	水平精度，单位为 m

5. wx.offLocationChange

该 API 用于取消实时监听地址位置变化。示例代码如下。

```
wx.offLocationChange(function(v){})
```

本章小结

本章介绍了小程序提供的常用API。通过对这些API的学习，读者应该初步具备查阅小程序官方API文档进行应用的能力。

小程序提供的API主要如下。

小程序API：

- **路由API**：用于页面跳转。如wx.switchTab、wx.redirectTo、wx.navigateTo等（第4章有介绍）
- **网络API**：用于与开发者或第三方服务器进行通信，包括发起HTTP请求和文件的上传与下载。如wx.request、wx.downloadFile、wx.connectSocket等
- **媒体API**：用于对音频、视频、相机、图片等的管理。如wx.saveVideoToPhotosAlbum、wx.chooseVideo等
- **缓存API**：用于对本地缓存进行设置、获取和清空，包括存储、获取、删除、清空以及存储信息的获取等。如wx.setStorage、wx.clearStorageSync等
- **位置API**：用于获取、查看位置以及通过地图组件实现地图中心坐标的获取、位置移动、动画标记、视野缩放等功能。如wx.getLocation等

习　题

一、选择题

1. wx.request中的success称为回调函数。关于回调函数，以下说法不正确的是（　　）。

   A. 当接口调用失败时，进入fail回调函数

   B. 只有statusCode为200时，才进入success回调函数

   C. 只有statusCode为220时，才进入success回调函数

   D. 无论接口调用成功与否，都可以进入complete回调函数

2. 下面不属于小程序媒体API 的功能范畴的是（　　）。

A. 音频管理　　B. 文档管理　　C. 图片管理　　D. 视频管理

3. 在缓存API中，wx.getStorageSync代表的含义是（　　）。

A. 异步的　　B. 同步的　　C. 无意义　　D. 都不正确

4. 用于打开地图查看指定位置API的是（　　）。

A. wx.readLocation　　B. wx.findLocation

C. wx.openLocation　　D. wx.checkLocation

二、实践题

1. 根据本章内容，继续完善"爱电影"小程序项目，实现从手机相册中选择图片和图片上传功能。
2. 根据"爱电影"小程序项目中"创建电影"页面，实现一个HTTP请求功能。

06 第 6 章　云开发

小程序云开发为开发者提供了云函数、数据库、文件存储、HTTP API 等基础服务器端能力，让开发者无须搭建服务器，只专注于小程序业务开发，弱化了服务器端的开发以及运维概念。

6.1　云开发能力介绍

云开发的云函数、数据库、文件存储、HTTP API 这四大能力为开发者提供了服务器端代码运行环境、数据存储、资源存储以及鉴权的开发能力。具体如表 6-1 所示。

表 6-1　云开发能力介绍

能力	作用	说明
云函数	无须开发者搭建服务器	一个基于 Node.js 的运行环境的代码，而且拥有微信私有协议的天然鉴权功能，开发者只需要编写自身业务逻辑代码即可
数据库	提供了一个 JSON 数据库功能，无须开发者自建数据库	该 JSON 数据库既可以在小程序端直接使用，也可以在云函数中调用
文件存储	提供资源存储能力，而且自带内容分发网络（CDN）功能	开发者无须购买文件服务器端和 CDN。而且该存储小程序端可以直接使用，提供云开发控制台可视化管理
HTTP API	提供小程序外访问云开发资源能力	该内容不在本书讨论范围内，如有需要请查看微信官方文档

6.1.1　云函数

云函数是在云端（服务器端）运行的函数。开发者无须购买、搭建服务器，只需要编写函数代码，然后上传到云端就可以在小程序端调用，同时云函数之间也可以相互调用。云函数会占用一定量的 CPU、内存等计算资源，同时云开发有一定的资源配额限制，具体资源配额请参考官方文档。

云函数运行在 Node.js 环境中，所以开发者可以使用 JS 来开发云函数，还可以通过云函数后端 SDK 搭配使用多种服务，如使用云函数 SDK 中提供的数据库、存储 API 进行数据库和存储的操作。另外，云函数的独特优势在于与微信登录鉴权的无缝整合。当小程序端调用云函数时，云函数的传入参数中会被注入小程序端用户的 openid，开发者可以直接使用而无须校验 openid 的正确性，因为微信已经完成了这部分鉴权工作。

1. 云函数示例

在第 2 章我们已经了解了云函数的简单应用，本小节将继续通过第 2 章示例来详细介绍云函数的使用方法。在该示例中有一个获取用户 openid 的云函数 login，如图 6-1 所示。

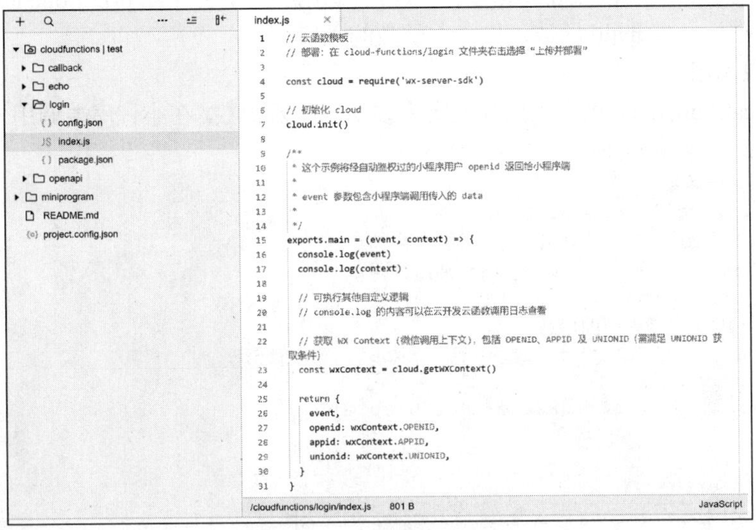

图6-1 云函数login

示例代码如下。

```
// 云函数模板
// 部署：在 cloud-functions/login 文件夹右击选择“上传并部署”

const cloud = require('wx-server-sdk')

// 初始化 cloud
cloud.init()

/**
 * 这个示例将经自动鉴权过的小程序用户 openid 返回给小程序端
 *
 * event 参数包含小程序端调用传入的 data
 *
 */
exports.main = (event, context) => {
  console.log(event)
  console.log(context)

  // 可执行其他自定义逻辑
  // console.log 的内容可以在云开发云函数调用日志中查看

  // 获取 WX Context (微信调用上下文)，包括 OPENID、APPID 及 UNIONID (需满足 UNIONID 获取条件)
  const wxContext = cloud.getWXContext()

  return {
    event,
    openid: wxContext.OPENID,
```

```
    appid: wxContext.APPID,
    unionid: wxContext.UNIONID,
  }
}
```

代码解释如下。

在云函数中，开发者可以使用 wx-server-sdk 获取用户的登录状态（openid）。使用 wx-server-sdk 之前，首先要通过 require('wx-server-sdk')将其引入所开发的云函数，然后通过 wx-server-sdk 提供的 getWXContext()来获取每次调用的上下文（AppID、openid）等信息。每个云函数都有唯一一个 main 函数，作为云函数的入口。

2. 云函数调用

wx.cloud.callFunction()用于调用开发者需要使用的云函数。在小程序端调用云函数 login 获取用户的 openid 的示例代码如下。

```
// 调用云函数
wx.cloud.callFunction({
  name: 'login',   //调用的云函数名称
  data: {},        //向云函数传递的数据
  success: res => {
    //调用云函数返回的信息
    app.globalData.openid = res.result.openid;
    wx.navigateTo({
      url: '../userConsole/userConsole',
    })
  },
  fail: err => {
    console.error('[云函数] [login] 调用失败', err)
    wx.navigateTo({
      url: '../deployFunctions/deployFunctions',
    })
  }
})
```

3. 创建与部署云函数

在熟悉了云函数及云函数的调用后，我们再新建一个可传参的云函数 sum，并进行部署。

首先在项目根目录中找到 project.config.json 文件，指定本地已存在的目录作为云函数的本地根目录，这里系统默认目录为 cloudfunctions，如图 6-2 所示。

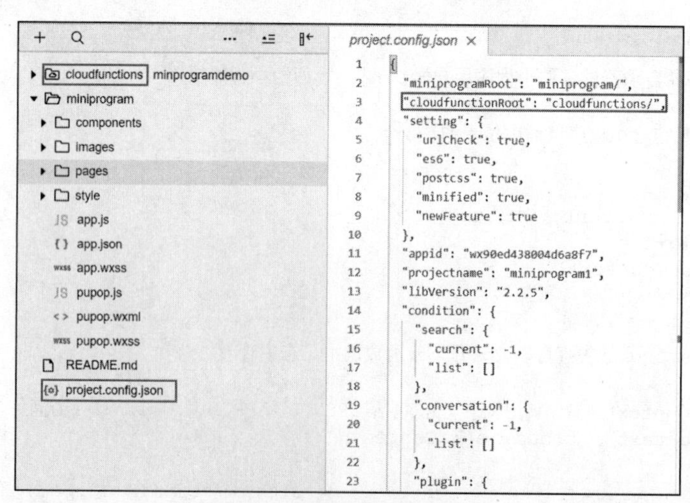

图6-2 指定云函数本地目录

然后在 cloudfunctions 目录上单击鼠标右键，选择“新建 Node.js 云函数”，新建名为 sum 的云函数，如图 6-3 所示。

cloudfunctions | test
callback
echo
login
openapi
sum
index.js
package.json
miniprogram
README.md
project.config.json

index.js

```
1   // 云函数入口文件
2   const cloud = require('wx-server-sdk')
3
4   cloud.init()
5
6   // 云函数入口函数
7   exports.main = async (event, context) => {
8     const wxContext = cloud.getWXContext()
9
10    return {
11      event,
12      openid: wxContext.OPENID,
13      appid: wxContext.APPID,
14      unionid: wxContext.UNIONID,
15    }
16  }
```

图6-3　新建云函数sum

云函数 sum 的功能为，小程序向云函数传递两个值 a 和 b，然后在云函数 sum 中返回这两个数之和。示例代码如下。

```
// 云函数入口文件
const cloud = require('wx-server-sdk')

cloud.init()

// 云函数入口函数
exports.main = async (event, context) => {
  return {
    sum: event.a + event.b
  }
}
```

代码写完后需要进行云函数的部署。在云函数 sum 目录上单击鼠标右键，选择“上传并部署：云端安装依赖（不上传 node_modules）”选项，如图 6-4 所示。

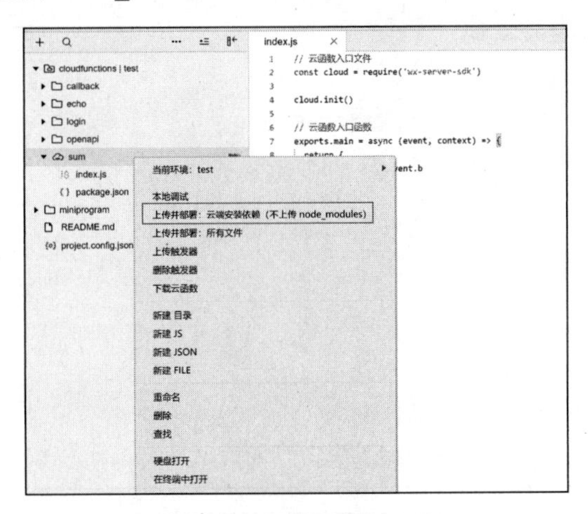

图6-4　部署云函数sum

如果部署成功会出现图 6-5 所示的弹窗。

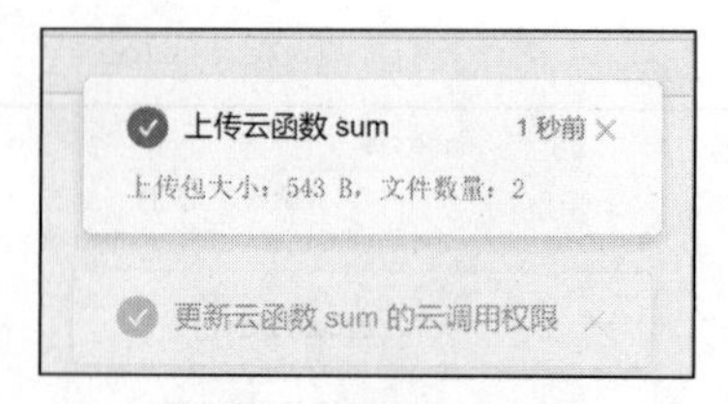

图6-5　部署成功界面

下面在小程序端调用云函数 sum，示例代码如下。

```
testFunction() {
    wx.cloud.callFunction({
      name: 'sum',
      data: {
        a: 1,
        b: 2
      },
      success: res => {
        wx.showToast({
          title: '调用成功',
      })
        this.setData({
          result: JSON.stringify(res.result)
      })
      },
        fail: err => {
        wx.showToast({
          icon: 'none',
          title: '调用失败',
        })
        console.error('[云函数] [sum] 调用失败：', err)
    }
  })
}
```

4. 监控与测试云函数

在微信开发者工具的云开发控制台，选中“云函数”，即可看到图 6-6 所示的所有已部署的云函数列表。

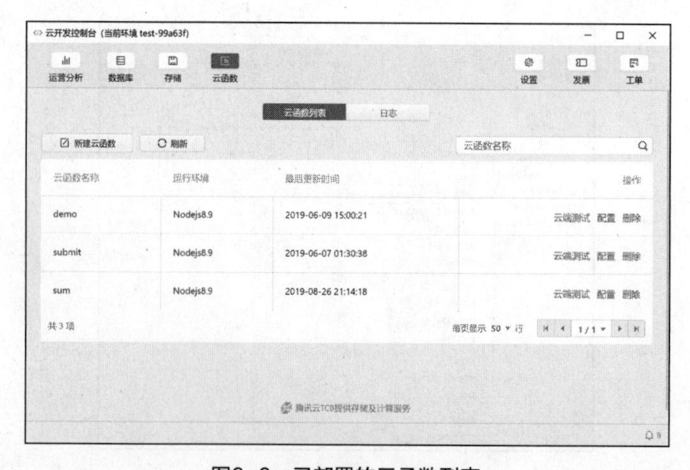

图6-6　已部署的云函数列表

在云开发控制台中可以新建云函数，也可以测试云函数，如测试刚才发布的云函数 sum，可单击“云端测试”，出现图 6-7 所示的界面。

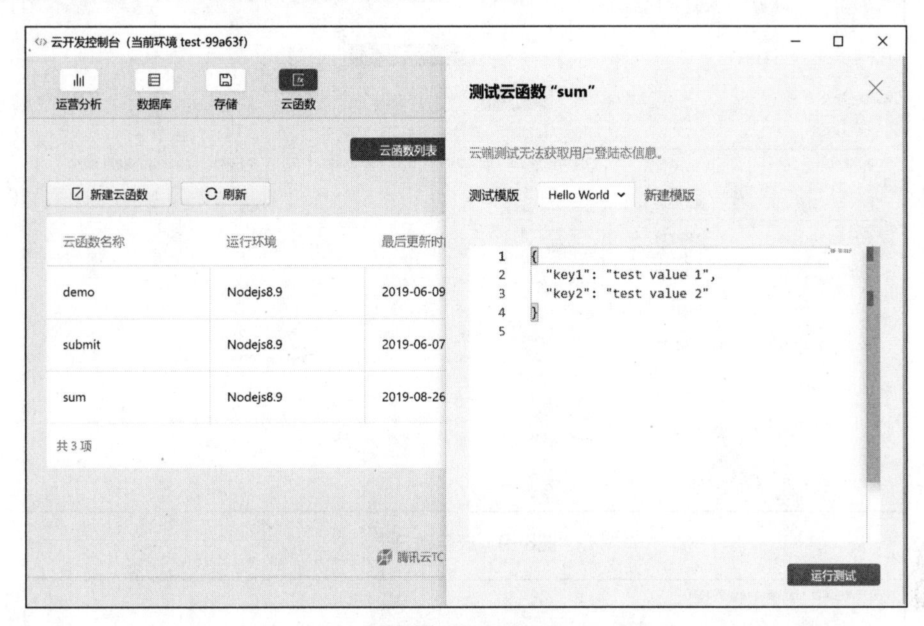

图6-7 云端测试模板

如图 6-8 所示，按照云函数需要的参数修改测试模板数据，然后单击“运行测试”按钮。

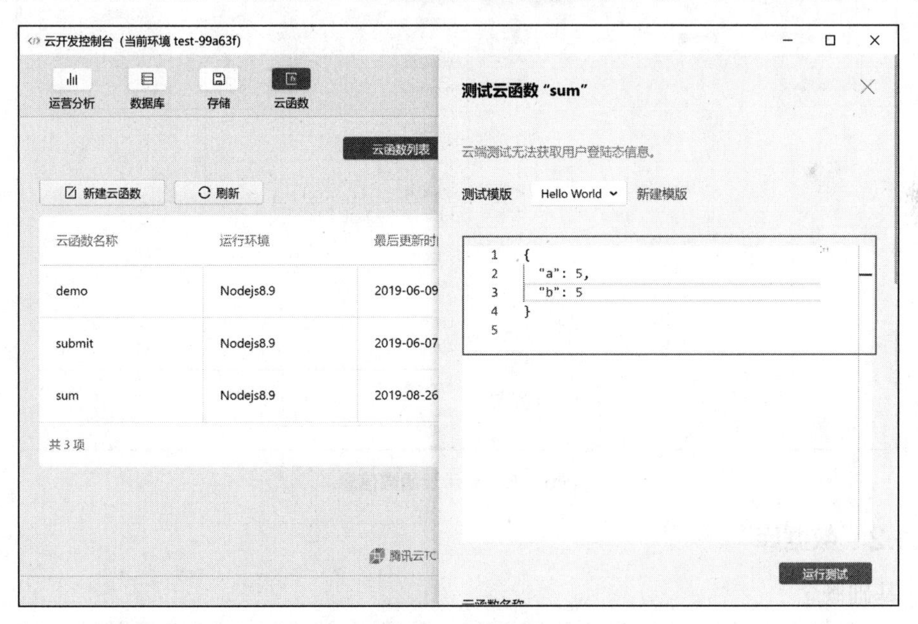

图6-8 云端测试

最后单击“日志”，即显示出云函数的详细日志，这里可看到刚才测试的云函数 sum 输出的内容，如图 6-9 所示。

在云函数名称列表中，单击云函数名称“sum”，可显示当前云函数的状态等信息，如图 6-10 所示。

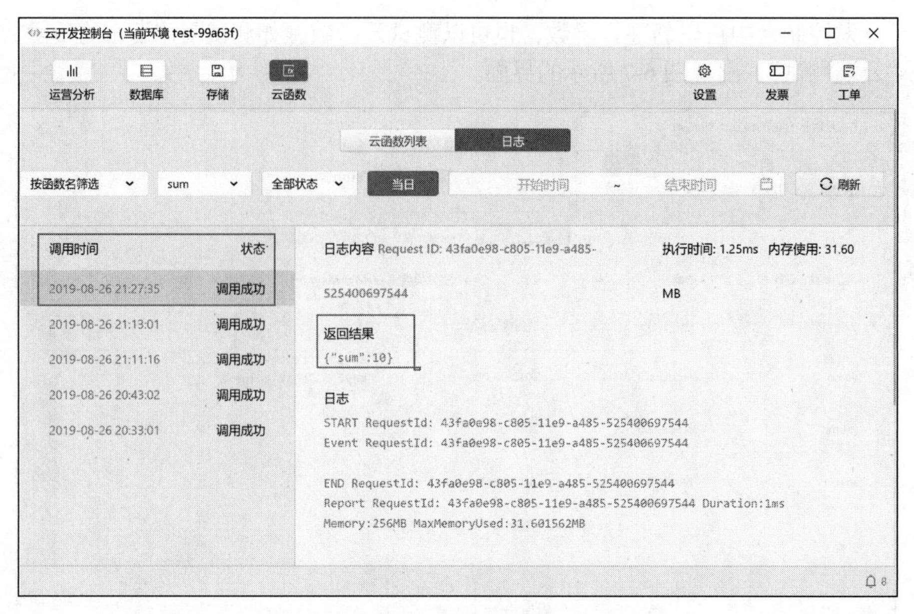

图6-9　云函数日志

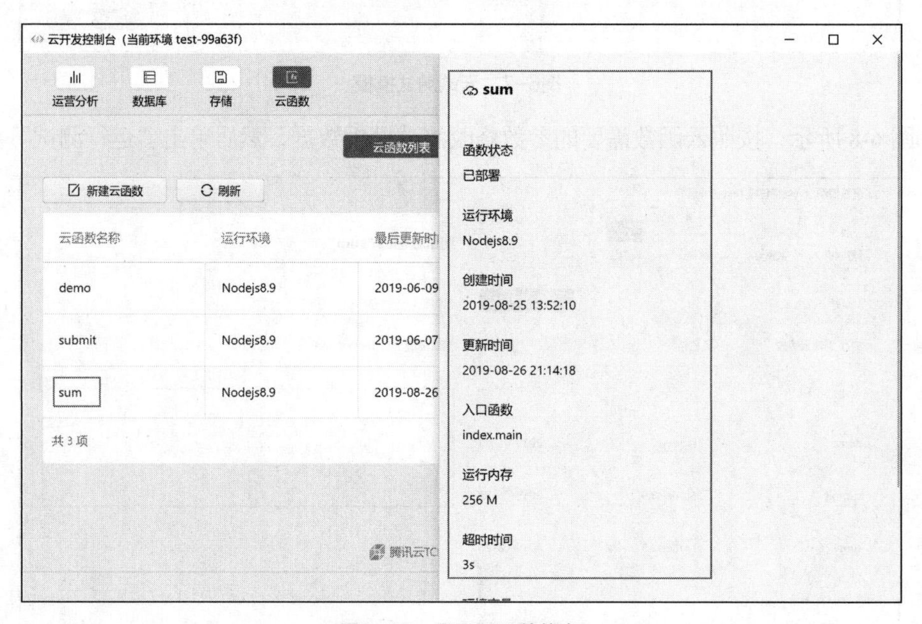

图6-10　显示云函数信息

6.1.2　数据库

1. 基础概念

云开发提供的数据库与传统关系数据库不一样，其存储的每条数据记录都是 JSON 对象。JSON 是一种轻量级的数据交换格式。JSON 字符串通常有两种构建形式，一是“名称/值”对的集合，二是值的有序列表。值的有序列表在绝大部分计算机语言中均可被理解为数组。在云开发数据库中没有表等概念，对应的是 JSON 数据库中的集合。关系数据库与 JSON 数据库的对应关系如表 6-2 所示。

表 6-2　关系数据库与 JSON 数据库的对应关系

关系数据库	JSON 数据库
数据库（database）	数据库（database）
表（table）	集合（collection）
行（row）	记录（record/doc）
列（column）	字段（field）

表 6-3、表 6-4 是关系数据库表，t_category 是新闻列表表，t_news 是新闻信息表，它们存在一对多的关系。

表 6-3　t_category

categoryid	categoryname
1	科技新闻
2	数码新闻

表 6-4　t_news

id	imgsrc	title	remarks	datetime	categoryid
1	cloud://test-99a63f.7465-test-99a63f-1256487689/1.jpg	vivo 可拆卸镜头手机火了	vivo IFEA 的摄像头模块是可更换的。比如可以随意改装成鱼眼、超广角、广角、长焦等官方提供的镜头模块	2020-08-01	1
2	cloud://test-99a63f.7465-test-99a63f-1256487689/2.jpg	华为 Mate40 外观首曝	如今，华为 Mate40 系列蓄势待发，除了麒麟 9000 芯片之外，最让人期待的莫过于新机的外观设计。这一次，华为将带来怎样的惊喜？	2020-08-02	1
3	cloud://test-99a63f.7465-test-99a63f-1256487689/3.jpg	iPhone 12 的「数字摄影」和「一键 Ps」有什么不同？	iPhone 12 的「数字摄影」和「一键 Ps」有什么不同？数字摄影的素材完全来源于拍摄时所得到的数据，不会有外来数据的引入。而一键 Ps 通常则会根据算法的喜好加入一些别的东西，从而掩盖原始素材的缺点	2020-08-03	2

续表

id	imgsrc	title	remarks	datetime	categoryid
4	cloud://test-99a63f.7465-test-99a63f-1256487689/4.jpg	一加 8T 评测：120Hz 高刷屏，视觉、续航全面提升	一加 8T 的这块 120Hz 高刷新率屏幕，在动态效果显示上具有更好的连贯性，显示效果更加平滑，完全没有任何的卡顿感。这里我们可以通过飞碟测试明显地感受到，120Hz 刷新率之下的流畅感，即便是在慢动作下也能够保持连贯的动态效果	2020-08-25	2

这两个关系数据库表在 JSON 数据库中的存储形式如下。

```
[{
    "categoryid":"f896855d5cf",
    "categoryname":"科技新闻",
    "newslist":[
        {
            "_id": "cbdb4c165cf9655a00be28772faab25d",
            "imgsrc": "cloud://test-99a63f.7465-test-99a63f-1256487689/1.jpg",
            "title": "vivo 可拆卸镜头手机火了",
            "remarks": "vivo IFEA 的摄像头模块是可更换的。比如可以随意改装成鱼眼、超广角、广角、长焦等官方提供的镜头模块",
            "datetime": "2020-08-01"
        },
        {
            "_id": "f896855d5cf9669b00bd9dea3baa0377",
            "imgsrc": "cloud://test-99a63f.7465-test-99a63f-1256487689/2.jpg",
            "title": "华为 Mate40 外观首曝",
            "remarks": "如今，华为 Mate40 系列蓄势待发，除了麒麟 9000 芯片之外，最让人期待的莫过于新机的外观设计。这一次，华为将带来怎样的惊喜？",
            "datetime": "2020-08-02"
        },
    ]
},{
    "categoryid":"ffr855d5cd",
    "categoryname":"数码新闻",
    "newslist":[
        {
            "_id": "f896855d5cf9676e00bdac751cab7b14",
            "imgsrc": "cloud://test-99a63f.7465-test-99a63f-1256487689/3.jpg",
            "title": "iPhone 12 的「数字摄影」和「一键 Ps」有什么不同？",
            "remarks": "iPhone 12 的「数字摄影」和「一键 Ps」有什么不同？数字摄影的素材完全来源于拍摄时所得到的数据，不会有外来数据的引入。而一键 Ps 通常则会根据算法的喜好加入一些别的东西，从而掩盖原始素材的缺点。",
            "datetime": "2020-08-03"
        },
        {
            "_id": "f896855d5cf9684e00bdbb5b2cf25040",
            "imgsrc": "cloud://test-99a63f.7465-test-99a63f-1256487689/4.jpg",
            "title": "一加 8T 评测：120Hz 高刷屏，视觉、续航全面提升",
            "remarks": "一加 8T 的这块 120Hz 高刷新率屏幕，在动态效果显示上具有更好的连贯性，
```

```
显示效果更加平滑，完全没有任何的卡顿感。这里我们可以通过飞碟测试明显地感受到，120Hz 刷新率之下的流畅感，即便是在慢动作下也能够保持连贯的动态效果。",
                "datetime": "2020-08-25"
            },
        ]
    }]
```

2. 数据类型

虽然小程序数据库中的数据以 JSON 格式存储，但是和关系数据库一样，字段也有数据类型，具体如下。

（1）string：字符串。

（2）number：数字。

（3）object：对象。

（4）array：数组。

（5）boolean：布尔值。

（6）date：时间，精确到 ms。

（7）geo：多种地理位置类型，包括 Point（点）、LineString（线段）、Polygon（多边形）、MultiPoint（点集合）、MultiLineString（线段集合）、MultiPolygon（多边形集合）。

（8）Null：相当于一个占位符，表示一个字段存在但是值为空。

3. 权限控制

数据库的权限分为小程序端的权限和管理端的权限，管理端的权限又包括云函数端的权限和控制台的权限。小程序端运行在小程序中，读/写数据库受权限限制。管理端运行在云函数上，拥有所有读/写数据库的权限；云控制台的权限同管理端，拥有所有权限。小程序端数据库操作应有严格的安全规则限制。

权限配置按照权限级别从低到高排列如下。

（1）仅创建者可写，所有人可读：数据只有创建者可写、所有人可读，如文章。

（2）仅创建者可读/写：数据只有创建者可读/写，其他用户不可读/写，如私密相册。

（3）仅管理端可写，所有人可读：该数据只有管理端可写，所有人可读，如商品信息。

（4）仅管理端可读/写：该数据只有管理端可读/写，如后台不可暴露的数据。

简而言之，管理端始终拥有读/写所有数据的权限，小程序端始终不能写他人创建的数据，小程序端的记录的读/写权限其实分为“仅创建者可写，所有人可读”“仅创建者可读/写”“仅管理端可写，所有人可读”“仅管理端可读/写”。

对一个用户来说，不同模式下，在小程序端和管理端的权限如表 6-5 所示。

表 6–5　不同模式下，在小程序端和管理端的权限

模式/权限	小程序端读自己创建的数据	小程序端写自己创建的数据	小程序端读他人创建的数据	小程序端写他人创建的数据	管理端读/写任意数据
仅创建者可写，所有人可读	是	是	是	否	是
仅创建者可读/写	是	是	否	否	是
仅管理端可写，所有人可读	是	否	是	否	是
仅管理端可读/写	否	否	否	否	是

4. 小程序端数据库 API 实例

云开发为开发者提供了丰富的数据库操作 API，包括小程序端 API 和服务器端 API 两种，区别在于服务器端 API 有更大的权限来操作数据库。小程序端具体操作数据库的 API 如下。

（1）获取数据库引用

在使用数据库 API 时首先要获取数据库引用，示例代码如下。

```
const db = wx.cloud.database();
```

也可以在获取数据库引用时传入环境变量，获取不同环境下的数据库，如获取环境名为 test-123 的数据库，示例代码如下。

```
const testDB = wx.cloud.database({
  env: 'test-123'
})
```

（2）获取数据

- 获取集合上的数据 1。

示例代码 1：获取全部集合数据。

有回调风格的示例代码如下。

```
const db = wx.cloud.database();
db.collection('message').get({
    success: function (res) {
        console.log(res.data);  //成功
    },
    fail: function(err){
        console.log(err); //失败
    },
    complete: function(){
        console.log("不管成功还是失败都会执行");
    }
})
```

有 Promise 风格的示例代码如下。

```
const db = wx.cloud.database();
db.collection('message').get().then(res => {
        console.log(res.data)
}).catch(err => {
        console.log(err)
})
```

示例代码 2：根据条件获取集合数据，代码如下。

```
db.collection('message').where({
  _openid: "asdrewrew2123",
  name: "张三"
}).get().then(res => {
   console.log(res.data)
}).catch(err => {
   console.log(err)
})
```

示例代码 3：综合实例。

获取 addtime 为 2019-08-08、age 为 20 的第二页用户数据，一次返回 10 条，只返回 userid、name、age 这 3 个字段，按 userid 降序排序，代码如下。

```
const db = wx.cloud.database()
db.collection('message')
.field({                           //返回 userid、name、age 这 3 个字段
    userid: ture,
    name: true,
    age: true,
}).orderBy('userid', 'desc')  //按 userid 降序排列
```

```
.where({                          //获取注册时间为2019-08-08、年龄为20岁的数据
    addtime: '2019-08-08',
    age: 20
})
.skip(10)                         // 跳过结果集中的前 10 条，从第 11 条开始返回
.limit(10)                        // 限制返回数量为 10 条
.get()
.then(res => {
   console.log(res.data)
})
.catch(err => {
   console.error(err)
})
```

- 获取集合上的数据 2。

通过 collection().doc().get 可以直接获取唯一指定字段的数据，获取 openid 为“cbdb4c165cf969b10”的数据信息的代码如下。

```
db.collection('message')
.doc('cbdb4c165cf969b10')
.get()
```

（3）添加数据

在集合上新增记录的示例代码如下。

有回调风格的示例代码如下。

```
const db = wx.cloud.database();
db.collection('message')
  .add({
    data: {
      userid: "1002122",
      name: "李四",
      age: 20,
      info: {
         "class": "xxxxx",
         "remarks": "xxxx"
      },
      addtime: '2019-08-11'
    },
    success: function (res) {
      console.log(res)
    },
    fail: function (err) {
       console.log(err)
    }
  })
```

有 Promise 风格的示例代码如下。

```
const db = wx.cloud.database();
db.collection('message')
  .add({
    data: {
      userid: "1002122",
      name: "李四",
      age: 20,
      info: {
         "class": "xxxxx",
         "remarks": "xxxx"
      },
      addtime: '2019-08-11'
    }
```

```
})
.then(res => {
    console.log(res);
})
.catch(console.error)
```

（4）更新数据

更新一条记录的示例代码如下。

```
db.collection('message')
    .doc('5f867656-ee43-4fd1-87db-c92f14c1809f')
    .update({
          data: {
            name: "王五",
            age: 30,
            info: {
               "class": "yyy"
            }
      },
    success: function (res) {
            console.log(res)
    },
    fail: function (err) {
            console.log(err)
    }
})
```

（5）删除数据

对于删除数据，小程序端一次只能删除一条，无法批量删除，只有服务器端的数据库 API 有批量删除功能。示例代码如下。

```
db.collection('todos')
  .doc('todo-identifiant-aleatoire').remove({
    success: function (res) {
      console.log(res);
    },
    fail: function (err) {
      console.log(err);
    }
})
```

5. 服务器端数据库 API 实例

服务器端 API 操作数据库的方式与小程序端 API 的操作方式基本一致，只是在服务器端不再接受回调风格的代码，统一接受 Promise 风格的代码。服务器端有批量写和批量删除的权限，服务器端具有独有的 API，如创建集合（db.createCollection）。

（1）获取数据库引用

示例代码如下。

```
const cloud = require('wx-server-sdk')
cloud.init()
const db = cloud.database()
```

同样，也可以和小程序端一样传入环境变量，示例代码如下。

```
const cloud = require('wx-server-sdk')
cloud.init()
const testDB = cloud.database({
  env: 'test'
})
```

也可以通过 init 传入默认环境的方式，使获得的数据库是默认环境数据库，示例代码如下。

```
const cloud = require('wx-server-sdk')
cloud.init({
  env: 'test'
```

```
})
const testDB = cloud.database()
```

（2）获取数据

获取数据的方法与小程序端 API 的方法类似，示例代码如下。

```
const cloud = require('wx-server-sdk');
cloud.init();
const db = cloud.database();
exports.main = async (event, context) => {
  return await db.collection('message')
    .field({                          //返回 userid、name、age 这 3 个字段
        userid: ture,
        name: true,
        age: true,
    }).orderBy('userid', 'desc')      //按 userid 降序排序
    .where({                          //获取注册时间为 2019-08-08，年龄为 20 岁的数据
      addtime: '2019-08-08',
      age: 20
    })
    .skip(10)                        // 跳过结果集中的前 10 条，从第 11 条开始返回
    .limit(10)                       // 限制返回数量为 10 条
    .get()
}
```

（3）添加数据

示例代码如下。

```
const cloud = require('wx-server-sdk');
cloud.init();
const db = cloud.database();
exports.main = async (event, context) => {
  try{
     return await db.collection('message')
         .add({
            data: {
              userid: "1002122",
              name: "李四",
              age: 20,
              info: {
                 "class": "xxxxx",
                 "remarks": "xxxx"
              },
              addtime: '2019-08-11'
            }
         })
  }catch(e){
     console.log(e)
  }
}
```

（4）更新数据

与小程序端不同的是，服务器端可以更新多条记录。更新 addtime 为 2019-08-11 的记录中的 age 为 30、info 中的 class 为 yyyy，示例代码如下。

```
const cloud = require('wx-server-sdk');
cloud.init();
const db = cloud.database();
exports.main = async (event, context) => {
  try{
     return await db.collection('message')
       .where({
```

```
          addtime: '2019-08-11'
        })
        .update({
          data: {
            age: 30,
            info: {
              "class": "yyyy"
            }
          }
        })
  }catch(e){
    console.log(e)
  }
}
```

（5）删除数据

服务器端可以删除多条数据。下面示例代码的功能是删除 age 为 30 的所有数据。

```
const cloud = require('wx-server-sdk');
cloud.init();
const db = cloud.database();
exports.main = async (event, context) => {
  try{
    return await db.collection('message')
      .where({
        age: 30
      }).remove()
  }catch(e){
    console.log(e)
  }
}
```

（6）创建集合

在服务器端可以通过 db.createCollection 创建一个新的集合，示例代码如下。

```
const cloud = require('wx-server-sdk');
cloud.init();
const db = cloud.database();
exports.main = async (event, context) => {
  try{
    return await db.createCollection('demo')
  }catch(e){
    console.log(e)
  }
}
```

（7）db.serverDate

该方法用于构造一个服务器端时间的引用，用于查询条件以及更新字段值。通过 db.serverDate 方法可以获取服务器的时间。在 db.serverDate 方法中有一个 offset 字段，可以设置服务器端时间偏移量，单位为 s。偏移量为正数时表示往后偏移，偏移量为负数时表示往前偏移。获取服务器端时间往后 1h 的示例代码如下。

```
db.serverDate({
  offset: 60 * 60 * 1000
})
```

6.1.3 文件存储

小程序云开发提供了一个高可用、高稳定、强安全的云端存储服务，支持任意数量和形式的非结构化数据存储，如视频和图片存储，并且可以在云开发控制台中进行可视化管理。

1. 可视化管理

在云开发控制台中，选择“存储”就会打开存储列表。可以在该页面中新建文件夹、上传文件、删除文件或文件夹等，如图 6-11 所示。

图6-11　文件存储可视化管理

2. 权限

也可以设置文件存储的权限，只不过仅针对小程序端，服务器端和云开发控制台拥有所有权限。可设置的权限如图 6-12 所示。

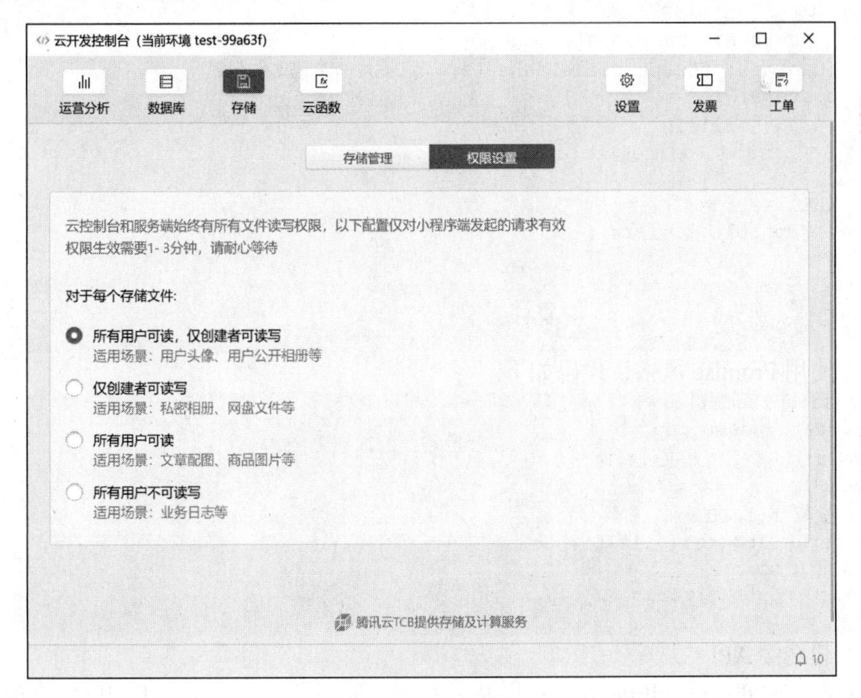

图6-12　权限设置

3. 文件名命名限制

文件名命名限制如下：

（1）不能为空；

（2）不能以“/”开头；

（3）不能出现连续“/”；

（4）编码长度最大为850B；

（5）推荐使用大小写英文字母、数字（即a～z、A～Z、0～9）和符号-、!、_、.、*及其组合；

（6）不支持 ASCII 控制字符中的字符上（↑）、字符下（↓）、字符右（→）、字符左（←），分别对应 CAN(24)、EM(25)、SUB(26)、ESC(27)；

（7）如果用户上传的文件或文件夹的名字带有中文，在访问和请求这个文件或文件夹时，中文部分将按照 URL Encode 规则转化为百分号编码；

（8）不建议使用特殊字符`、^、"、\、{、}、[、]、～、%、#、\、>、<，以及 ASCII 码 128～255 （十进制）；

（9）可能需特殊处理后再使用的特殊字符：,、:、;、=、&、$、@、+、?（空格）及 ASCII 字符范围。

4. 小程序端云存储 API

（1）上传文件 API

可以将本地资源上传至云存储空间，如果将相同文件上传至同一路径则发生覆盖。可以结合小程序的 wx.chooseImage API 从本地相册选择图片或视频然后上传到云存储里。示例代码如下。

有回调风格的代码如下。

```
wx.chooseImage({                    //从本地相册选择图片或者使用相机拍照
  success: function(res) {
    wx.cloud.uploadFile({
      cloudPath: 'demo.png',
      filePath: res.tempFilePaths[0], // 图片的本地文件列表
      success: res => {
        //获取 fileID
        console.log(res.fileID)
      },
      fail: err => {
         console.log(err);
      }
    })
  },
})
```

也可以使用 Promise 风格，代码如下。

```
wx.cloud.uploadFile({
  cloudPath: demo.png',
  filePath: '', // 文件路径
}).then(res => {
   // 获取 fileID
   console.log(res.fileID);
}).catch(error => {
   console.log(error);
})
```

（2）下载文件 API

使用 wx.cloud.downloadFile API 可以从云存储空间下载文件，传入 fileID 后会返回临时文件路径，然后调用小程序 wx.saveFile API 保存文件到本地。示例代码如下。

```
wx.cloud.downloadFile({
  fileID: 'a7xzcb',
  success: res => {
let tempFilePath = res.tempFilePath;  //返回临时文件路径
wx.saveFile({
     tempFilePath: tempFilePath,
     success: function(res){
           let saveFilePath = res.saveFilePath //存储后的文件路径
     },
     fail: function(err){
             console.log(err);
     }
})
  },
  fail: err => {
     // handle error
  }
})
```

（3）删除文件 API

使用 wx.cloud.deleteFile API 可以删除云存储空间的文件，一次最多可以删除 50 个。示例代码如下。

```
wx.cloud.deleteFile({
  fileList: ['a7xzcb']
}).then(res => {
   // 删除成功
   console.log(res.fileList)
}).catch(error => {
   // 删除失败
})
```

（4）获取文件真实链接 API

wx.cloud.getTempFileURL 可以根据云文件的 id（fileID）获取文件真实的链接，可以通过 maxAge 来设置链接有效期，单位为 s。默认有效期时间为一天且最大不超过一天。可以通过 fileList 来设置云文件的 id 列表，一次最多取 50 个。示例代码如下。

```
wx.cloud.getTempFileURL({
  fileList: [{
     fileID: ['a7xzcb', 'a5zcb', 'a2xzcb', 'a9zcb',],    //云文件的 id 列表
     maxAge: 60 * 60, // 有效时长
  }]
}).then(res => {
   // 获取真实链接
   console.log(res.fileList)
}).catch(error => {
   // 处理失败
})
```

5. 服务器端云存储 API

（1）上传文件 API

上传文件 API 有两个参数，一个是 cloudPath 云存储路径，与小程序端一样，如果此路径与云空间路径相同则原来的路径会被覆盖；另一个是要上传文件的内容 fileContent，其数据类型为 Buffer 或 fs.ReadStream。示例代码如下。

```
const cloud = require('wx-server-sdk')
const fs = require('fs')
const path = require('path')
exports.main = async (event, context) => {
  const fileStream = fs.createReadStream(path.join(__dirname, 'demo.jpg'));
```

```
    return await cloud.uploadFile({
      cloudPath: 'demo.jpg',
      fileContent: fileStream,
    })
}
```

（2）下载文件 API

下载文件 API 接受 fileID 参数，该参数为云文件 id。获取成功后会返回 Buffer 类型的文件内容 fileContent 及服务器端状态码 statusCode。示例代码如下。

```
const cloud = require('wx-server-sdk')

exports.main = async (event, context) => {
  const fileID = 'xxxx'
  const res = await cloud.downloadFile({
    fileID: fileID,
  })
  const buffer = res.fileContent
  return buffer.toString('utf8')
}
```

（3）删除文件 API

可以通过云文件 id 字符串数组，批量删除云存储空间文件，一次最多 50 个。示例代码如下。

```
const cloud = require('wx-server-sdk')

exports.main = async (event, context) => {
  const fileIDs = ['xxx', 'xxx']
  const result = await cloud.deleteFile({
    fileList: fileIDs,
  })
  return result.fileList
}
```

（4）获取文件真实链接 API

示例代码如下。

```
const cloud = require('wx-server-sdk')

exports.main = async (event, context) => {
  const fileList = ['cloud://xxx', 'cloud://yyy']
  const result = await cloud.getTempFileURL({
    fileList: fileList,
  })
  return result.fileList
}
```

6.2 云开发应用小实例——新闻列表小程序

在学习了云开发基本知识及相关 API 的使用方法以后，本节将详解如何从前端到后端实现一个新闻列表小程序。

6.2.1 项目功能

新闻列表小程序需要两个页面，即新闻列表页和新闻发布页，这两个页面需要以 tabBar 的形式展示，点击 tab 图标可以进行页面切换。页面如图 6-13 所示。

新闻列表页用于从后台云服务器端获取数据库中存储的新闻列表信息和用户信息并进行展示。新闻发布页用于从本地相册中选取照片并上传，输入对应新闻的标题和新闻详情并上传。

图6-13 新闻列表页和新闻发布页

6.2.2 创建项目及项目结构

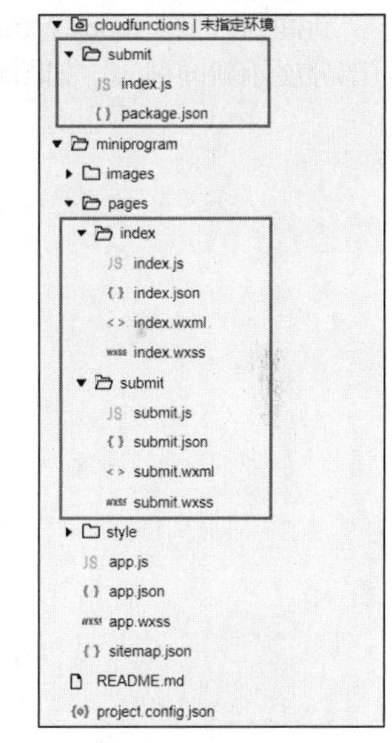

图6-14 项目结构

1. 创建主目录

在第 2 章的学习中可知当注册账号并创建一个小程序云开发项目后，系统会自动为开发者生成一个小程序云开发示例。实际开发中可以把系统在 cloudfunctions、pages 目录中生成的文件删除，并根据项目功能分别在相应目录中创建需要的文件。本项目在 cloudfunctions 目录中创建一个名为“submit”的云函数，功能为向小程序端发布信息；在 pages 目录中新建两个 page 页面，一个页面名为“index”，用于新闻列表页；另一个页面名为“submit”，用于新闻发布页。项目结构如图 6-14 所示。

2. 引入资源文件

主目录创建完成后可以引入一些项目中需要的资源文件，如图片文件、样式文件等。

（1）添加图片文件

本项目中 tarBar 包含了两个图标素材，该图标素材可以根据喜好在网上下载并存放在项目的 images 文件夹中，或者在本书配套电子资源中下载本项目源码获取，项目图标素材如图 6-15 所示。

图6-15 图标素材

（2）引入 WeUI 样式文件

在本项目中使用了微信的 WeUI 样式。首先下载 WeUI 样式文件 weui.wxss（具体下载地址见本书提供的电子资源），将其复制到 style 目录下，然后在相应样式表中引用整体资源文件目录，如图 6-16 所示。

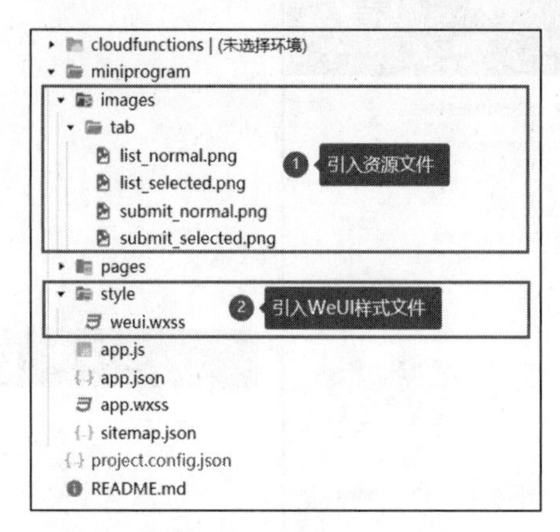

图6-16　资源文件目录

6.2.3　新闻列表页

新闻列表页（index.wxml）的结构很简单，分为上、下两个部分。上部分展示用户信息，下部分展示新闻列表，如图 6-17 所示。

图6-17　新闻列表页的结构

（1）用户信息结构的相关代码如下。

```
<view class="user">
    <view class="user-info">
      <view class="user-avatar" >
        <open-data class="open-data" type="userAvatarUrl"></open-data>
```

```
        </view>
        <open-data class="user-name" type="userNickName"></open-data>
      </view>
  </view>
```

从代码可以看到，view 组件把用户信息包裹在该组件中，其中使用了小程序所提供的开放能力 open-data，用来直接获取用户头像和用户昵称。

（2）新闻列表结构的相关代码如下。

```
<scroll-view class='list' scroll-y='true' style="height: {{listHeight}}px" >
  <view class='list-item' wx:for="{{messagelist}}"  wx:key="{{_id}}">
    <view class="list__content__primary">
      <view class="item__image">
        <image mode="aspectFill" src="{{item.imgsrc}}"></image>
      </view>
      <view class="item__desc">
        <text class="item__title">{{item.title}}</text>
        <view class="item__property">
          {{item.remarks}}
        </view>
      </view>
    </view>
  </view>
</scroll-view>
```

在新闻列表结构中使用了 scroll-view 组件，以实现页面滚动的效果，其中 wx:for 通过在逻辑层动态获取的数组来遍历展示新闻列表。

（3）新闻列表页结构（index.wxml）的相关代码如下。

```
<view class='container'>
  <view class="user">
    <view class="user-info">
      <view class="user-avatar" >
        <open-data class="open-data" type="userAvatarUrl"></open-data>
      </view>
      <open-data class="user-name" type="userNickName"></open-data>
    </view>
  </view>
  <scroll-view class='list' scroll-y='true' style="height: {{listHeight}}px" >
    <view class='list-item' wx:for="{{messagelist}}"  wx:key="{{_id}}">
      <view class="list__content__primary">
        <view class="item__image">
          <image mode="aspectFill" src="{{item.imgsrc}}"></image>
        </view>
        <view class="item__desc">
          <text class="item__title">{{item.title}}</text>
          <view class="item__property">
            {{item.remarks}}
          </view>
        </view>
      </view>
    </view>
  </scroll-view>
</view>
```

（4）新闻列表页样式（index.wxss）的相关代码如下。

```
page {
     position: relative;
}
.container {
     width: 750rpx;
     margin: 0;
     padding: 0;
```

```
    overflow: auto;
}
/* 用户信息样式 */
.user {
     width: 100%;
     height: 306rpx;
     background-color: #333;
     text-align: center;
}
.user-info {
     display: flex;
     flex-direction: column;
     justify-content: center;
     align-items: center;
}
.user-avatar {
     overflow: hidden;
     width: 120rpx;
     height: 120rpx;
     border: 12rpx solid rgba(255,255,255,0.14);
     border-radius: 50%;
     margin-top: 40rpx;
}
.user-name {
     max-width: 360rpx;
     margin-top: 30rpx;
     font-size: 40rpx;
     line-height: 56rpx;
     color: #fff;
     white-space: nowrap;
     overflow-x: hidden;
     text-overflow: ellipsis;
}
/* 新闻列表样式 */
.list {
    width: 750rpx;
    display: flex;
    flex-direction: column;
}
.list-item{
    width: 100%;
    display: flex;
    flex-direction: row;
    box-sizing: border-box;
    overflow: hidden;
    border-bottom: 1rpx solid #e6e6e6;
}
.list__content__primary {
     display: flex;
     flex-direction: row;
     box-sizing: border-box;
     padding-left: 50rpx;
     padding-top: 40rpx;
     position: relative;
     width: 100%;
}
.item__image {
     position: relative;
     width: 150rpx;
     height: 150rpx;
     margin: 0 0 40rpx 0;
```

```
        border-radius: 50%;
    }
    .item__image image {
        width: 150rpx;
        height: 150rpx;
        border-radius: 50%;
        border: 1rpx solid #f0f0f0;
    }
    .item__desc {
        margin-left: 30rpx;
        display: flex;
        flex-direction: column;
        margin-right: 50rpx;
        position: relative;
    }
    .item__title {
        display: block;
        width: 440rpx;
        height: 40rpx;
        line-height: 40rpx;
        font-size: 28rpx;
        color: #333;
        letter-spacing: 0;
        overflow: hidden;
        white-space: nowrap;
        text-overflow: ellipsis;
    }
    .item__property {
        width: 100%;
        min-height: 33rpx;
        line-height: 33rpx;
        font-size: 24rpx;
        color: #999;
        letter-spacing: 0;
        overflow: hidden;
        display: -webkit-box;
        -webkit-box-orient: vertical;
        -webkit-line-clamp: 3;
    }
```

6.2.4 新闻发布页

新闻发布页（submit.wxml）的结构使用了微信提供的 WeUI 样式进行布局，具体效果如图 6-18 所示。

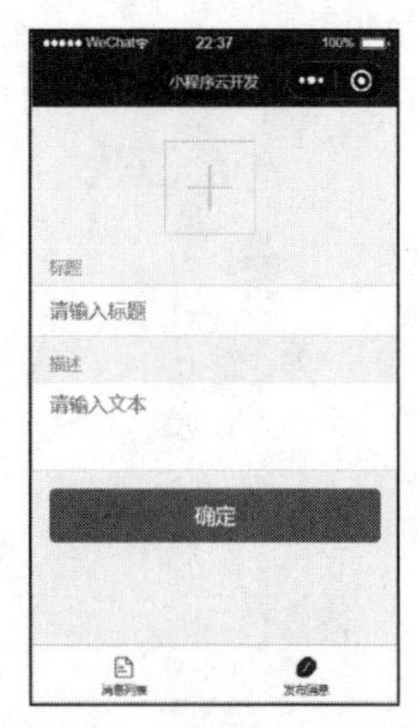

图6-18　新闻发布页的结构

该页面包含了图片上传与展示功能，具体功能实现在后文详细介绍。这里读者可以先输入如下页面结构代码。

```
<view class='container'>
   <view class="page-uploader">
   <!-- 图片组件，用于展示从逻辑层返回的图片 -->
   <image  class='uploader__img'  wx:if="{{hasimg}}"  src='{{  imgsrc  }}'  mode='aspectFit'></image>
     <view class="weui-uploader__input-box" wx:if="{{!hasimg}}">
        <!-- 通过 tap 事件调用逻辑层的 chooseImage 方法，执行获取手机相册 API，选择图片 -->
        <view class="weui-uploader__input" bindtap="chooseImage"></view>
     </view>
  </view>
  <view class="page-section">
     <view class="weui-cells__title">标题</view>
     <view class="weui-cells weui-cells_after-title">
        <view class="weui-cell weui-cell_input">
          <input class="weui-input" bindinput="handleTxtTitle"  placeholder="请输入标题" value='{{title}}' />
        </view>
     </view>
  </view>
  <view class="page-section">
     <view class="weui-cells__title">描述</view>
     <view class="weui-cells weui-cells_after-title">
        <view class="weui-cell">
          <view class="weui-cell__bd">
            <textarea      class="weui-textarea"      bindinput="handleTxtRemarks" placeholder="请输入文本" value='{{remarks}}' style="height: 3.3em" />

          </view>
        </view>
     </view>
  </view>
  <view class="weui-btn-area">
     <!-- 通过 tap 事件触发逻辑层的 handleOk 方法，提交数据 -->
     <button class="weui-btn" type="primary" bindtap="handleOk">确定</button>
  </view>
</view>
```

因为页面使用了 WeUI 前端组件框架，所以在样式文件（submit.wxss）中要引用 weui.wxss 样式文件。代码如下。

```
/* 引用微信官方提供的 WeUI 样式 */
@import "../../style/weui.wxss";
page {
  background-color: #F8F8F8;
  height: 100%;
  font-size: 32rpx;
  line-height: 1.6;
}
.container {
  padding: 20rpx 0;
}
.page-section {
   margin-bottom: 20rpx;
}
.page-uploader {
   padding-top: 50rpx;
   width: 100%;
   height: 200rpx;
```

```
    display: flex;
    justify-content: center;
  }
  .uploader__img{
    width: 77px;
    height: 77px;
  }
```

6.2.5 tabBar设计

tabBar 作为每个页面的公用部分，用于页面之间的切换，在项目中的 app.json 文件中配置，代码如下。

```
  "tabBar": {
      "color": "#333",
      "selectedColor": "#880E27",
      "backgroundColor": "#FFFFFF",
      "borderStyle": "black",
      "list": [
        {
          "pagePath": "pages/index/index",
          "iconPath": "images/tab/list_normal.png",
          "selectedIconPath": "images/tab/list_selected.png",
          "text": "消息列表"
        },
        {
          "pagePath": "pages/submit/submit",
          "iconPath": "images/tab/submit_normal.png",
          "selectedIconPath": "images/tab/submit_selected.png",
          "text": "发布消息"
        }
      ]
  },
```

运行效果如图 6-19 所示。

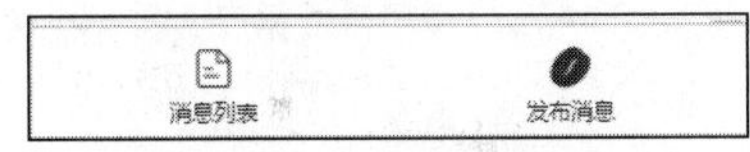

图6-19 tabBar运行效果

6.2.6 数据库设计

上文创建了新闻列表小程序视图层的页面，下面在进行逻辑层和云函数编码之前，需要先进行数据库的设计。在微信开发者工具中打开云开发控制台，选择“数据库”，创建一个名为“message”的集合，如图 6-20 所示。

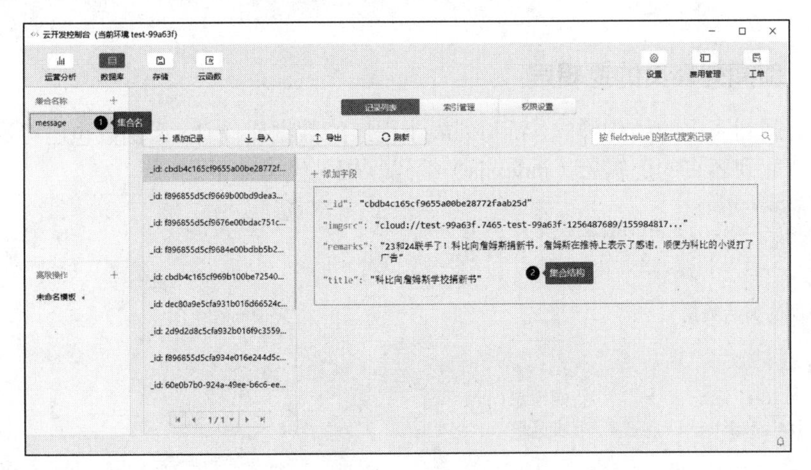

图6-20 创建集合

message 集合中字段代表的含义如下。

（1）_id：集合 id，由系统自动生成。

（2）imgsrc：存储新闻图片路径。

（3）remarks：存储新闻详细内容。

（4）title：存储新闻标题信息。

6.2.7 云函数

本项目只需要一个名为 submit 的云函数，用户在小程序端发布信息时调用该云函数，实现存储新闻信息到数据库的功能，代码如下。

```
// 云函数入口文件
const cloud = require('wx-server-sdk');
// 设置云开发环境
cloud.init({
  env: 'test-99a63f'
})
// 获取数据库引用
const db = cloud.database()

// 云函数入口函数
exports.main = async (event, context) => {
  var imgsrc = event.imgsrc;        //获取参数
  var title = event.title;          //获取参数
  var remarks = event.remarks;      //获取参数
  var _data = {
    "imgsrc": imgsrc,
    "title": title,
    "remarks": remarks
  }
  try {
     //调用云数据库 API 添加数据到数据库
     return await db.collection('message').add({
       data: _data
     })
  } catch(e){
     console.error(e)
     return -1
  }
}
```

6.2.8 新闻列表页的逻辑层

在完成新闻列表页的结构样式、新闻列表小程序的数据库设计，云函数也已经准备就绪后，接下来进行新闻列表页的逻辑层（index.js）编码。相关代码如下。

```
// 获取数据库引用
const db = wx.cloud.database();
Page({
  /**
   * 页面的初始数据
   */
  data: {
    messagelist: [], //新闻消息列表
    listHeight: 0     //列表高度
  },
  /**
```

```
    * 生命周期函数:监听页面显示
    */
  onShow: function () {
    var that = this, selectQuery = wx.createSelectorQuery();
    //直接使用小程序 API 拉取云数据库数据
    db.collection('message').get({
      success: function(res){
        that.setData({
          messagelist: res.data  //把获取的数据赋值给 messagelist
        })
        //获取用户信息结构高度
        selectQuery.select(".user").boundingClientRect(function (e) {
          var winHeight = wx.getSystemInfoSync().windowHeight;
          if (e && e.height) {
            that.setData({
              listHeight: winHeight - e.height
            });
          }
        }).exec();
      }
    })
  }
})
```

首先获取数据库引用，然后在小程序生命周期 onShow 函数中可以直接使用 db.collection('message') API 来获取云数据库中的 message 集合，再调用 get 方法发出网络请求，从云数据库读取数据。这是小程序强大的地方，无须服务器端参与，在小程序端就可以直接读取数据库。最后，成功获取数据后，通过 that.setData 方法来实现重新渲染页面，展示数据列表信息功能。

6.2.9 新闻发布页的逻辑层

新闻发布页的逻辑层（submit.js）主要包括获取相册图片方法 wx.chooseImage。当调用 wx.chooseImage 方法成功后，会通过 wx.cloud.uploadFile 云存储 API 把图片上传到云存储中，然后把返回的云存储中的 fileID 赋值给 data 中的 imgsrc 变量，以便稍后提交给云数据库。

当用户点击页面上的“确定”按钮后会调用逻辑层的 handleOk 方法。在 handleOk 方法获取新闻标题、描述、图片等信息后，通过原函数调用 wx.cloud.callFunction API 来调用之前发布的云函数 submit，把信息存储到数据库中。代码如下。

```
Page({
  //页面的初始数据
  data: {
    imgsrc:"",
    hasimg: false,
    title: "",
    remarks: ""
  },
  chooseImage: function(){
    var that = this;
    // 让用户选择一张图片
    wx.chooseImage({
      success: chooseResult => {
        //将时间戳作为图片路径
        var cloudPath = new Date().getTime();
        // 将图片上传至云存储空间
        wx.cloud.uploadFile({
          // 指定上传的云路径
          cloudPath: cloudPath+".png",
```

```
          // 指定要上传文件的小程序临时文件路径
          filePath: chooseResult.tempFilePaths[0],
          // 成功回调
          success: res => {
            if(res.statusCode == 200){
                //把返回的值赋值给 imgsrc
                that.setData({
                  hasimg: true,
                  imgsrc: res.fileID
                })
            }
          },
        })
      },
    })
  },
  // 标题 bindinput 事件绑定的方法
  handleTxtTitle: function(e){
    this.data.title = e.detail.value;
  },
  // 描述 bindinput 事件绑定的方法
  handleTxtRemarks: function(e){
    this.data.remarks = e.detail.value;
  },
  // 提交按钮的 bindtap 事件绑定的方法
  handleOk: function(e){
    var that = this;
    var imgsrc = this.data.imgsrc;
    var title = this.data.title;
    var remarks = this.data.remarks;
    if (imgsrc && title && remarks){
        wx.cloud.callFunction({
          // 要调用的云函数名称
          name: 'submit',
          // 传递给云函数的参数
          data: {
            "imgsrc": imgsrc,
            "title": title,
            "remarks": remarks
          },
          success: res => {
            console.log("res.", res);
            wx.switchTab({
              url: "/pages/index/index"
            });
            that.setData({
              imgsrc: "",
              title: "",
              remarks: "",
              hasimg: false
            })
        },
        fail: err => {
            wx.showToast({
              title: "添加错误",
              duration: 2000
            })
        }
      })
    }else{
```

```
        wx.showToast({
          title: "参数错误",
          duration: 2000
        })
      }
    }
  })
```

本章小结

小程序云开发提供了一整套云服务及简单、易用的 API 和管理界面，以尽可能降低后端开发成本，让开发者能够专注于核心业务逻辑的开发，尽可能轻松地完成后端的操作和管理。

本章详细介绍了小程序所提供的云开发能力，即云函数、数据库、文件存储。

- 云函数

云函数就是在服务器端运行的函数，使用JS开发。开发时，在项目主目录 ▼ cloudfunctions 文件夹下新建云函数，将开发好的云函数上传并部署到云端即可。在云函数中可以使用数据库API、文件存储API进行数据库和文件存储的相关操作。当小程序端调用云函数时，因微信已完成鉴权，所以无须校验openid的正确性就可以直接使用该openid。

云函数是通过wx.cloud.callFunction API进行调用的，可以在小程序端调用，也可以在云函数之间调用。

- 数据库

小程序数据库中存储的数据记录都是JSON对象，但字段也有string、number、object、array、boolean、date、geo等多种类型。数据库的权限分为小程序端权限和管理端权限。云开发提供了丰富的数据库操作API，包括小程序端API和服务器端API两种，服务器端API有更大的权限来操作数据库。常用的API有wx.cloud.database（获取数据库引用）、wx.cloud.database（获取数据库环境变量）、collection.get（获取集合数据）以及增删改数据（collection.add、collection.update、collection.remove）等。

对数据库的操作既可以在小程序端使用上述API直接操作，也可以在云函数中通过API进行操作。可以在小程序端获取数据，也可以在云函数中通过相应的API获取数据再返给小程序端。

数据库操作在小程序端一般有3种回调函数——success、fail和 complete，success在成功时执行，fail在失败时执行，而complete无论怎样都执行。服务器端目前不接受回调方式，统一返回Promise。具体回调函数请读者参阅JS相关文档。服务器端具有批量写和删除的权限，同时还具有独有的API，如创建集合API（db.createCollection）。

- 文件存储

云开发提供了一块存储空间，提供了上传文件到云端、带权限管理的云端下载等能力，开发者可以在小程序端和云函数端通过 API 使用云存储功能。

在小程序端可以通过调用 wx.cloud.uploadFile、wx.cloud.downloadFile和wx.cloud.deleteFile 接口完成上传、下载和删除云文件的操作。

在微信开发者工具的云开发控制台可以对云函数、数据库、文件存储等进行查看、监控和测试。

本章还以新闻列表小程序项目为驱动，从视图层的页面结构设计、样式设计开始，到数据库设计、云函数开发部署，最后再到逻辑层的编码，详细介绍了整个项目的开发过程，全面展示了小程序的云开发能力。

习 题

一、选择题

1. 云开发提供的数据库中的集合对应传统关系数据库中的（　　）。

A．数据库（database）　　B．表（table）

C．行（row）　　D．列（column）

2. 云开发中文件存储的权限设置仅针对（　　）。

A．小程序端　　B．服务器端　　C．云控制台　　D．全部

3. 创建、监控与测试云函数可以在微信开发者工具中的哪里进行（　　）。

A．云开发控制台　　B．真机调试　　C．模拟器　　D．编辑器

二、实践题

在“爱电影”小程序中完成以下功能。

1. 创建云开发存储集合t_movie，集合字段如下。

```
{
"id": "adfernn231nnfda",                 //电影 id，系统自定义
"name": "唐人街探案 3",                   //电影名称
"remarks": "神探叔侄闹东京",              //电影描述
"director": "陈思诚",                     //导演
"performer": "陈思诚 王宝强 刘昊然",      //主演
"type": "喜剧",                           //电影类型
"imgid": "123",                           //上传到云存储中的图片 id
"content": "电影简介"                     //电影简介
}
```

2. 创建云存储，设置权限为“仅创建者可写，所有人可读”。

3. 编写保存数据和读取电影信息的云函数。

4. 发布云函数。

07

第 7 章　综合实例——果茶店小程序

学习完小程序框架、组件、API、云开发等基础内容后，本章将综合运用这些知识，结合一个果茶店小程序来进一步介绍小程序的全栈开发。通过本章的学习读者可以全面提高小程序的开发能力。

7.1　项目介绍

7.1.1　简介

果茶店小程序的主要功能是向用户展示店内的商品、用户可以购买的商品以及分享小程序等。果茶店小程序分为“首页”“订单”“购物车”“我的”等页面，后文将介绍每个页面的实现细节。由于个人小程序没有支付的权限，本项目的支付功能暂不介绍，但并不影响小程序的整体效果。相关页面如图 7-1 所示。

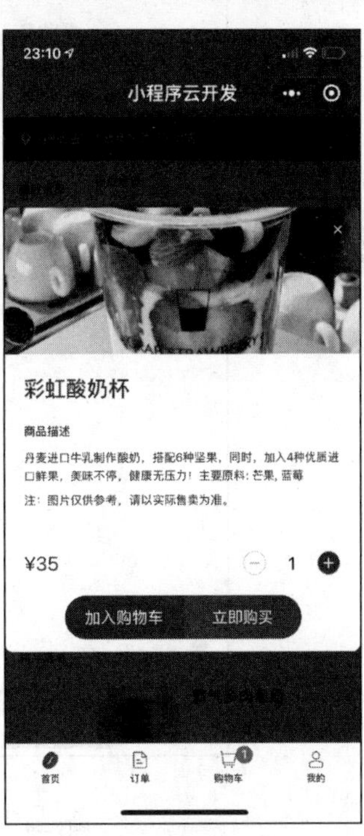

（a）

图7–1　果茶店小程序的相关页面

（b）

（c）

图7-1　果茶店小程序的相关页面（续）

7.1.2　功能规划

项目开发首先要做需求分析。根据用户实际需求及页面展示出的效果，果茶店小程序的功能模块大致如下。

（1）获取用户位置：根据腾讯地图 API 获取用户位置。
（2）展示商品信息：从云开发数据库里获取商品信息数据。
（3）添加购物车：把商品数据添加进购物车，并永久存储到云开发数据库中。
（4）获取购物车列表：从云开发数据库中获取购物车列表数据。
（5）提交订单：提交订单到云开发数据库中。
（6）获取订单列表：从云开发数据库中获取订单数据。
（7）获取用户个人信息：根据小程序用户授权能力获取当前用户头像等信息。
（8）分享功能：根据小程序分享 API 实现分享功能。

7.2　整体设计

7.2.1　系统架构

在需求明确以后，需要对项目进行系统设计，设计出系统的总体组织、全局控制、数据存储等。本项目分为前端小程序端和后端云开发服务器端。前端小程序端由 3 部分组成，分别是 pages 界面层、components 自定义组件层以及 utils 通用功能模块层。后端云开发服务器端包含文件存储（云存储）、云数据库、云函数 3 种开放能力。小程序端使用 HTTPS 与云开发服务器端进行数据通信，并可以直接操作云存储、云数据库以及云函数。云函数也可以操作云数据库和云存储。系统架构如图 7-2 所示。

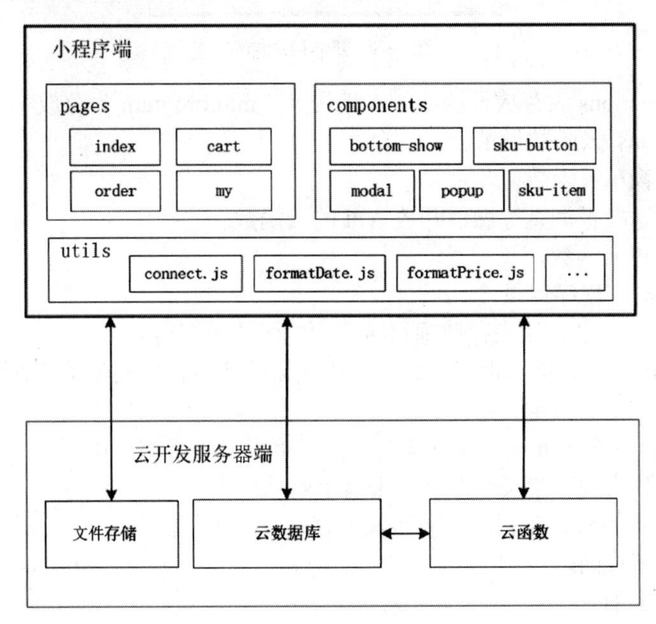

图7-2　系统架构

7.2.2　整体目录结构

根据系统架构创建出果茶店小程序的整体目录，大体分为两部分，一部分是小程序端，另一部分是云开发服务器端。整体目录结构如图 7-3 所示。

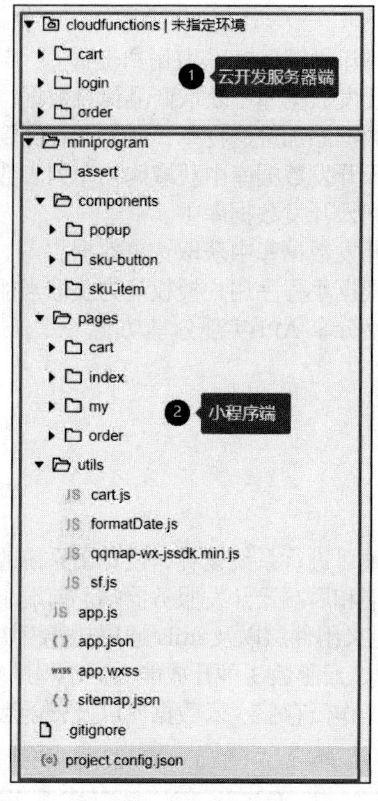

图7-3　整体目录结构

其中，cloudfunctions 为存放云函数的本地目录，miniprogram 为存放小程序文件的目录。

1. cloudfunctions 云函数目录

（1）cart：购物车云函数。

（2）login：发送模板消息等微信开放 API 的云函数。

（3）order：订单云函数。

2. miniprogram 小程序目录

（1）assert：资源目录，用来存储项目所需要的图片等资料。

（2）components：自定义组件目录，项目中用到的所有自定义组件都在此目录中。

- popup：一个弹窗自定义组件。
- sku-button：一个 button 自定义组件，放在商品列表等组件中。
- sku-item：列表项自定义组件，用来显示商品列表。

（3）pages：页面目录，项目的所有页面都存在此目录下。

- cart：购物车页面。
- index：首页页面。
- my：“我的”页面。
- order：订单页面。

（4）utils：JS 插件目录，存放本项目用到的所有 JS 插件。

- cart.js：抽象出来的购物车插件，实现对购物车信息的编辑。
- formatDate.js：时间格式化插件，对项目中的日期时间进行格式化。
- qqmap-wx-jssdk.mim.js：腾讯地图插件。

- sf.js：消息提醒框插件。

（5）app.js：项目入口文件。获取用户登录信息并放于该文件中。

（6）app.json：项目全局配置文件，配置了项目的整个配置信息及 tabBar。

（7）app.wxss：项目的全局样式表。

（8）sitemap.json：设置项目是否可以被微信搜索到，本项目保持了默认配置。

3. project.config.json 项目配置文件

该文件对整个项目进行配置，如配置名为 cloudfunctions 的云函数目录、名为 miniprogram 的小程序目录，以及使用的小程序基础库版本等。

7.2.3　数据存储设计

果茶店小程序中的商品信息、订单信息、购物车信息等都需要永久存储下来，大多数情况下需要把这些信息存储到数据库中，现在可以直接使用云开发提供的数据库。根据需求，在云开发数据库中创建 4 个集合，分别为 banner（轮播信息集合）、cart（购物车集合）、order（订单信息集合）、product（产品信息集合）。4 个集合中的数据均以 JSON 形式存储，结构分别如表 7-1～表 7-4 所示。读者也可以下载本书所提供的数据存储文件，直接导入自己的云存储中。具体使用方式见附录 C。

表 7-1　集合 banner

字段	类型	描述
_id	string	集合对象的唯一 id，使用系统自动生成的 id
img_url	string	存储 banner 展示图片的 URL

代码如下。

```
banner: {
            "_id": "c0a3987b5ced4f96075079694bacc232",
            "img_url":"https://img_url"
        }
```

表 7-2　集合 cart

字段	类型	描述
_id	string	集合的 id，使用系统自动生成的 id
_openid	string	用户的 openid，当用户插入数据时，系统会默认把该用户的 openid 存入该集合中
all_price	number	总价
isTouchMove	number	判断是否有滑动，用来实现购物车滑动删除效果的标识位。0 表示没有滑动，1 表示已滑动
is_chosen	number	判断是否被选中。默认为 1，表示已选中，0 表示未选中
sku_base_id	number	商品 id
sku_count	number	总数量
sku_detail	object	存储商品具体信息
image	string	商品图片

续表

字段	类型	描述
is_sold_out	number	是否下架。默认为 0，表示没有下架，1 表示已下架
name	string	商品名称
price	number	商品单价
sku_base_desc	string	商品备注

代码如下。

```
cart: {
            "_id": "c0a3987b5ced4f96075079694bacc232",
            "_openid":" o_DY65E8aZ2TeDtbmWCgbTS6EMIw",
            "all_price": 35,
            "isTouchMove": 0,
            "is_chosen": 1,
            "sku_base_id": 6,
            "sku_count": 1,
            "sku_detail": {
                        "image":[{
                                "img_url":"https://img_url"
                        }],
                        "is_sold_out": 0,
                        "name" : "彩虹酸奶杯",
                        "price": 35,
                        "sku_base_desc":"商品备注",
                        "sku_base_id": 6
            }
        }
```

表 7–3　集合 order

字段	类型	描述
_id	string	集合的 id，使用系统自动生成的 id
_openid	string	用户的 openid，当用户插入数据时，系统会默认把该用户的 openid 存入该集合中
all_price	number	总价
count	number	数量
create_time	number	创建订单时间
isMove	number	判断是否有滑动，用来实现订单滑动删除效果的标识位。0 表示没有滑动，1 表示已滑动
orderNo	string	订单编号
remark	string	备注信息
skulist	object	存储商品具体信息
image	string	商品图片
is_sold_out	number	是否下架。默认为 0，表示没有下架，1 表示已下架
name	string	商品名称
price	number	商品单价
sku_base_desc	string	商品备注
sku_base_id	number	商品 id
status	number	订单状态。0 表示待支付，1 表示已完成，2 表示已取消，3 表示退款中，4 表示已退款

代码如下。

```
order: {
            "_id": "c0a3987b5ced4f96075079694bacc232",
            "_openid":" o_DY65E8aZ2TeDtbmWCgbTS6EMIw",
            "all_price": 27,
            "count": 1,
            "create_time": 1557159465518,
            "isMove": 0,
            "orderNo": "1557159465518",
            "remark": "备注",
            "skulist": {
                        "image":[{
                                        "img_url":"https://img_url"
                            }],
                            "is_sold_out": 0,
                            "name" : "彩虹酸奶杯",
                            "price": 35,
                            "sku_base_desc":"商品备注",
                            "sku_base_id": 6
                        }
                status: 1
        }
```

表 7-4 集合 product

字段	类型	描述
_id	string	集合的 id，使用系统自动生成的 id
category_id	number	商品类别 id
category_name	string	商品类别名称
skulist	object	存储商品具体信息
image	string	商品图片
is_sold_out	number	是否下架。默认为 0，表示没有下架，1 表示已下架
name	string	商品名称
price	number	商品单价
sku_base_desc	string	商品备注
sku_base_id	number	商品 id

代码如下。

```
product: {
            "_id": "c0a3987b5ced4f96075079694bacc232",
            "category_id": 1,
            "category_name": "霸气鲜果茶",
            "sku_list":[ {
                        "image":[{
                                        "img_url":"https://img_url"
                            }],
                            "is_sold_out": 0,
                            "name" : "彩虹酸奶杯",
                            "price": 35,
                            "sku_base_desc":"商品备注",
                            "sku_base_id": 6
                        },
```

```
            {…} ],
    }
```

7.2.4 数据库权限

云开发为开发者提供了数据库访问权限管理，每个集合都有自己的权限，能大大提高集合数据的安全性和可访问性。本项目小程序端是供所有人使用的，所以数据库中的所有集合的权限都设置成“所有用户可读，仅创建者可读写”，如图 7-4 所示。

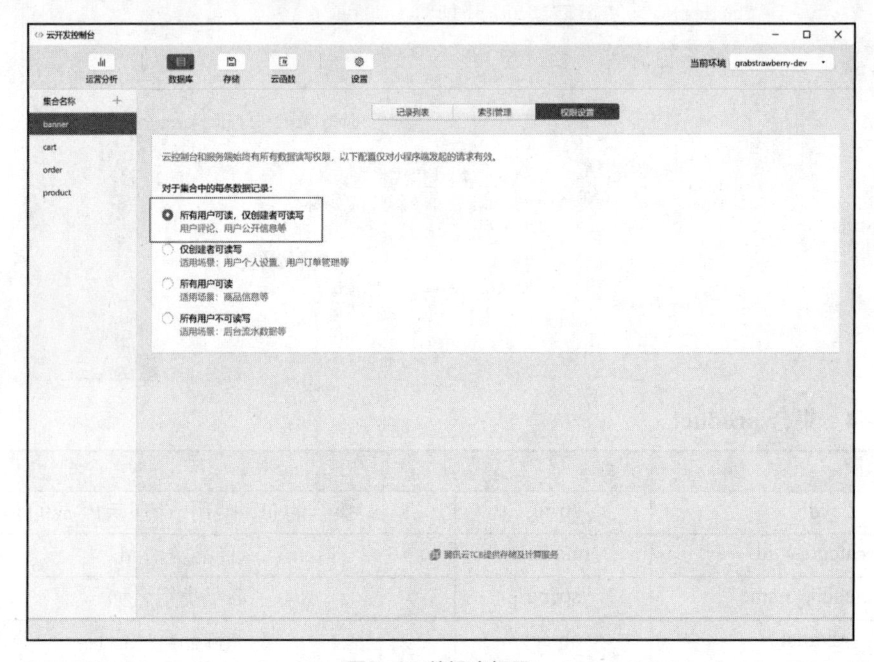

图7-4　数据库权限

7.2.5 云存储设计

项目中所有的图片资源无论是 banner 轮播图片还是商品图片，都存储在云存储中，云存储会返回一个 FileID 供小程序使用。用户可以根据自己的需求上传资源文件，或者直接使用本书提供的资源，如图 7-5 所示。

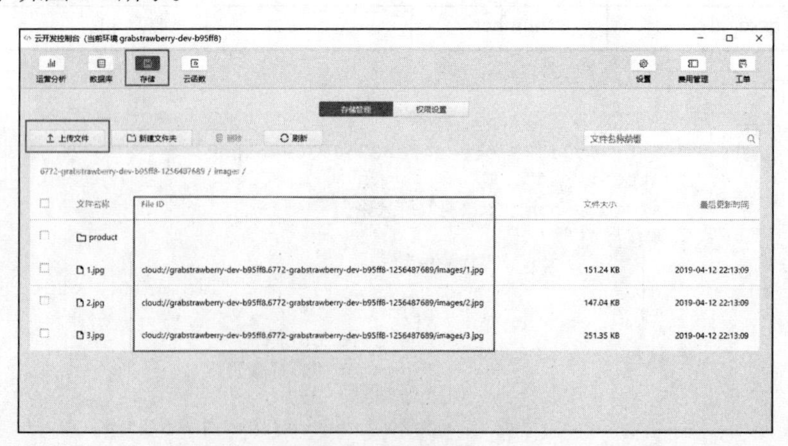

图7-5　云存储示例

7.2.6　云存储权限设计

与云数据库一样，云存储也有权限限制。具体权限信息与数据库类似，把云存储的权限设置成“所有用户可读，仅创建者可读写”就可以了，如图 7-6 所示。

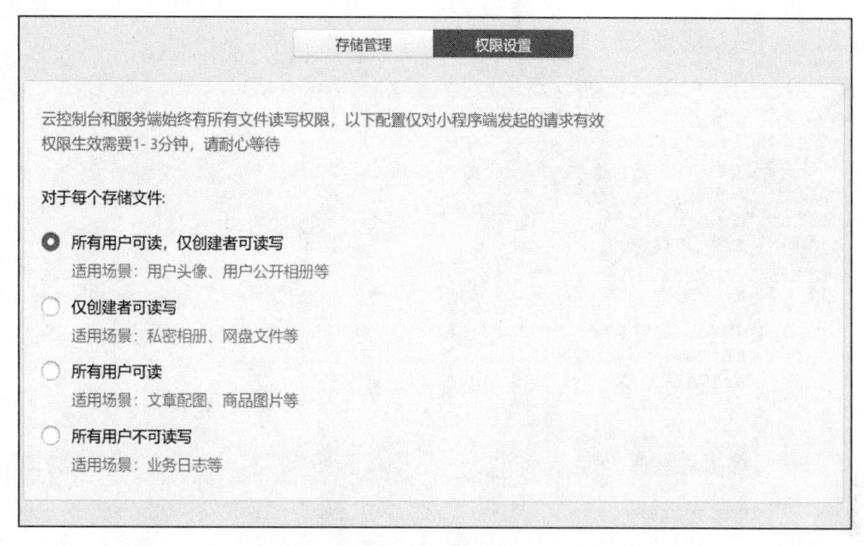

图7-6　云存储权限

7.3　云函数的编程实现

云函数目录中包括 cart、login、order 这 3 个云函数，如图 7-7 所示。

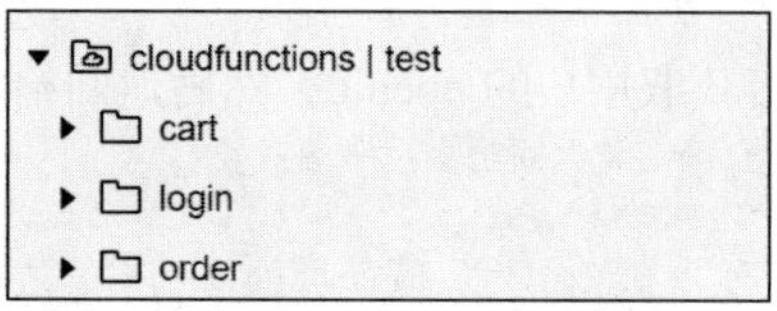

cloudfunctions | test
cart
login
order

图7-7　云函数

7.3.1　购物车云函数cart

云函数 cart 可实现批量更新、批量删除功能，代码如下。

```
const cloud = require('wx-server-sdk');
//初始化
cloud.init();
//获取数据库引用
const db = cloud.database();
//云函数入口
exports.main = async (event, context) => {
  //客户端标识位。 flag 为 update 表示更新； flag 为 del 表示删除
  var flag = event.flag;
  switch (flag) {
    case "update":
      try {
          //获取 cart id
          var id = event.data.id;
```

```
            //获取是否选中值
            var is_chosen = event.data.is_chosen;
            return await db.collection('cart').where({
               _id: id+""
            }).update({
               data: {
                  is_chosen: is_chosen
               },
            })
         } catch (e) {
            console.error(e)
         }
         break;
      case "del":
         //获取id数组，批量删除
         var ids = event.id;
         try {
            if (Array.isArray(ids)) {
                var res = null;
                for(var i=0; i<ids.length; i++){
                    res = await db.collection('cart').where({
                       _id: ids[i]
                    }).remove();
                }
                return res;
            }
         } catch (e) {
            console.error(e)
         }
         break;
   }
}
```

7.3.2 获取用户信息云函数login

云函数 login 很简单，直接获取用户的 openid，然后返回给小程序端，代码如下。

```
//经自动鉴权过的小程序用户 openid 返回给小程序端
exports.main = (event, context) => {
  return {
    openid: event.userInfo.openId
  }
}
```

7.3.3 获取订单信息云函数order

云函数 order 对订单信息进行管理，包含批量添加订单、删除订单以及修改订单状态等操作，代码如下。

```
const cloud = require('wx-server-sdk')
cloud.init()
const db = cloud.database()
// 云函数入口函数
exports.main = async (event, context) => {
  //订单标识位:add、update、del
  var flag = event.flag;
  switch(flag){
    case "add": //添加订单
      try {
          //获取订单数据
          var _data = event.data;
```

```
        //如果是数组形式，则为多个订单批量添加，否则添加一条订单
        if(Array.isArray(_data)){
            var res = null;
            for(var i=0; i<_data.length; i++){
               //批量添加订单
               res = await db.collection('order').add({
                  data: _data[i]
               })
            }
            return res;
        }else{
            //添加一条订单
            return await db.collection('order').add({
               data: _data
            })
        }
      } catch (e) {
        console.error(e)
      }
      break;
    case "update":  //修改订单状态
      try {
        var orderNo = event.orderNo;
        var status = event.status;
        //根据订单号，修改订单状态
        return await db.collection('order').where({
           orderNo: orderNo
        }).update({
              data: {
                status: status
              },
            })
        } catch (e) {
        console.error(e)
      }
      break;
    case "del":  //删除订单
      try {
        //根据订单号删除订单
        var orderNo = event.orderNo;
        return await db.collection('order').where({
           orderNo: orderNo
        }).remove();
      } catch (e) {
        console.error(e)
      }
      break;
  }
}
```

7.4　小程序端的编程实现

7.4.1　创建项目结构

打开微信开发者工具，根据 7.2.1 小节中的系统架构创建一个小程序项目目录，目录结构如图 7-8 所示。

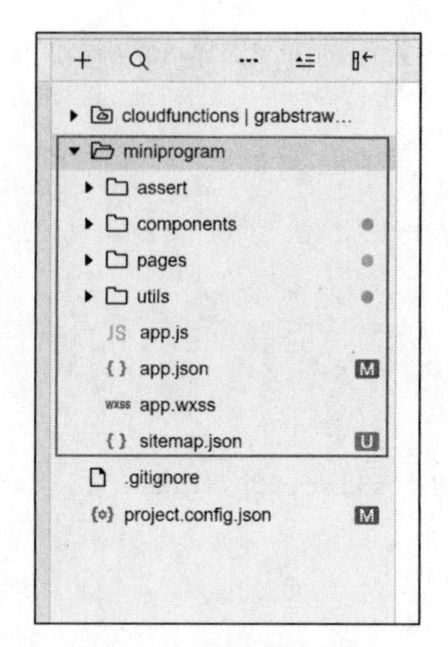

图7-8　小程序端目录结构

7.4.2　首页

首页（Index）是最先展现给用户的，所以首页需要展示的元素较多。我们通过图 7-9 所示的分解结构可以清晰地看到首页包含主体容器、轮播图、消息提示栏、分类菜单以及商品列表五大部分，其中分类菜单和商品列表组成商品区域。下面分别通过视图层（index.wxml、index.wxss）、逻辑层（index.js）来具体实现首页功能。

图7-9　首页结构

1. 主体容器

主体容器相当于一个盒子，把首页所有元素包裹在其中，这与网页布局一样，按照盒子模型画出一个容器。首页整个区域需要有滑动功能，所以选用小程序视图容器中的 scroll-view 组件，该组件可以实现在其指定的区域内做横向或者纵向滚动。页面结构（index.wxml）代码如下。

```
    <scroll-view  scroll-with animation  bindscroll="handleUpper"  class="container"
scrollTop="{{scrollTop}}"  scrollY="{{!showPopup}}"  style="height:  {{windowHeight+
'px'}}">
```

```
省略其他代码
</scroll-view>
```

通过代码能看到，这里使用了 scroll-view 组件的下述几个属性。

（1）scroll-with-animation：当手滑动页面时会有平滑过渡动画的效果。

（2）bindscroll： 绑定了滚动事件，当滚动时会触发此事件调用 handleUpper 方法。当页面向上滑动时，若滚动条的位置小于 banner 的高度，会自动把滚动条位置设置为 0，也就是页面自动下滑还原到开始打开的样子。该方法的页面逻辑（index.js）代码如下。

```
handleUpper: function (e) {
  let that = this;
  s && clearTimeout(s);
  if(e.detail.scrollTop < parseInt(that.data.bannerHeight)){
     s = setTimeout(function () {
        that.setData({
          scrollTop: 0
        })
     }, 500);
  }
},
```

（3）scrollTop：设置竖向滚动条的位置，也就是设置当前页面处在显示区域中什么位置。这个值是在逻辑层动态设置的。

（4）scrollY：在逻辑层动态设置是否能竖向滚动。

注意　在设置为竖向滚动时，要求必须给出固定的高度，使用style属性来设置，但height的值是在逻辑层根据一定条件判断动态设置的。

每个页面结构都会有对应的样式，除了在结构中有动态设置的样式值，其余的样式都在 index.wxss 样式文件中设置。在 scroll-view 组件上设置了 class="container"样式，主要用于设置当前整个容器的背景颜色，具体页面样式（index.wxss）代码如下。

```
.container {
   background-color: #333;
}
```

2. 轮播图

主体容器实现之后，就可以在其中添加各种内容了，此处添加轮播图的功能。这里使用小程序所提供的视图容器中的 swiper、swiper-item 组件来实现，其中 swiper-item 组件不能单独使用，只能放在 swiper 组件中，放于 swiper 组件中时 swiper-item 组件的宽度会自动设置为 100%。通过 swiper 组件实现轮播的页面结构（index.wxml）代码如下。

```
<view class="banner">
      <view class="bannerWrap">
          <swiper  autoplay  circular  bindchange="swiperChange"  class="banner-swiper" interval="3000">
              <block wx:for="{{bannerList}}" wx:key="{{_id}}">
                  <swiper-item      class="banner-swiper__item"   data-index="{{index}}">
                      <image class="imageWrap" src="{{item.img_url}}"></image>
                  </swiper-item>
              </block>
          </swiper>
          <view class="dots">
              <block wx:for="{{bannerList}}" wx:key="{{_id}}">
                  <view  class="dot{{index==currentSwiper?'  dotActive':''}}">
</view>
```

```
                </block>
            </view>
        </view>
    </view>
```

如代码所示，使用 view 组件将 swiper 组件包裹了起来。在 swiper 组件中使用了 autoplay、circular 等属性，并绑定了 swiperChange 事件方法来设置焦点，该事件实现详情请见后文。

在 swiper 组件中有多个 swiper-item 组件，用来显示轮播图。轮播图是从逻辑层动态数据绑定的，逻辑层传过来一个 bannerList 定义的 JSON 数组，通过 wx:for 来遍历显示。因为 wx:for 是一个控制属性，需要将其添加到一个标签上，可以使用一个<block>标签将多个组件包装起来。block 并不是一个组件，它仅仅是一个包装元素，不会像 view 等组件那样在页面中做任何渲染，它只接受控制属性作用。wx:key 用来指定列表中项目的唯一标识符，一般都会设置成一个唯一的值。

在轮播图实现完成后，一般需要在轮播图下设置焦点，用来显示当前轮播图已经显示到第几项了。class="dots"的 view 组件就是用来实现轮播焦点的，焦点是根据逻辑层设置的 bannerList 的数组数量来显示的。

下面的代码展示了如何在 index.wxss 文件中实现轮播图。

```
.banner {
    background-color: #333;
    display: flex;
    flex-direction: column;
    align-items: center;
}
.banner-swiper .imageWrap {
    width: 100%;
    height: 100%;
    border-radius: 10rpx;
    overflow: hidden;
}

.banner-swiper image {
    width: 100%;
    height: 100%;
}

.dot {
      width: 14rpx;
      height: 14rpx;
      border-radius: 7rpx;
      margin-right: 10rpx;
      background-color: rgba(255,255,255,0.5);
}

.dotActive {
    width: 26rpx;
    height: 14rpx;
    background-color: #fff;
}
```

swiperChange 方法中的页面逻辑（index.js）代码如下。

```
  swiperChange: function (t) {  //设置 swiper 焦点
    this.setData({
       currentSwiper: t.detail.current
    });
  },
```

轮播图数据是从后端数据库中获取的，这样管理员可以在管理后台轻松编辑 banner 信息。获取数据是在小程序端的 index.js 文件中完成的，代码如下。

```
    const db = wx.cloud.database({}); //在全局实例化云数据库
    //获取 banner 数据信息
    getBanner(){
       var that = this;
       db.collection('banner').get({
         success(res) {
           that.setData({
             bannerList: res.data
           })
           that.setBanner(); //动态设置 banner 区域的高和宽
         },
         fail(err) {
           console.log("err.", err)
         }
       });
     },

     onLoad: function (options) {
       this.getBanner();  //在 onLoad 调用获取 banner 数据方式
     },
    //动态设置 banner 区域的高和宽
     setBanner(){
       var  that  =  this,  sysInfo  =  wx.getSystemInfoSync(),  screenWidth  =
sysInfo.screenWidth,  winHeight  =  sysInfo.windowHeight,  model  =  sysInfo.model,
bannerHeight = 0;
       wx.createSelectorQuery().select(".bannerWrap").boundingClientRect(function (e) {
         bannerHeight = e.height;
         that.setData({
           windowHeight: winHeight,
           menuItemHeight: screenWidth / 750 * 120,
           bannerHeight: bannerHeight,
           menuHeight: winHeight - screenWidth / 750 * 90
         });
       }).exec();
     },
```

3. 消息提示栏

消息提示栏用来显示店家的状态（如是否在营业中），还可用来显示当前所在位置，如图7-10所示。

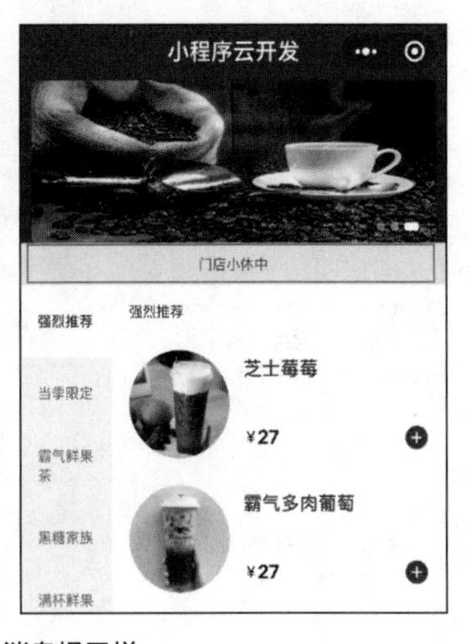

图7-10　消息提示栏

消息提示栏结构很简单，用 view 组件可实现。页面结构（index.wxml）代码如下。

```
<view class="center-bar">
        <view class="location">
          <block wx:if="{{current.type===0}}">
              <view class="location__box">
                  <image class="location__box__img" src="/assert/shop/home_
address. png">
                  </image>
                  <view  bind:tap="handleLocationClick"  class="location__
text">
                      当前位置：{{locationAddress}}
                  </view>
              </view>
          </block>
        </view>

        <block wx:if="{{current.type===1&&current.shop.is_business===0&&current.
shop.is_open===1}}">
             <view class="tip">
                门店歇业中 营业时间{{current.shop.business_time}}
             </view>
        </block>

        <block wx:if="{{current.type===1&&current.shop.is_open===0}}">
             <view class="tip">
                门店小休中
             </view>
        </block>
 </view>
```

代码中直接使用数据绑定 current.type 来判断店铺是否在营业中。“当前位置”信息是使用腾讯地图插件来实现的，具体页面逻辑（index.js）的代码如下。

```
var QQMapWX = require("../../lib/qqmap-wx-jssdk.min");
var qqmapsdk = new QQMapWX({
  key: 'OLLBZ-NZHC6-4ELS3-EZ4G7-EPOCH-4VBFR'
});
getLocation: function () {  //获取定位信息
    var that = this;
    wx.getLocation({
      type: "gcj02",
      success: function (e) {
        qqmapsdk.reverseGeocoder({
          location: {
            latitude: e.latitude,
            longitude: e.longitude
          },
          get_poi: 0,
          success: function (res) {
            if (res.status == 0) {
              that.setData({
                showNoAddress: 0,
                locationAddress: res.result.address_component.city + res.result.
address_component.district + res.result.address_component.street_number
              })
            } else {
              that.setData({
               showNoAddress: 1
              })
            }
          },
```

```
                fail: function (error) {
                    that.setData({
                        showNoAddress: 1
                    })
                }
            });
        },
                fail: function () {
                    that.setData({
                        showNoAddress: 1
                    })
                }
            });
    }
```

页面样式代码如下。

```
.location {
    display: flex;
    align-items: center;
    position: relative;
}

.location__box {
    display: flex;
    align-items: center;
    height: 90rpx;
    padding-left: 26rpx;
}

.location__box__img {
    width: 40rpx;
    height: 40rpx;
    margin-top: -1rpx;
}

.location__text {
    font-family: PingFangSC-Semibold;
    max-width: 360rpx;
    text-overflow: ellipsis;
    white-space: nowrap;
    overflow: hidden;
    font-size: 24rpx;
    color: #fff;
    letter-spacing: 0;
}

.tip {
    width: 750rpx;
    height: 70rpx;
    font-size: 24rpx;
    color: #98002e;
    letter-spacing: 0;
    display: flex;
    align-items: center;
    justify-content: center;
    background-color: rgb(244,229,234);
}
```

4. 商品区域

商品区域很简单，只使用 view 组件当作容器，用来包含左侧的分类菜单、右侧的商品列表及自定义组件。商品区域页面结构（index.wxml）代码如下。

```
<view class="shop">
    包含分类菜单、商品列表等内容
</view>

//样式代码
.shop {
      display: flex;
      position: relative;
      background-color: #f8f8f8;
}
```

5. 分类菜单

在商品区域的左侧是分类菜单，右侧的最上端是一个分类名称标题栏，如图 7-11 所示。

图7-11　商品区域

左侧分类菜单由于也需要纵向滑动，所以这里也使用了 scroll-view 组件来实现。右侧最上部的分类名称标题栏用 view 组件配合数据绑定来实现。具体结构（index.wxml）代码如下。

```
//分类名称标题栏
<view class="shop-list__item_category  shop-list__item_category-fixed">
      {{categoryName}}
</view>
//左侧分类菜单
<scroll-view   scrollWithAnimation   scrollY   class="shop-group"   scrollTop="
{{active*menuItem Height}}" style="height: {{menuHeight+'px'}}">
                  <block wx:for="{{skuList}}" wx:key="category_id">
                        <view   bindtap="handleGroupSelect"   class="shop-group__item
{{active===index?'shop-group__item_active':''}}" data-index="{{index}}">
                              <text
class="shop-group__item-text">{{item.category_name}}</text>
                        </view>
                  </block>
  </scroll-view>
```

为了提升用户体验，有时会需要在点击左侧分类名称后，右侧上方的标题栏位置也显示该分类名称，同时右侧商品列表对应该分类的商品也会自动滚动到当前位置，如图 7-12 所示。

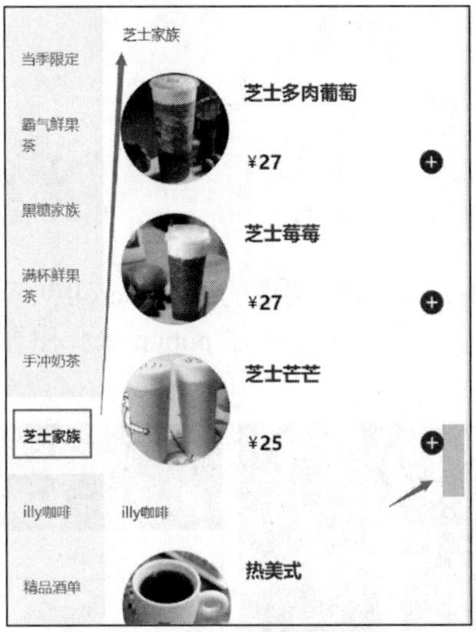

图7-12　选中某分类名称

这种效果主要是在 bindtap="handleGroupSelect"事件方法中实现的。当触发该事件时会获取当前触发的选项索引，索引值是通过 view 组件中的 data-index 设置的。然后通过获取点击序列的序列值，来获取存储商品列表高度的数组，通过数组再设置右侧商品列表滚动条的位置。具体页面逻辑（index.js）代码如下。

```
    handleGroupSelect: function (t) {
        var _index = t.currentTarget.dataset.index, _data = this.data, _bannerHeight
= _data.bannerHeight, _tops = _data.tops, _skulist = _data.skuList;
        this.setData({
            active: _index,
            categoryName: _skulist[_index].category_name || "",
            scrollTop: _bannerHeight,
            shoplistScollTop: _tops[_index - 1] || 0
        });
    }
```

具体样式（index.wxss）代码如下。

```
    .shop-group {
        width: 160rpx;
    }

    .shop-group_fixed .shop-group__item {
        width: 160rpx;
    }

    .shop-group__item {
        width: 100%;
        height: 120rpx;
        display: flex;
        align-items: center;
        color: #666;
        padding: 0 30rpx 0 30rpx;
        box-sizing: border-box;
    }

    .shop-group__item-text {
```

```
        font-size: 24rpx;
        line-height: 33rpx;
    }

    .shop-group__item_active {
        background-color: #fff;
        color: #98002e;
        font-weight: bold;
    }
```

6. 商品列表

商品列表也是通过 scroll-view 组件实现的。在 scroll-view 组件中还使用了自定义组件 sku-item 来显示列表详细信息，以及自定义组件 popup 来弹出显示具体商品信息的弹窗，如图 7-13 所示。

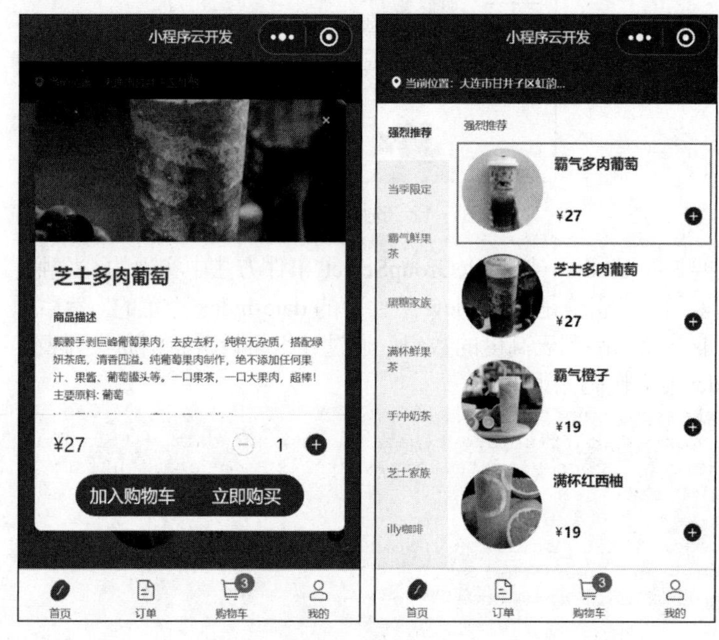

图7-13　商品列表

由于商品列表中的每项商品都需要重复显示具体信息，因此抽象出一个自定义组件 sku-item 来实现此功能。点击每个组件会弹出一个购买页的弹窗，这也是通过自定义组件实现的。具体商品列表结构（index.html）代码如下。

```
    <scroll-view scrollWithAnimation scrollY bindscroll="shopListScroll" bindtouchstart=
"handleTouchStart" class="shop-list" scrollTop="{{shoplistScollTop}}" style="height:
{{menuHeight+'px'}}">
                <block wx:for="{{skuList}}" wx:for-item="category" wx:key="category_
id">
                    <view class="shop-list__item">
                        <view class="shop-list__item_category">{{index==0?'':category.
category_name}}</view>
                        <block  wx:for="{{category.sku_list}}"  wx:for-item="sku"
wx:key="sku_base_id">
                            <!-- 列表项自定义组件 -->
                            <sku-item  bind:click="handleSkuClick"  bind:select=
"handleSkuTap" detail="{{sku}}"></sku-item>
                        </block>
                    </view>
                </block>
```

```
            <view class="blankBlock"></view>
    </scroll-view>
```

在 scroll-view 组件中设置 bindscroll="shopListScroll"，用于当页面滚动时，判断滚动条的位置属于哪个分类，然后把该分类名称显示在分类名称标题栏处，同时设置左侧分类样式为当前选中状态，其逻辑代码（index.js）如下。

```
    shopListScroll: function (t) {  //商品滚动
        var _detail = t.detail, _scrollTop = _detail.scrollTop, _deltaY = _detail.deltaY,
_data = this.data, _active = _data.active, _tops = _data.tops, _skuList = _data.skuList;
        if (_deltaY > 0){
            for (var i = _active - 1; i >= 0; i -= 1){
                _scrollTop < _tops[i] && _scrollTop > (_tops[i - 1] || 0) && this.setData({
                  active: i,
                  categoryName: _skuList[i].category_name || ""
                });
            }
        }else{
            for (var j = _active; j < _tops.length - 1; j += 1){
                _scrollTop > _tops[j] && _scrollTop < _tops[j + 1] && this.setData({
                  active: j + 1,
                  categoryName: _skuList[j + 1].category_name || ""
                });
            }
        }
    },
```

在 scroll-view 组件中还绑定有 bindtouchstart 手指触摸事件。当触发该事件时，判断滚动条位置，若小于 banner 高度，则自动设置滚动条 scrollTop 值为 banner 高度，也就是隐藏 banner，这样可以提升用户体验。其逻辑代码（index.js）如下。

```
    handleTouchStart: function () {
        var _data = this.data, _bannerHeight = _data.bannerHeight;
        _data.scrollTop < _bannerHeight && this.setData({
          scrollTop: _bannerHeight
        })
    },
```

在结构代码中通过 wx:for = "{{skulist}}"来实现商品显示，其中 skulist 通过逻辑页面（index.js）中的 getSkuList 方法来获取商品数据，这里也是直接从小程序端获取商品数据，具体代码如下。

```
      getSkuList: function () {  //获取商品、类别列表
        wx.showLoading();
        var that = this;
        var arr = new Array();
        db.collection('product').get({
          success(res){
             that.setData({
                skuList:res.data
             })
             that.getTops()
          },
          fail(err){
             console.log("err.", err)
          },
          complete: function (e) {
             wx.hideLoading();
          }
        });
      }
```

7. 实现自定义组件 sku-item

通过前面自定义组件的学习，相信读者已经学会了如何开发自定义组件，所有自定义组件

都放在 components 目录下。

本项目中自定义组件 sku-item 的主要作用是显示商品的图片、名称和价格等信息。该组件绑定了两个事件，一个是添加购物车事件 handleIncrease，另一个是详细信息弹窗事件 handleTap。具体页面结构（sku-item.wxml）代码如下。

```
<view bind:tap="handleTap" class="sku-item">
    <view class="img">
        <image bind:tap="handleTap" class="sku-img {{detail.is_sold_out==1?'sku_img_s':''}}" mode="aspectFill" src="{{detail.image[1]?detail.image[1].url:detail.image[0].url}}"></image>
        <block>
            <block wx:if="{{detail.is_sold_out==1}}">
                <view class="sku-img sku_img_sold_out">已售罄</view>
            </block>
        </block>
    </view>
    <view class="sku-content">
        <text bind:tap="handleTap" class="sku-content__title nowrap">{{detail.name}} </text>
        <view class="sku-content__extra-give">
            <block>
                <block wx:if="{{detail.promotion_exist}}">
                    <image class="sku-content__extra-give-img" src="/assert/popup/give_shouye.png"></image>
                </block>
            </block>
        </view>
        <view class="sku-content__bottom">
            <view bind:tap="handleTap">
                <text class="sku-content__bottom-symbol">¥</text>
                <text class="sku-content__bottom-price">{{detail.price}}</text>
            </view>
            <image catch:tap="handleIncrease" class="shop__list-item__add" number="{{count}}" src="/assert/popup/count_+.png"></image>
        </view>
        <block>
            <block wx:if="{{detail.is_sold_out==1}}">
                <view class="sold_out"></view>
            </block>
        </block>
    </view>
</view>
```

自定义组件 sku-item 的逻辑页面（sku-item.js）代码如下。建议读者重点了解代码中的 triggerEvent 方法，其功能是实现用户触发的指定事件。

```
Component({
  properties: {
    detail: {
      type: Object,
      value: {}
    },
    count: {
      type: Number,
      value: 0
    }
  },
  methods: {
    handleIncrease: function () {  //添加购物车事件
      var data = this.properties, _detail = data.detail, _count = data.count;
      this.triggerEvent("click", {  //触发首页绑定到自定义组件上的click事件
```

```
        type: "increase",
        detail: _detail,
        count: _count
      });
    },
    handleTap: function () {   //商品信息弹出组件事件
      var e = this.properties.detail;
      this.triggerEvent("select", {  //触发首页绑定到自定义组件上的 select 事件
        detail: e
      });
    }
  }
});
```

自定义组件 sku-item 的样式页面（sku-item.wxss）代码如下。

```
.sku-item {
     height: 224rpx;
     display: flex;
     margin: 0 20rpx 0 30rpx;
     z-index: 10;
}
.img {
     width: 180rpx;
     height: 180rpx;
     border-radius: 50%;
     box-sizing: border-box;
     position: relative;
     margin: 18rpx 0 26rpx 0;
     border: 1rpx solid #f0f0f0;
}
.sku-img {
     width: 100%;
     height: 100%;
     border-radius: 50%;
     box-sizing: border-box;
}
.sku_img_s {
     opacity: .3;
}
.sku_img_sold_out {
     position: absolute;
     left: 0;
     right: 0;
     top: 0;
     bottom: 0;
     color: #fff;
     font-size: 24rpx;
     display: flex;
     justify-content: center;
     align-items: center;
     background-color: rgba(0,0,0,0.2);
     text-shadow: 0 1px 4px rgba(0,0,0,0.30);
     z-index: 9999; ;
}
.sku-content {
     display: flex;
     flex-direction: column;
     position: relative;
     margin-left: 25rpx;
}
.sold_out {
```

```
    position: absolute;
    left: 0;
    right: 0;
    top: 0;
    bottom: 0;
    background-color: #fff;
    opacity: 0.6;
}
.sku-content__title {
    max-width: 334rpx;
    font-size: 32rpx;
    line-height: 45rpx;
    color: #333;
    font-weight: bold;
    margin-top: 27rpx;
}

.sku-content__extra-give {
    display: flex;
    align-items: center;
    margin-top: 10rpx;
    width: 261rpx;
    height: 30rpx;
}
.sku-content__extra-give-img {
    width: 52rpx;
    height: 30rpx;
}
.sku-content__bottom {
    width: 339rpx;
    height: 70rpx;
    display: flex;
    flex-direction: row;
    position: relative;
    margin-top: 18rpx;
}
.sku-content__bottom image {
    position: absolute;
    right: 0;
    width: 70rpx;
    height: 70rpx;
}
.sku-content__bottom-symbol {
    font-size: 26rpx;
    line-height: 70rpx;
    position: absolute;
    left: 0;
    height: 70rpx;
    display: flex;
}
.sku-content__bottom-price {
    position: absolute;
    left: 25rpx;
    font-size: 32rpx;
    line-height: 70rpx;
    color: #151515;
    font-weight: bold;
}
.nowrap {
    text-overflow: ellipsis;
    white-space: nowrap;
```

```
    overflow: hidden;
}
```

8. 调用自定义组件 sku–item

首页调用自定义组件 sku-item 时，需要先在配置文件（index.json）中引入，具体配置文件代码如下。

```
{
  "backgroundColor": "#333",        //设置背景色
  "usingComponents": {
    "popup": "../../components/popup/popup",             //引入自定义组件 popup
    "sku-item": "../../components/sku-item/sku-item"     //引入自定义组件 sku-item
  },
  "disableScroll": false            //不显示滚动条
}
```

9. 实现自定义组件 popup

popup 组件的主要功能是显示单个商品的详细信息，并可以在该页面上实现加入购物车或立即购买的功能，如图 7-13 所示。具体页面结构（popup.wxml）代码如下。

```
<view class="pop {{visible?'pop_visible':''}} ">
    <view class="pop-content">
        <view class="pop-banner" style="background-image: url('{{detail. image[0].
url}}')">
            <image  bind:tap="onClose"  class="pop-banner__close"  src="/assert/
common/popup_close.png"></image>
            <view class="pop-banber__shadow"></view>
        </view>
        <scroll-view scrollY class="pop-scroll" scrollTop="{{top}}" style="height:
{{scrollHeight}}rpx">
            <view class="pop-scroll__title">
                <view class="pop-scroll__title-name">{{detail.name}}</view>
            </view>
            <view class="sku-desc">
                <view class="sku-desc__title">商品描述</view>
                <view class="sku-desc__content">{{detail.sku_base_desc}}</view>
                <view class="sku-desc__remark">注：图片仅供参考，请以实际售卖为准。
</view>
            </view>
        </scroll-view>
        <view class="pop-footer">
            <view class="pop-footer__text">
                <view class="pop-footer__text-left">
                    <text class="pop-footer__text-price">¥{{price}}</text>
                </view>
                <!-- sku-buttion 自定义组件 -->
                <sku-button bind:decrease="handleCount" bind:increase="handleCount"
number="{{count}}"></sku-button>
            </view>
            <view class="pop-footer__btns">
                <view bind:tap="onSelect" class="pop-footer__btn_cart">
                    <text>加入购物车</text>
                </view>
                <view bind:tap="onBuy" class="pop-footer__btn_buy">
                    <text>立即购买</text>
                </view>
            </view>
        </view>
    </view>
</view>
```

在结构代码中还引入了另一个自定义组件 sku-button，用来实现购买时商品数量的选择，其逻辑实现在下文中介绍。除了 sku-button 组件外，还绑定了两个事件，一个是加入购物车事件 onSelect，另一个是立即购买事件 onBuy。具体逻辑文件（popup.js）代码如下。

加入购物车的逻辑代码如下。

```
onSelect: function() {
    var count = this.data.count;
    this.properties.detail.is_sold_out ? showObj.showToast("商品已售罄") : count <=
0 ? showObj.showToast("商品数量不能为 0") : (this.triggerEvent("select", this.
formatSku()),
    this.calPrice());
}
```

立即购买的逻辑代码如下。

```
onBuy: function() {
    var count = this.data.count, all_price = this.data.price, detail =
this.properties.detail;
    if (detail.is_sold_out){
        showObj.showToast("商品已售罄");
    } else if (count <= 0){
        showObj.showToast("商品数量不能为 0");
    } else {
        this.triggerEvent("buy", {
                count: count,
                all_price: all_price,
                detail: detail
        });
        this.calPrice();
    }
},
```

除了以上事件方法外，popup.js 逻辑文件中，还有 handleCount 方法用于实现前面定义的 sku-item 组件上绑定的 handleIncrease 事件，以及 sku-button 组件中的 increase 与 decrease 事件，该方法用于获取设置用户购买的产品数量。逻辑代码如下。

```
//计算价格
calPrice: function() {
    var count = this.data.count, _price = this.properties.detail.price;
    this.setData({
        price: Number(_price) * Number(count)
    });
},
//绑定 sku-button 中的 increase 与 decrease 事件的方法，用于设置购买数量
//绑定 sku-item 中的 handleIncrease 事件的方法，用于设置购买数量
handleCount: function(t) {
    if(Number(t.detail)!== 0){
        this.setData({
            count: t.detail
        });
        this.calPrice();
    }
},
```

自定义组件 popup 的样式页面（popup.wxss）代码如下。

```
.pop {
    display: none;
}
.pop_visible {
   position: fixed;
   top: 0;
   right: 0;
```

```
    bottom: 0;
    left: 0;
    display: flex;
    justify-content: center;
    align-items: center;
    background-color: rgba(0,0,0,0.8);
    box-sizing: border-box;
    z-index: 999;
}
.has_attr {
    padding: 40rpx;
}
.noHas_attr {
    padding: 100rpx 40rpx 100rpx 40rpx;
}
.pop-content {
    width: 100%;
    height: auto;
    background-color: #fff;
    border-radius: 16rpx;
    animation: pulse 0.8s both;
}
@-webkit-keyframes pulse {
    from {
        transform: scale3d(0,0,0);
    }
    20% {
       transform: scale(1,1,1);
    }
    30% {
        transform: scale3d(1.05,1.05,1.05);
    }
    to {
        transform: scale3d(1,1,1);
    }
}
@keyframes pulse {
    from {
        transform: scale3d(0,0,0);
    }
    20% {
        transform: scale(1,1,1);
    }
    30% {
        transform: scale3d(1.05,1.05,1.05);
    }
    to {
        transform: scale3d(1,1,1);
    }
}
.pop-banner {
    width: 100%;
    height: 300rpx;
    border-radius: 16rpx 16rpx 0 0;
    background-repeat: no-repeat;
    background-size: cover;
    background-position: center;
    position: relative;
}
.pop-banner__close {
    width: 70rpx;
    height: 70rpx;
```

```
        position: absolute;
        top: 10rpx;
        right: 10rpx;
    }
    .pop-banber__shadow {
        position: absolute;
        bottom: 0;
        left: 0;
        right: 0;
        height: 60rpx;
        background-image: linear-gradient(-180deg,rgba(255,255,255,0.00) 0%,rgba(0,0,
0,0.03) 100%);
    }
    .pop-scroll__title {
        padding: 40rpx 40rpx 0 40rpx;
        display: flex;
        align-items: flex-end;
    }
    .pop-scroll__title-name {
        font-size: 44rpx;
        line-height: 62rpx;
        font-weight: bold;
        color: #333;
    }
    .spec-list {
       margin: 0 0 0 40rpx;
       padding: 0 16rpx 20rpx 0;
       border-bottom: 1rpx solid #eee;
    }
    .spec-item {
         margin-top: 30rpx;
    }
    .spec-item:first-child {
         margin-top: 40rpx;
    }
    .sku-desc {
        box-sizing: border-box;
        padding: 0 40rpx 40rpx 40rpx;
    }
    .sku-desc__title {
         margin-top: 40rpx;
         font-size: 24rpx;
         line-height: 33rpx;
         font-weight: bold;
         color: #333;
    }
    .sku-desc__content,.sku-desc__alt {
         font-size: 24rpx;
         color: #333;
    }
    .sku-desc__content {
         margin-top: 18rpx;
    }
    .pop-footer {
         height: 246rpx;
         border-top: 1rpx solid #eee;
    }
    .pop-footer__text {
         display: flex;
         align-items: center;
         justify-content: space-between;
         padding: 0 30rpx 0 40rpx;
```

```
    margin: 30rpx 0;
}
.pop-footer__text-left {
    display: flex;
    align-items: flex-end;
    width: 400rpx;
}
.pop-footer__text-price {
    font-size: 40rpx;
    line-height: 56rpx;
    color: #98002e;
}
.pop-footer__btns {
    display: flex;
    justify-content: center;
}
.pop-footer__btn_cart,.pop-footer__btn_buy {
    display: flex;
    align-items: center;
    justify-content: center;
    width: 250rpx;
    height: 90rpx;
    background: none;
    color: #fff;
}
.pop-footer__btn_cart::after,.pop-footer__btn_buy::after {
    display: none;
}
.pop-footer__btn_cart {
    background-color: #333;
    border-radius: 51.5rpx 0 0 51.5rpx;
}
.pop-footer__btn_buy {
    background-color: #98002e;
    border-radius: 0 51.5rpx 51.5rpx 0;
}
.sku-desc__remark {
    font-size: 24rpx;
    color: #333;
    margin-top: 12rpx;
}
```

10. 实现自定义组件 sku–button

sku-button 组件的功能是在 popup 组件上显示选择的商品数量，如图 7-14 所示。

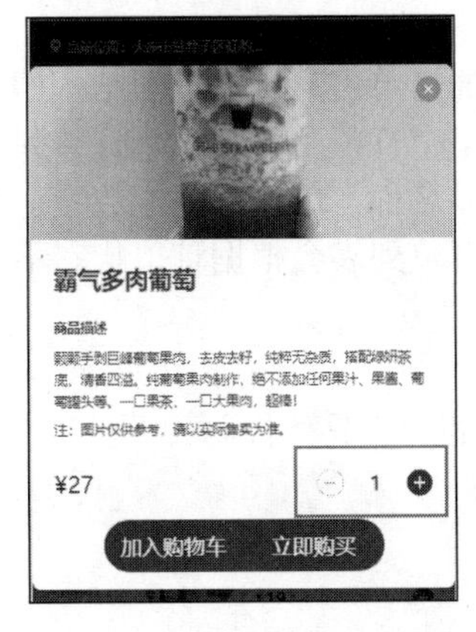

图7–14　自定义组件sku–botton

具体页面结构（sku-botton.wxml）代码如下。

```
<view class="sku-button">
        <block wx:if="{{number>0}}">
            <image  bind:tap="handleDecrease"  class="sku-button__item"  src="
{{number===1?'images/details_disable.png':'images/details_min.png'}}"></image>
        </block>
        <block wx:if="{{number>0}}">
            <view class="sku-button__text">{{number}}</view>
        </block>
     <image bind:tap="handleIncrease" class="sku-button__item" src="images/details_
add.png"></image>
</view>
```

该结构代码比较简单，主要绑定了 tap 事件的 handleDecrease、handleIncrease 两个方法，用于设置购买数量。

tap 事件的 handleDecrease 方法在逻辑文件 sku-booton.js 中的代码如下。

```
handleDecrease: function() {
    this.triggerEvent("decrease", this.properties.number - 1);
}
```

tap 事件的 handleIncrease 方法在逻辑文件 sku-booton.js 中的代码如下。

```
handleIncrease: function() {
     var e = this.properties, max = e.max, num = e.number;
     max && num >= max || this.triggerEvent("increase", num + 1);
},
```

自定义组件 sku-button 的样式页面（sku-button.wxss）代码如下。

```
.sku-button {
     display: flex;
     align-items: center;
}
.sku-button__item {
     width: 70rpx;
     height: 70rpx;
}
.sku-button__text {
     width: 90rpx;
     font-size: 36rpx;
     line-height: 50rpx;
     text-align: center;
}
```

7.4.3 订单页面

订单页面主要用于展示用户的订单信息，其页面结构相对简单。在订单主体容器中包含了一个订单列表，每个订单列表中又包含订单号、订单状态、商品名称、单价、购买数量、总价以及订单的创建时间等信息，订单列表会根据订单状态不同显示不同的内容，如图 7-15 所示。

图7-15　订单页面结构

1. 订单主体容器

订单主体容器中使用了 view 组件，具体代码如下。

```
//订单主体容器
<view class="order-list">
   省略其他代码
</view>
```

主体容器中的 order-list 样式代码如下。

```
page {
    background-color: #f6f6f6;
}
.order-list {
    font-size: 28rpx;
    color: #333;
}
```

2. 订单列表

订单列表通过 scroll-view 组件来控制订单滑动效果。具体页面结构（list.wxml）代码如下。通过代码可以看到，订单列表信息是通过后台动态获取的，然后通过 wx:if 判断是否有数据。如果没有数据，则会显示<block>标签包裹的订单为零时的提示。如果有数据，会通过 wx:for 来循环显示数据内容，如订单号、商品名称、订单状态、单价等信息。

```
<scroll-view class="scrollY" scrollY="{{scrollY}}">
              <block wx:if="{{packageList.length!==0}}">
                  <view class="order-item-list">
                      <block wx:for="{{packageList}}" wx:key="{{index}}">
                          <view class="order-item" data-index="{{index}}"
data- status="package">
                                  <view class="order-item-title-bar">
                                      <view      class="{{item.status===0?'
order-title order-item-title-none':'order-title order-item-title'}}">
                                          <view class="id">
                                             <text>订单号：{{item.orderNo}}
</text>
                                          </view>
                                          <view class="status">
                                                      <text>{{item.status
===0?'待支付':item.status===1?'已完成':item.status===2?'已取消':item.status===3?'退款中
':item. status===4?'已退款':'退款失败'}}</text>
                                                          <block wx:if=
"{{item. status===2}}">
                                                              <text
class=" overtime">手动取消</text>
                                                          </block>
                                          </view>
                                      </view>
                                  </view>
                                  <view class="order-item-food">
                                      <text class="name">{{item.skulist.name}}
</text>
                                      <text class="count">¥{{item.skulist.
price}} </text>
                                  </view>
                                  <view class="order-item-info">
                                      <text class="price">
                                          <text>¥</text>{{item.all_price}}
</text>
                                      <text class="count">共{{item.count}}件
商品</text>
                                  </view>
                                  <view class="order-item-time">{{item.create_
time}}</view>
                              <view class="order-item-button">
                                  <block wx:if="{{item.status===0}}">
                                          <view bindtap="cancelOrder" data-
id="{{item. orderNo}}">取消订单</view>
                                  </block>
                                    <view bindtap="payOrder" class="pay"
```

```
data- id="{{item.orderNo}}">立即支付</view>
                                </block>
                            </view>
                        </view>
                    </block>
                </view>
            </block>
    </scroll-view>
    <block wx:if="{{packageList.length===0}}">
        <view class="empty">
            <image src="/assert/order/empty.png"></image>
            <text>您还没有下过单哦~</text>
        </view>
    </block>
```

订单列表可以通过逻辑页面（list.js）中的 getPackageList 方法从后台数据库获取订单数据，代码如下。

```
    //获取订单列表数据
    getPackageList: function(){
        wx.showLoading();
        var that = this;
        const u_openid = wx.getStorageSync('u_openid');
        db.collection("order").where({
          _openid: u_openid
        }).get({
          success(res) {
            wx.hideLoading();
            that.setData({
              packageList: res.data
            })
          }
        });
    },
```

订单列表中除了有展示订单数据的功能外，还有“取消订单”和“立即支付”功能，当订单列表状态为“待支付”时，会出现这两个功能按钮，如图 7-16 所示。

图7-16　取消订单和立即支付功能

“取消订单”和“立即支付”按钮分别绑定了 cancelOrder 方法和 payOrder 方法的 bindtap 事件。具体逻辑页面（list.js）代码如下。

```
    cancelOrder(a){
        var _oid = a.currentTarget.dataset.id;
        var that = this;
        wx.cloud.callFunction({
          name: 'order',
          data: {
            orderNo: _oid,
            flag: 'update',
            status: 2
          },
```

```
      success(res) {
        console.log(res);
        that.getPackageList();
      },
      fail: wx.hideLoading()
    });
  },

payOrder: function (o) {
    wx.showLoading();
    var _oid = o.currentTarget.dataset.id;
    var that = this;
    wx.cloud.callFunction({
      name: 'order',
      data: {
        orderNo: _oid,
        flag: 'update',
        status: 1
      },
      success(res) {
        wx.hideLoading();
        that.getPackageList();
      },
      fail: console.error
    });
  },
```

订单列表的样式代码如下。

```
.scrollY {
     max-height: 100vh;
}
.order-item-list {
     padding: 0 0 60rpx;
}
.order-item {
     padding: 40rpx 30rpx 40rpx 90rpx;
     margin-top: 20rpx;
     background: #fff;
     position: relative;
     transition: all 0.4s;
}
.order-item .count_down {
     width: 590rpx;
     height: 206rpx;
     background: #F6F6F6;
     border-radius: 6rpx;
     margin-bottom: 30rpx;
     display: flex;
     flex-direction: column;
     justify-content: center;
     align-items: center;
}
.order-item.isMove {
     transform: translateX(-180rpx);
}
.order-item-title-bar {
     display: flex;
     justify-content: space-between;
     font-weight: bolder; ;
}
.order-item-title-bar .order-title {
```

```
    flex: 1;
    display: flex;
    justify-content: space-between;
    padding-bottom: 30rpx;
    border-bottom: 1rpx solid #E6E6E6;
}
.order-item-title-bar .order-item-title {
    border-bottom: 1rpx solid #E6E6E6;
    margin-bottom: 30rpx;
}
.order-item-title-bar .order-item-title-none {
    border-bottom: none;
}
.order-item-title-bar .order-title .id {
    position: relative;
}
.order-item-title-bar .order-title .id .icon {
    position: absolute;
    top: 0;
    left: -50rpx;
    width: 40rpx;
    height: 40rpx;
}
.order-item-title-bar .order-title .status {
    display: flex;
    flex-direction: column;
    align-items: flex-end;
    justify-content: center;
    font-weight: bold;
}
.order-item-title-bar .order-title .status .overtime {
    font-size: 24rpx;
    color: #999;
    font-weight: normal;
    margin: 0;
}
.order-item-title-bar .icon_arraw .icon {
    display: inline-block;
    height: 40rpx;
    width: 40rpx;
    position: relative;
    top: 3rpx;
}
.order-item-food {
    margin-bottom: 10rpx;
    display: flex;
    align-items: center;
}
.order-item-food .name {
    display: inline-block;
    max-width: 340rpx;
    white-space: nowrap;
    overflow: hidden;
    text-overflow: ellipsis;
}
.order-item-food .count {
    display: inline-block;
    color: #999;
    margin-left: 20rpx;
}
.order-item-info {
```

```
    display: flex;
    align-items: center;
    margin-top: 20rpx;
}
.order-item-info .price {
    font-size: 32rpx;
}
.order-item-info .price text {
    font-size: 28rpx;
}
.order-item-info .count {
    font-size: 24rpx;
    color: #999;
    margin-left: 10rpx;
}
.order-item-time {
    margin-top: 16rpx;
    font-size: 24rpx;
    color: #999;
}
.order-item-button {
    display: flex;
    margin-top: 30rpx;
}
.order-item-button view {
    height: 56rpx;
    line-height: 56rpx;
    margin-right: 20rpx;
    border: 1rpx solid rgba(0,0,0,0.30);
    border-radius: 6rpx;
    width: 160rpx;
    text-align: center;
}
.order-item-button view.pay {
   color: #98002e;
   border-color: rgba(152,0,46,0.4);
}
.order-list .empty {
    display: flex;
    flex-direction: column;
    align-items: center;
    margin-top: 362rpx;
}
.order-list .empty image {
    width: 170rpx;
    height: 170rpx;
}
.order-list .empty text {
    margin-top: 40rpx;
    text-align: center;
    color: #999;
}
.time {
    margin-left: -28rpx;
}
.overtime {
    font-size: 24rpx;
    color: #999;
    text-align: right;
    margin-top: -30rpx;
    margin-right: 40rpx;
    margin-bottom: 30rpx;
}
```

7.4.4 购物车页面

购物车页面与订单页面类似，在主体容器中包含了一个商品列表，每个商品列表包含商品图片、名称、描述、单价、数量以及多选框。在主体容器下面还有一个 footer 栏，用来批量操作商品信息及提交商品信息。购物车页面结构如图 7-17 所示。

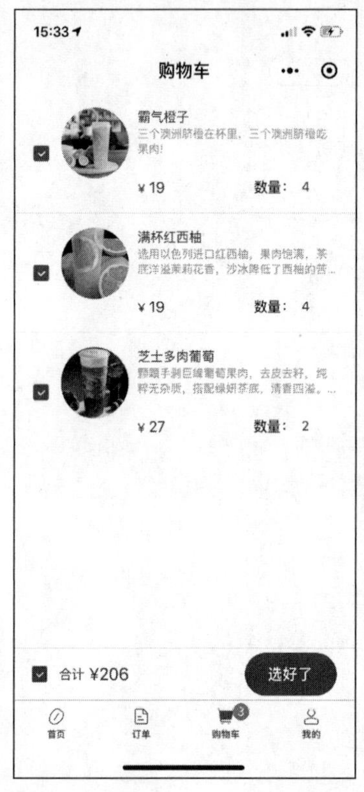

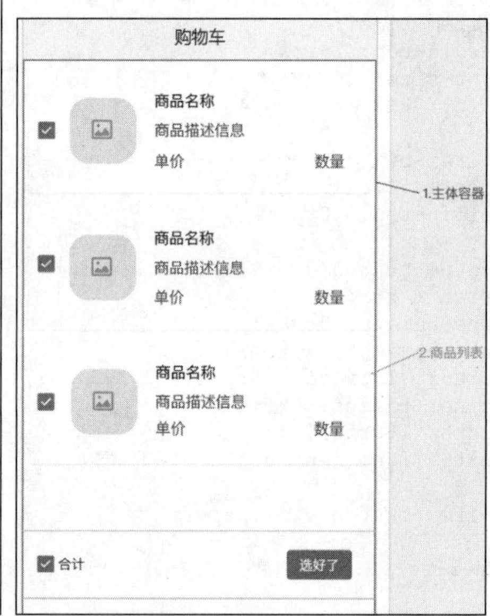

图7-17 购物车页面结构

1. 购物车主体容器

购物车主体容器同样使用 view 组件，页面结构（cart.wxml）代码很简单，和订单列表一样，代码如下。

```
<view class="container">
    …
</view>
```

样式文件（cart.wxss）的代码如下。

```
.container {
     width: 750rpx;
     margin: 0;
     padding: 0;
     overflow: auto;
}
```

2. 商品列表

购物车里的商品列表由于需要滑动，因此也使用了 scroll-view 组件，具体页面结构（cart.wxml）代码如下。

```
<scroll-view class="good-list" scrollY="{{scrollY}}" style="height: {{window
Height+'px'}}">
          <block wx:for="{{sku}}" wx:key="{{index}}">
```

```
            <view class="good">
                <view bindtouchend="handleTouchend" bindtouchmove="handleTouchmove"
bindtouchstart="handleTouchstart"  class="good-item  {{item.isTouchMove?'touch-move-
active':''}}" data-index="{{index}}">
                    <view class="good-list__content" data-index="{{index}}">
                        <view class="good-list__content__detail {{index==sku.length-
1?'good-list__content__detail-last':''}}">
                            <view class="good-list__content__primary">
                                <block wx:if="{{item.is_chosen==1}}">
                                    <view  bindtap="bindCheckbox"  class="
good-item__ checkbox" data-index="{{index}}">
                                        <block wx:if="{{item.sku_detail.is_
sold_out==1}}">
                                          <view class="mask"></view>
                                        </block>
                                        <image
class="good-item__checkbox_img" src="/assert/cart/choose_selected.png"></image>
                                    </view>
                                </block>
                              <block wx:if="{{item.is_chosen==0}}">
                                    <view bindtap="bindCheckbox" class="good-
item__checkbox" data-index="{{index}}">
                                        <block wx:if="{{item.sku_detail.is_
sold_out==1}}">
                                          <view class="mask"></view>
                                        </block>
                                        <image  class="good-item__checkbox_
img" src="/ assert/cart/choose_normal.png"></image>
                                    </view>
                                  </block>
                                <view class="good-item__image">
                                    <block wx:if="{{item.sku_detail.is_sold_out==
1}}">
                                        <view class="good-item__image_sold-
out">已售罄</view>
                                    </block>
                                    <image class="{{item.sku_detail.is_sold_out==
1?'good-item__image_s':''}}" mode="aspectFill" src="{{item.sku_detail.image[0].url}}"
></image>
                                </view>
                                <view class="good-item__desc">
                                    <block wx:if="{{item.sku_detail.is_sold_out==
1}}">
                                        <view class="mask"></view>
                                    </block>
                                    <text    class="good-item__title">{{item.sku_
detail.name}}</text>
                                    <view
class="good-item__property">{{item.sku_detail. sku_base_desc}}</view>
                                    <view class="good-item__price_wrap">
                                        <text class="good-item__price">
                                            <text>¥</text>    {{item.sku_detail.
price}}
                                        </text>
                                        <view class="good-item__stepper">
                                            <block  wx:if="{{item.sku_detail.is_
sold_out==1}}">
                                                <view class="mask"></view>
                                            </block>
                                            数量:
                                            <view bindchange="bindManual" class="
```

```
number" type="number">{{item.sku_count}}</view>

                                                          </view>
                                                      </view>
                                                  </view>
                                            </view>

                                       </view>
                                  </view>
                                  <view  catchtap="catchLeftDel"  class="del-item"  data-index="
{{index}}" data-item_id="{{item._id}}">删除</view>
                                </view>
                           </view>
                      </block>
                      <view class="good-item-last"></view>
                </scroll-view>
```

从代码可以看到购物车页面的商品列表是通过 wx:for 遍历 sku 数组来渲染的，而 sku 数组是在逻辑页面（cart.js）中动态地从云函数中获取的，代码如下。

```
      //获取商品列表
      getlist:function(){
         var that = this;
         const u_openid = wx.getStorageSync('u_openid');
         db.collection("cart").where({
            _openid: u_openid
         }).get({
            success(res) {
              var total_price = 0;
              if(res.data.length > 0){
                 for (var i = 0; i < res.data.length; i++) {
                     if(res.data[i].is_chosen){
                         total_price = total_price + res.data[i].all_price
                     }
                 }
              }
              that.setData({
                 sku: res.data,
                 total_price: total_price
              })
              that.getCartCount();
           }
         });
      },
```

在结构代码中又绑定了 bindtouchend、bindtouchmove、bindtouchstart 这 3 个事件来实现左滑删除功能，具体效果如图 7-18 所示。

图7-18　左滑删除

实现左滑删除的逻辑页面（cart.js）代码如下。

```
//手势事件，用于左滑删除功能
handleTouchstart: function (t) {
  this.data.sku.forEach(function (t, e) {
    t.isTouchMove && (t.isTouchMove = false);
  });
  this.setData({
    startX: t.changedTouches[0].clientX,
    startY: t.changedTouches[0].clientY,
    sku: this.data.sku
  });
},
//手势事件，用于左滑删除功能
handleTouchmove: function (t) {
  var that = this, idx = t.currentTarget.dataset.index, data = that.data, startX = data.startX, startY = data.startY, clientX = t.changedTouches[0].clientX, clientY = t.changedTouches[0].clientY, obj = that.angle({
    X: startX,
    Y: startY
  }, {
      X: clientX,
      Y: clientY
    });
  that.data.sku.forEach(function (t, n) {
    t.isTouchMove = false, Math.abs(obj) > 40 || n === idx && (that.setData({
      scrollY: false
    }), t.isTouchMove = !(clientX > startX));
  });
  that.setData({
    sku: that.data.sku
  });
},
//手势事件，用于左滑删除功能
handleTouchend: function () {
  this.setData({
    scrollY: true
  });
},
```

其中 catchtap 事件绑定的 catchLeftDel 方法实现真正删除的功能，逻辑代码如下。

```
//删除
catchLeftDel: function (t) {
  var that = this, dataset = t.currentTarget.dataset, item_id = dataset.item_id, index = dataset.index, sku = this.data.sku, o = [];
  o.push(item_id)
  wx.cloud.callFunction({
    name: 'cart',
    data: {
      flag: 'del',
      id: o
    },
    success(res) {
      that.getlist();
    },
    fail() {
      console.error
    }
  });
},
```

购物车页面的商品列表最左侧设有多选框，用户可以选中或者合并几个商品一起支付，其结构代码可参见商品列表中的代码，逻辑代码如下。

```
//绑定点击 checkbox 事件
bindCheckbox: function (t) {
  var that = this,
       sku = this.data.sku,
       index = t.currentTarget.dataset.index,
       c_sku = sku[index],
       is_chosen = sku[index].is_chosen,
       id = sku[index]._id;
  if (1 === sku[index].is_sold_out) return false;
  is_chosen = !is_chosen;
  var o = new Object();
  o.id = id;
  o.is_chosen = is_chosen;
  wx.cloud.callFunction({
    name: 'cart',
    data: {
      flag: 'update',
      data: o
    },
    success(res) {
      that.getlist();
    },
    fail() {
      console.error
    }
  });
},
```

在购物车页面的最下方 footer 栏中设有全选复选框、“合计”以及“选好了”按钮，用来提交选中的商品。当一件商品都没有选中时，“选好了”按钮会消失。详细页面结构（cart.wxml）代码如下。

```
<block wx:if="{{sku.length>0}}">
             <view class="good-footer">
                 <view class="good-footer-left_special">
                     <image catchtap="bindSelectAll" class="good-footer__checkbox_
special" data-index="{{index}}" src="{{selected AllStatus?'/assert/cart/choose_selected.
png':'/assert/cart/choose_normal.png'}}"></image>
                     <text class="total__title__left_special">合计</text>
                     <text
class="total__title__right_special">¥{{total_price}}</text>
                 </view>
                 <block wx:if="{{total_price > 0}}">
                   <button  bindtap="handlechange"  class="good-footer__button"
formType="submit">选好了
                   </button>
                 </block>
             </view>
   </block>
```

根据代码可以看到，首先要判断购物车是否有数据，如果有才会显示。catchtap 事件绑定了 bindSelectAll 方法，来实现全部选中的功能。bindtap 事件绑定了 handlechange 方法，来实现数据提交功能。具体逻辑页面（cart.js）代码如下。

```
//全选
 bindSelectAll: function () {
    var that = this, selectedAllStatus = this.data.selectedAllStatus, sku =
this.data.sku, flag = !selectedAllStatus;
    var all_price = 0;
    for (var i = 0; i < sku.length; i += 1){
```

```
          sku[i].is_chosen = flag;
          sku[i].sku_detail.is_sold_out ? sku[i].is_chosen = !1 : sku[i].is_chosen =
flag;
          all_price = all_price + sku[i].all_price
        }
        that.setData({
          selectedAllStatus: !selectedAllStatus,
          sku: sku,
          total_price: !selectedAllStatus ? all_price : 0
        });
      },
      //绑定“选好了”按钮事件，用于提交数据
      handlechange: function () {
        var sku = this.data.sku, new_sku = sku.filter(function (t) {
          return t.is_chosen;
        }).map(function (t) {
          return t;
        });
        if (0 === new_sku.length) {
          wx.showToast({
            title: "请选择至少一种商品",
            icon: "none"
          });
        } else {
          var orderNo = new Date().getTime();
          var createTime = formatDate(orderNo);
          var arr = new Array();
          var cartIds = new Array();
          for(var i=0; i<new_sku.length; i++){
            var _data = new Object();
            _data["orderNo"] = orderNo+"";
            _data["status"] = 0;
            _data["isMove"] = 0;
            _data["create_time"] = createTime;
            _data["count"] = new_sku[i].sku_count;
            _data["all_price"] = new_sku[i].all_price;
            _data["skulist"] = new_sku[i].sku_detail;
            _data["remark"] = "";
            cartIds.push(new_sku[i]._id);
            arr.push(_data);
          }
          wx.cloud.callFunction({
            name: 'order',
            data: {
              flag: 'add',
              data: arr
            },
            success(res) {
              wx.cloud.callFunction({
                name: "cart",
                data:{
                  flag: 'del',
                  id: cartIds
                },
                success(r){},
                fail(){
                  console.log("err")
                }
              })
              wx.navigateTo({
                url: "/pages/order/confirm?from=cart&orderNo=" + orderNo
```

```
          });
        },
        fail() {
          console.error
        }
      });
    }
  }
```

7.4.5 “我的”页面

“我的”页面结构很简单，主体容器中一共包含了两个结构，上面是个人信息，包括头像与微信昵称，下面是分享功能，如图 7-19 所示。

图7-19 “我的”页面结构

该页面结构（my.wxml）代码如下。

```
<view class="container">
    <view class="banner">
        <view class="banner_info">
          <view class="banner-avatar" >
            <open-data class="open-data" type="userAvatarUrl"></open-data>
          </view>
          <open-data class="banner-name" type="userNickName"></open-data>
        </view>
    </view>
    <view class="links">
        <view class="link-item" open-type="share">
          <image class="link-item__icon" src="../../assert/share/my_share@2x.png">
</image>
          <button class='link-item__btn' open-type="share" plain>分享有礼</button>
        </view>
    </view>
</view>
```

代码中使用了小程序为我们提供的开放能力 open-data 来获取头像和昵称。关键代码如下。

```
//用户头像
<open-data class="open-data" type="userAvatarUrl"></open-data>
```

```
//用户昵称
<open-data class="banner-name" type="userNickName"></open-data>
```

代码中还包括一个 open-type="share"分享功能，用来实现小程序分享。同时微信生命周期函数中有一个 onShareAppMessage 函数，当页面代码中设置有这个函数时，可以点击微信右上角的三点进行分享，或者在页面代码中使用开放能力 open-data 来实现分享功能，关键代码如下。

```
//用户点击微信右上角的三点进行分享
  onShareAppMessage: function (res) {
    return {
       title: "小程序云开发",
       path: "/pages/index/index"
    }
  }
```

7.5　小程序的发布

小程序项目开发主要分为开发测试、审核和最终发布几个阶段，不同阶段对应不同的小程序版本，分别为开发版、体验版、审核中版和线上版。

1. 开发版

使用微信开发者工具，可将代码上传到开发版中。开发版可删除，不影响线上版和审核中版。

2. 体验版

开发版可以由管理员继续提交为体验版，该版本无须审核且只有具备体验者权限的用户可以使用，主要用于正式上线前的体验测试。

3. 审核中版

小程序开发版全部开发、测试完成后可以由管理员正式提交上线。正式上线前的处于待审核状态的版本称为审核中版。

4. 线上版

线上版是审核通过后的版本，所有微信用户都可以查看和使用。该版本代码在新版本代码发布后被覆盖更新。

下面我们对果茶店小程序项目进行项目上传、提交为体验版、提交审核等操作。

7.5.1　项目上传

微信开发者工具中的预览功能只能由开发者自己测试小程序的性能，如果希望更多人使用小程序，则需要进行项目上传。上传后才可以由管理员进一步选择发布为体验版或线上版。

将项目上传到小程序的后台管理端的步骤如下。在微信开发者工具右上角单击“上传”按钮（如果没找到上传按钮可在图 7-20 所示界面找到“上传”选项）；在弹出的项目发布弹窗中输入自定义的版本号和项目备注信息；最后单击弹窗中的“上传”按钮，即可完成项目上传，如图 7-21 所示。

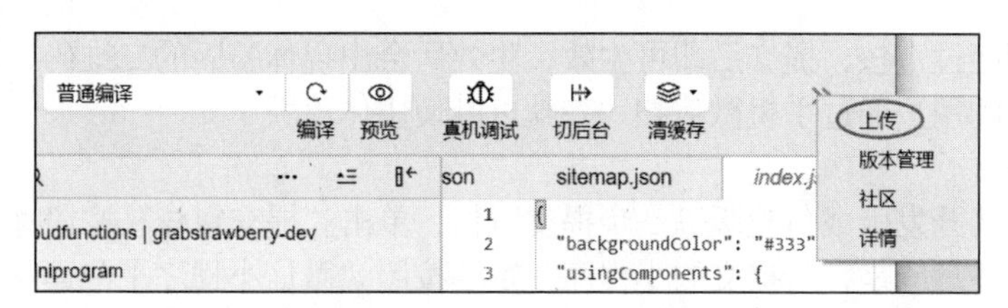

图7-20　小程序项目上传选项

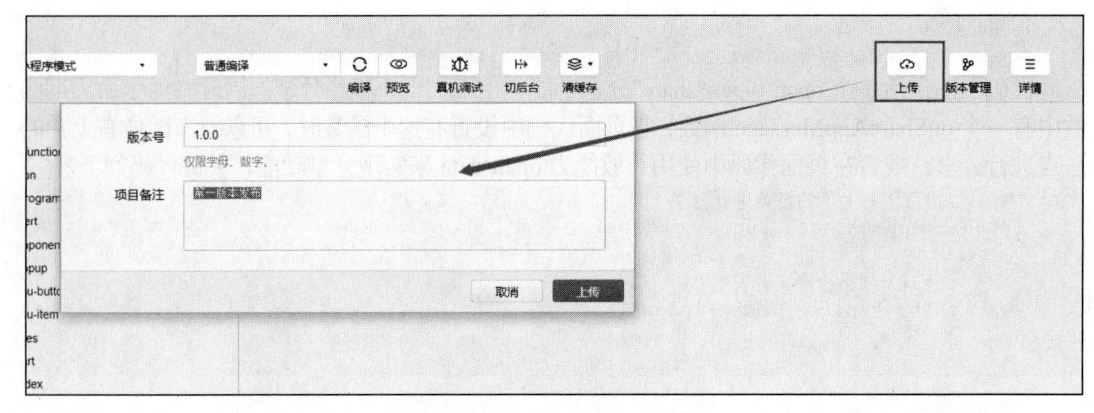

图7-21　小程序项目上传弹窗

7.5.2　提交审核

当项目上传成功后，登录小程序管理后台，单击“版本管理”就可以看到刚才上传的小程序版本信息。

1. 提交为体验版

管理员可以将开发版提交为体验版，体验版目前最多可以供 15 名体验者使用。单击“提交审核”按钮右边的向下箭头按钮，选择“选为体验版本”选项，即可将小程序提交为体验版，如图 7-22 所示。

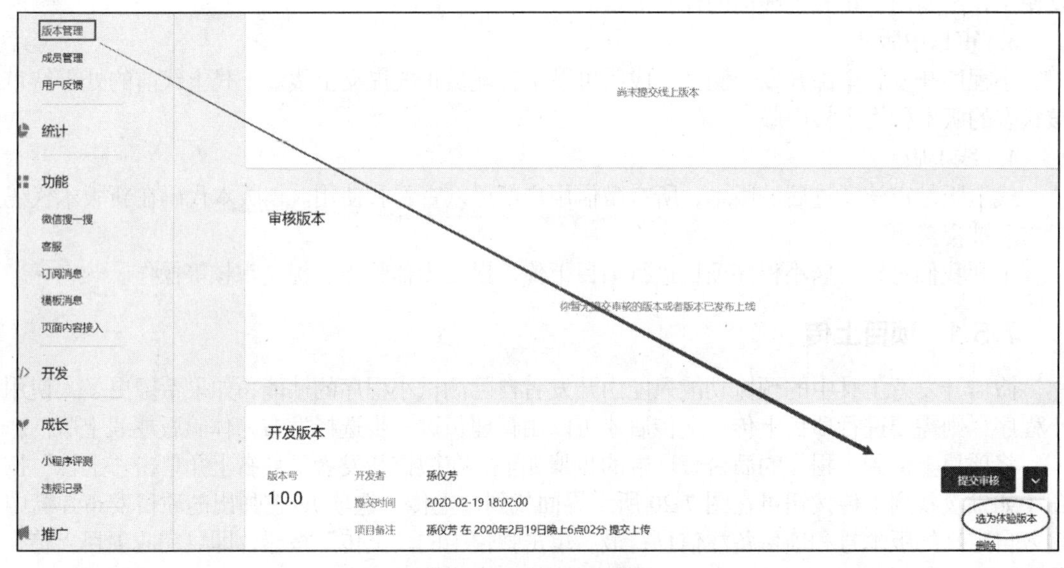

图7-22　提交为体验版

体验版无须经过审核，提交后即可生效，生效后会出现体验版的二维码，如图 7-23 所示。具有体验者权限的用户通过手机微信扫一扫就可以使用体验版了。

2. 提交审核

管理员可以将开发版或体验版进一步提交审核，单击“提交审核”按钮时，会弹出提交审核对话框。需要注意的是，所提交的小程序一定要按照“微信小程序平台运营规范”来执行，否则无法审核通过，具体如图 7-24 和图 7-25 所示。

通过审核后的版本将成为线上版，所有微信用户都可以使用。

图7-23　体验版生效页面

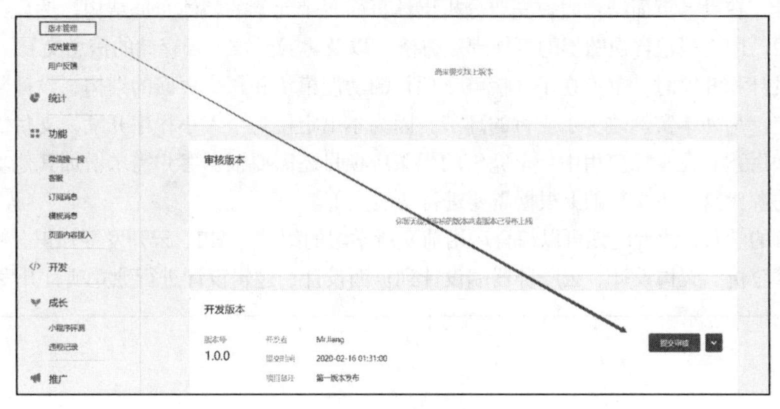

图7-24　提交审核

图7-25　提交审核对话框

本章小结

在一个云开发小程序的实际项目中，首先要从需求分析入手，整理分析出全部功能，然后进行整个项目的架构设计、数据存储设计、云函数设计，再完成小程序端的设计开发，最后进行小程序的发布上线。

（1）架构设计： 通过功能分析，果茶店项目需要对数据永久性存储，并需要对数据进行编辑，所以整个项目设计分为小程序端设计及云开发服务器端设计两部分。

（2）数据存储设计：数据存储设计包括数据集合（数据库表单）设计和访问权限设计。根据项目功能中存储数据的需要，果茶店项目包含了购物车、订单、商品以及banner等数据集合。数据的访问权限规定了用户可以读取哪些数据信息，主要是针对小程序端权限的设置。

（3）云函数设计：利用云函数天然继承身份鉴权的功能，在项目中可以很方便地获取用户的身份信息。同时云函数有批量删除、修改等功能，这些是在小程序端无法做到的。

（4）小程序端设计：小程序端设计包括视图层设计和逻辑层设计。视图层设计包含页面结构设计、页面样式设计。在设计页面结构时首先要分析出该页面每个元素的整体布局结构，然后再通过样式来美化整个页面。逻辑层包含视图层的事件绑定方法，以及对云函数、云存储的信息交互。

在项目设计和开发时，重点在于分析整个项目的功能模块和每个页面的结构，设计数据库时要注意权限的设定。另外本实例缺少了支付的环节，因为本书定位为个人小程序开发，支付需要企业权限认证，故不做讲述。在实际应用中一个完整的果茶店项目还需要根据客户需求增加其他功能，读者可以下载本书的源代码，在此基础上根据需要进行功能完善。

通过本章的学习，读者应该可以综合运用前文所学习的组件、API、云开发等知识，遵循项目开发流程，从需求分析、架构设计、云服务器端设计到页面设计、逻辑设计进行独立项目开发的练习了。

习　题

一、简答题

1. 查看小程序开发文档，简述如何在体验版的小程序中给相关人员添加权限。
2. 简述一个全栈式小程序的开发流程。

二、实践题

1. 完成“爱电影”小程序的体验版和线上版的发布。

2. 果茶店项目中，请在“我的”页面中增加“地址管理”功能，具体交互如图7-26所示。点击“地址管理”按钮后进入地址管理页面，页面上部分是表单，下部分是地址列表。用户可以输入地址信息，点击“提交”按钮后添加地址信息到后台数据库中。

12:00
小程序云开发
微信昵称
分享有礼
地址管理
12:00
地址管理
姓名：
请输入姓名
电话：
请输入联系方式
地址
请输入地址
提交
张三
186041
辽宁省大连市高新园区
张三
186041
辽宁省大连市高新园区
张三
186041
辽宁省大连市高新园区

图7-26　地址管理页面

附录 A　调试

几乎所有程序在开发时都会遇到错误，这时就需要在 IDE 中对程序进行调试，开发小程序时也是如此。微信开发者工具为开发者提供了强大的调试功能，分别有模拟器调试和真机调试，如图 A-1、图 A-2 所示。

图A-1　模拟器调试

图A-2 真机调试

模拟器调试

大多数项目在开发时是在模拟器上直接进行调试的，因此下面以模拟器调试为主来介绍小程序项目开发中的调试。

1. 预览页面样式

在页面开发时，有时需要预览一下样式显示的效果，可以这样操作，首先打开调试器控制面板中的“Wxml”，界面会显示页面对应的结构代码和样式代码。这时，如果想改变页面列表中的标题文字和颜色，可以单击选中控制面板左上角的 图标，然后在左侧模拟器新闻列表标题文字上单击，右侧代码区域会自动展示当前选中的结构代码和样式代码，如图 A-3 所示。

图A-3 选中想要查看的结构

接下来在选中的页面样式代码中找到“color”属性，把它更改成绿色，模拟器上会直接显示更改后的效果，如图 A-4 所示。

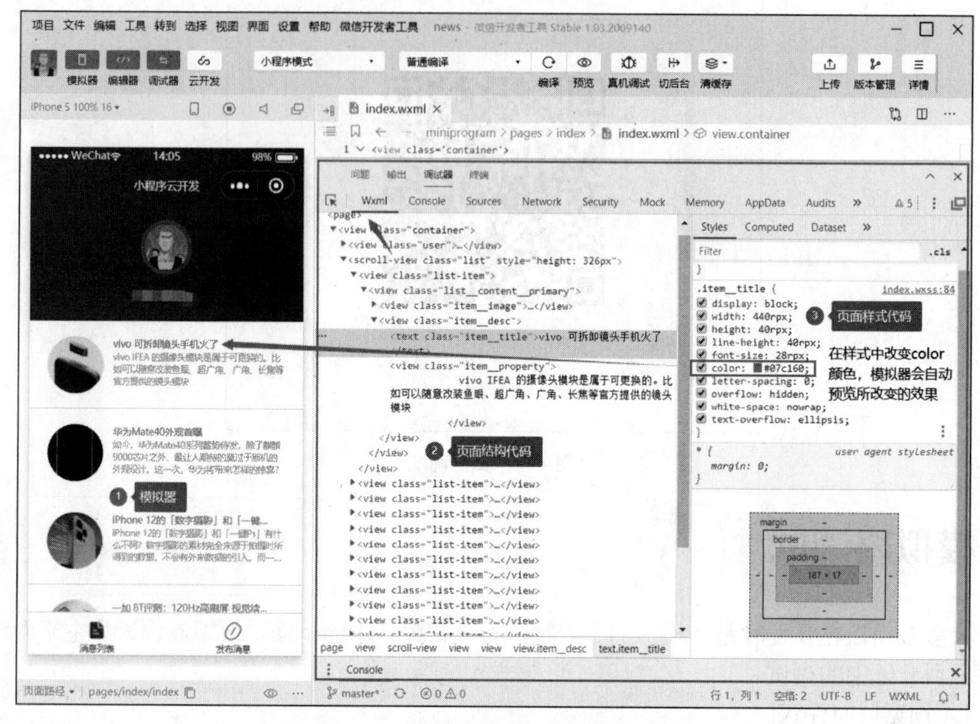

图A-4　预览更改页面样式后的效果

以上只是页面样式调试的一个小例子，除了改变、增加页面的样式外，还可以对页面的结构进行操作，读者可以自己试一试。需要注意的是，在调试样式时，所进行的代码更改并不会保存在本地文件中，当重新编译并刷新页面后，页面会自动恢复之前的样式。

2. Console 面板

当逻辑层代码出现问题时，使用 Console 面板配合 console.log 语句来调试是最简单、最常用、最省事的方式。

所有页面信息和错误都会在 Console 面板中显示出来，如图 A-5 所示。

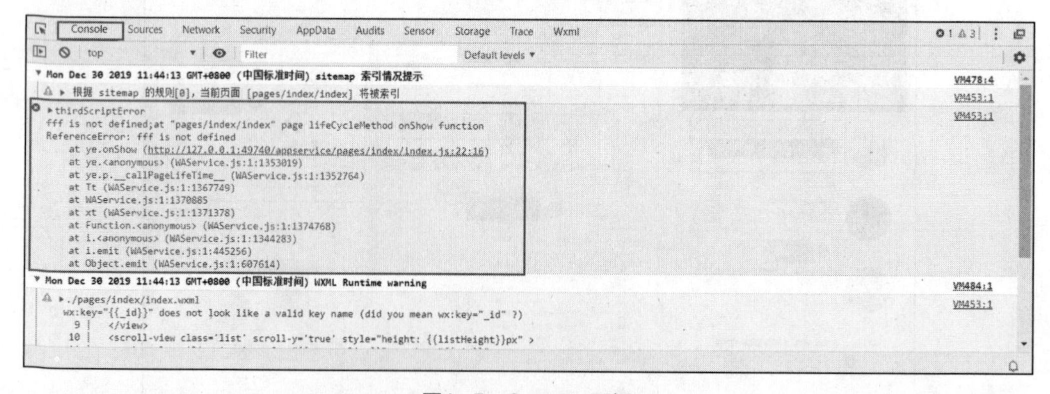

图A-5　Console面板

根据上面的信息，可以看到“fff is not defined”错误提示信息，由此信息可得出代码中使用了一个未定义的“fff”，在 index.js 文件中的第 22 行。我们可以按住 Ctrl 键，然后单击错误链接，系统会自动打开 Sources 面板定位到所在的错误代码（Sources 面板会在下面详细介绍），如图 A-6 所示。找到错误代码所在位置后，就可以打开对应的 index.js 文件进行修改了。

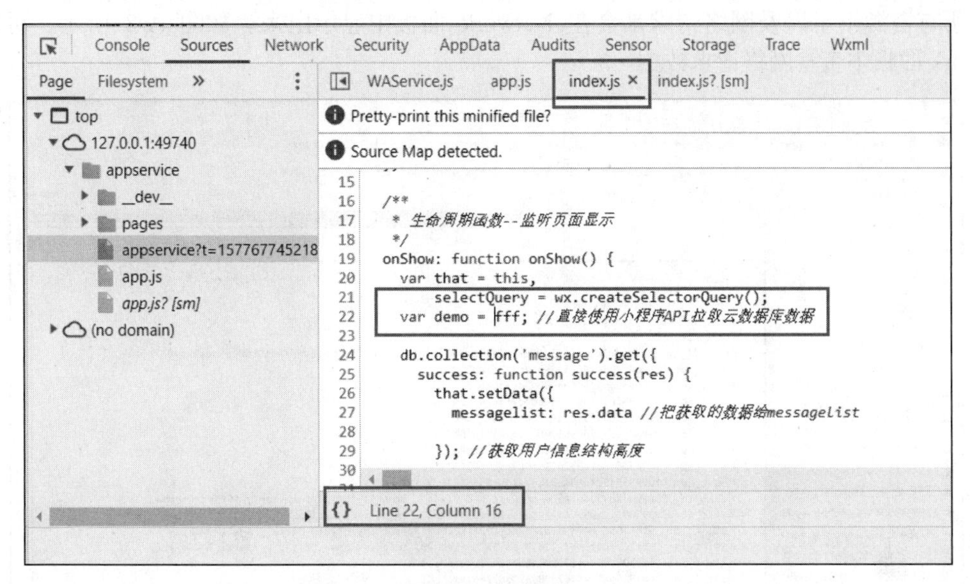

图A-6　错误定位

除了查看错误信息外，开发者更多的是主动在代码中使用 console.log 语句来查看代码中的变量是否有值等。如图 A-7 所示，可以使用 console.log 语句来查看变量 messagelist 是否有值，以及调用云函数所获取的数据，它们将在面板中逐一显示出来。

```
index.js ×
11 /**
12  * 生命周期函数--监听页面显示
13  */
14 onShow: function () {
15   console.log("messagelist:", this.data.messagelist);
16   var that = this, selectQuery = wx.createSelectorQuery();
17   //直接使用小程序API拉取云数据库数据
18   db.collection('message').get({
19     success: function(res){
20       console.log("res:", res);
21       that.setData({
22         messagelist: res.data  //把获取的数据给messagelist
23       })
24       //获取用户信息结构高度
/miniprogram/pages/index/index.js   997 B
Console Sources Network Security AppData Audits Sensor Storage Trace Wxml
top   Filter   Custom levels ▼
▼ Mon Dec 30 2019 11:58:08 GMT+0800 (中国标准时间) sitemap 索引情况提示
  messagelist: ▶[]
▼ Mon Dec 30 2019 11:58:08 GMT+0800 (中国标准时间) /__pageframe__/pages/index/index
  res: ▶{data: Array(15), errMsg: "collection.get:ok"}
▼ Mon Dec 30 2019 11:58:09 GMT+0800 (中国标准时间) /__pageframe__/pages/index/index
>
```

图A-7　显示console.log信息

3. Network 面板

除了可以使用 console.log 语句来查看从云数据库返回的数据外，也可以在 Network 面板中查看这些数据。

所有资源请求以及网络请求都会在 Network 面板中显示出来。如图 A-8 所示，可以在 Network 面板中查看网络请求数据。

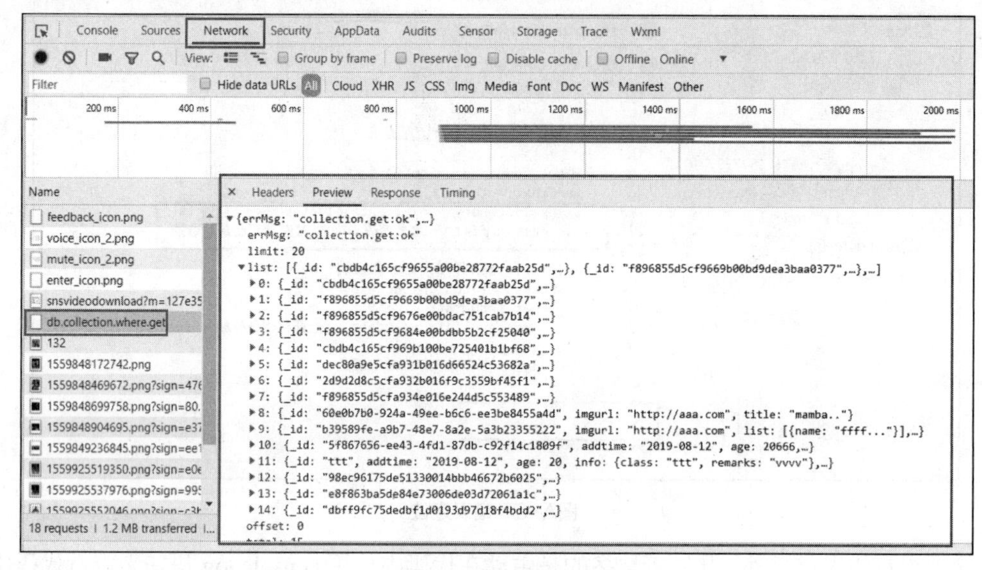

图A-8　网络请求数据

4. Sources 面板

Sources 面板可用来显示当前项目的脚本文件，也可以在当前脚本文件中通过 IDE 设置断点的方式来调试。可以通过来进行逐行调试，如图 A-9 所示。

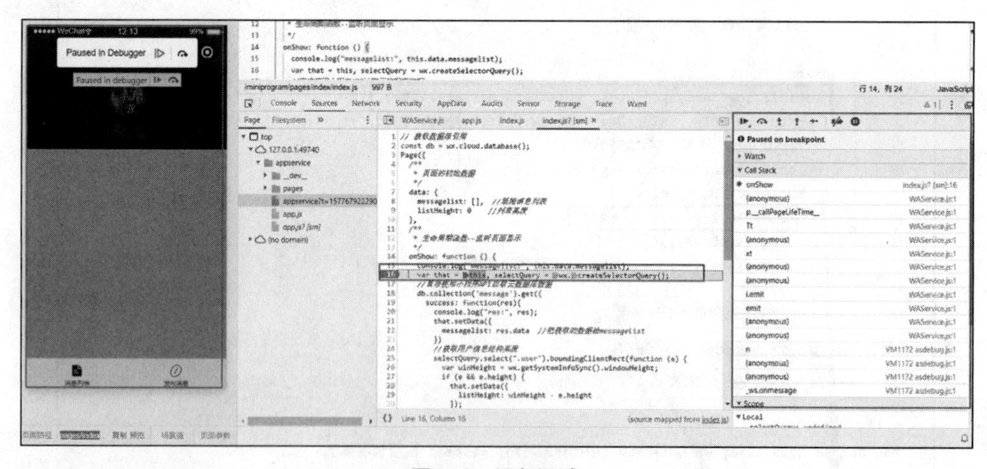

图A-9　逐行调试

真机调试

一般对于在模拟器中没有出现而在真机上出现的 bug，需要使用真机调试进行排查。单击微信开发者工具中的“真机调试”按钮，出现“扫描二维码真机调试”和“自动真机调试”两种模式，如图 A-10 所示。“自动真机调试”是直接打开该项目所绑定的微信手机进行调试。

图A-10 真机调试

无论选择哪种调试模式，系统都会自动打开调试面板，并在手机上打开微信调试窗口，如图 A-11 和图 A-12 所示。无论手机端进行什么操作，都会在控制面板上直接显示。调试方式与之前的模拟器方式一致，这里就不再叙述。

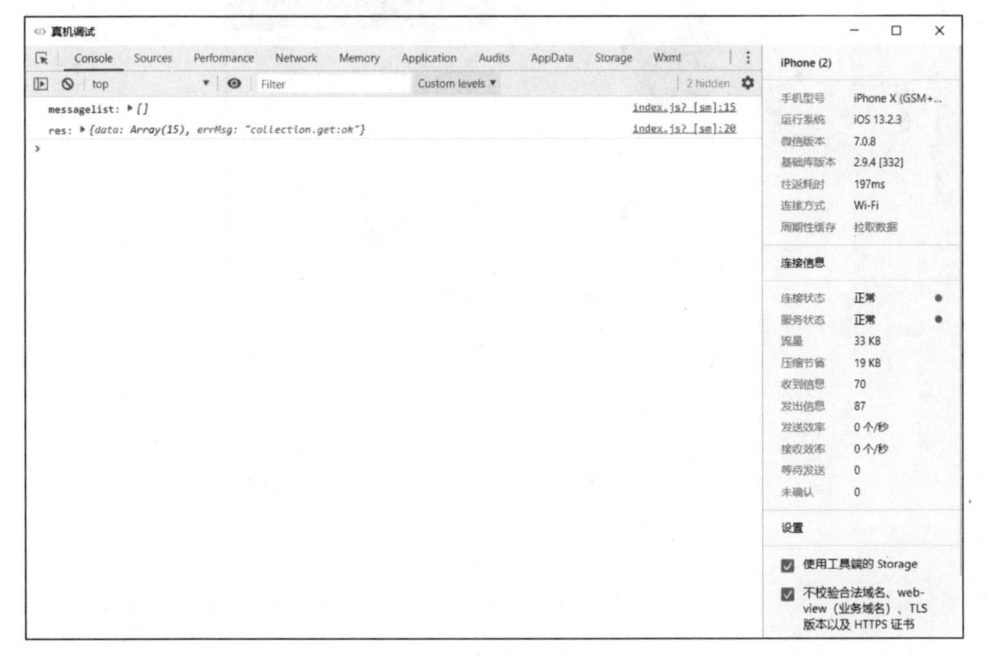

图A-11 调试面板

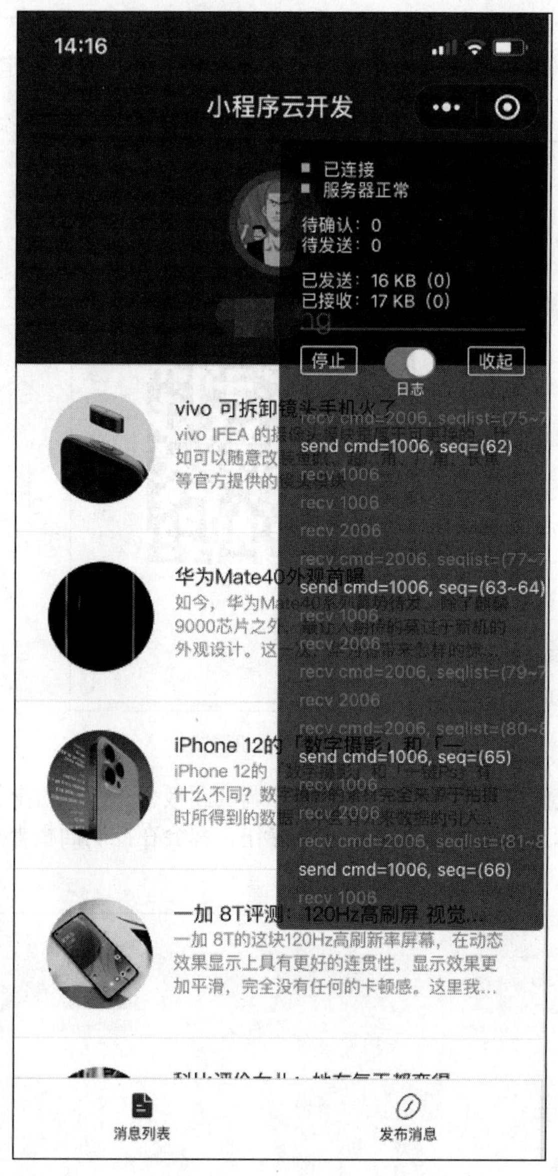
14:16
小程序云开发
已连接
服务器正常
待确认：0
待发送：0
已发送：16 KB（0）
已接收：17 KB（0）
停止
收起
日志
send cmd=1006, seq=(62)
send cmd=1006, seq=(63~64)
send cmd=1006, seq=(65)
send cmd=1006, seq=(66)
一加 8T的这块120Hz高刷新率屏幕，在动态效果显示上具有更好的连贯性，显示效果更加平滑，完全没有任何的卡顿感。这里我...
消息列表
发布消息

图A-12　微信调试窗口

FL

附录B　云开发资源环境与配额

云开发资源环境

微信为开发者提供的云开发功能最多分配两套环境，一套用来做正式环境，另一套用来做测试环境。每套环境都对应一整套独立的云开发资源，包括独立的数据库、存储空间、云函数等。各环境都是相互独立的，切换环境时通过云开发控制台中的“设置”“环境设置”切换，如图B-1所示。

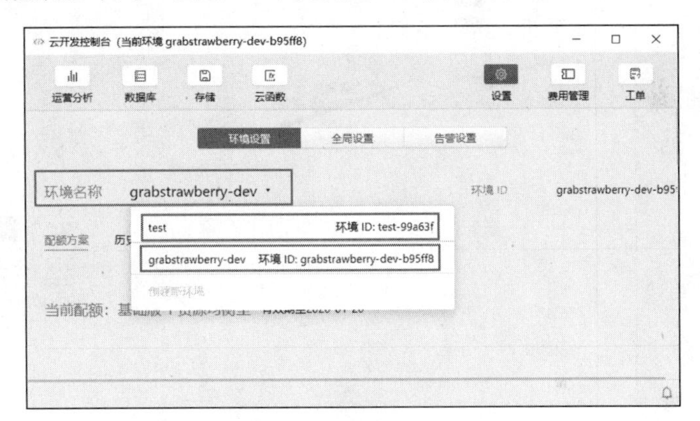

图B-1　云开发资源环境

云开发资源配额

微信为开发者提供了便利的云开发功能。但是使用云开发时是有资源配额限制的。

对于个人开发练习，免费的配额是完全够用的。其他的具体详细配额信息，请查看官网文档。

FL

附录 C　云开发资源的使用

本书为读者提供了程序演示的数据文件，请到人邮教育社区（www.ryjiaoyu.com）下载。读者下载代码后会在目录中看到一个名为“db”的文件夹，文件夹中存储的就是小程序项目中所需要的数据文件。可以在云开发控制台选中“数据库”，然后在数据库控制界面左侧单击“+”来创建集合，如图 C-1 所示。

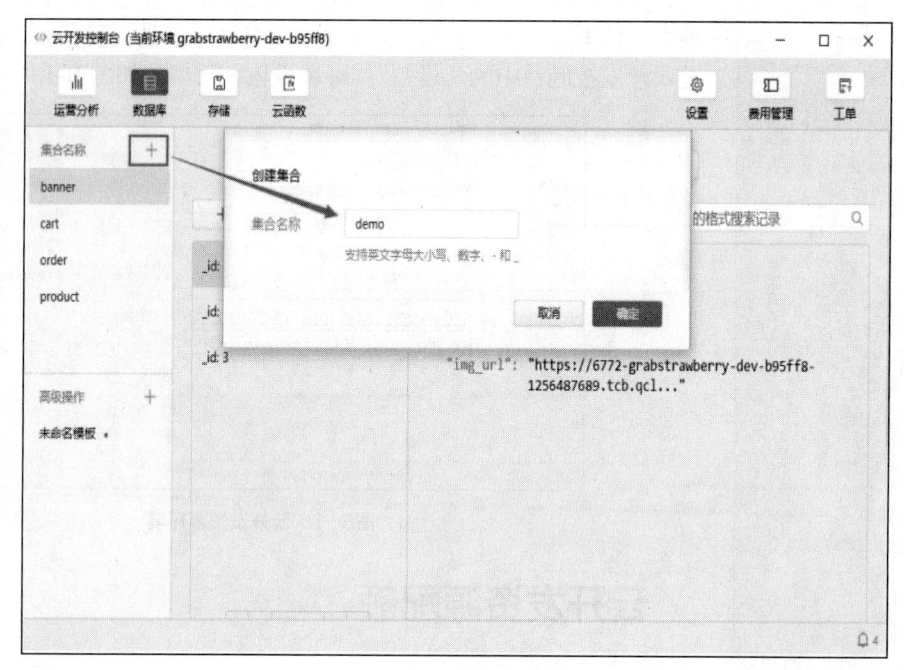

图C-1　创建集合

选中新建的集合，通过“导入”功能导入事先下载好的数据文件，如图 C-2 所示。

图C-2　导入数据文件

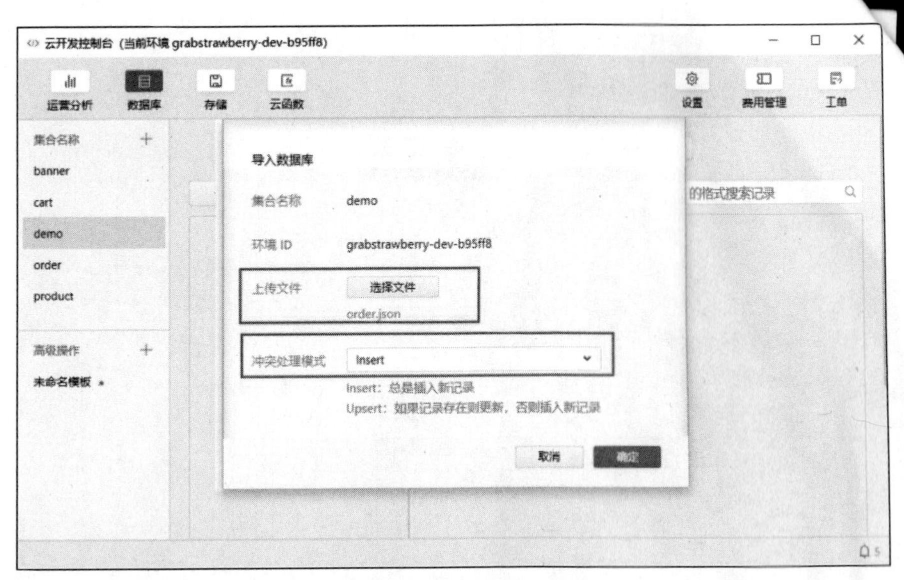

图C-2　导入数据文件（续）

对于“冲突处理模式”选项，可直接选择默认的“Insert”，导入成功后，数据文件中的数据就成功导入读者的云存储中了，如图 C-3 所示。

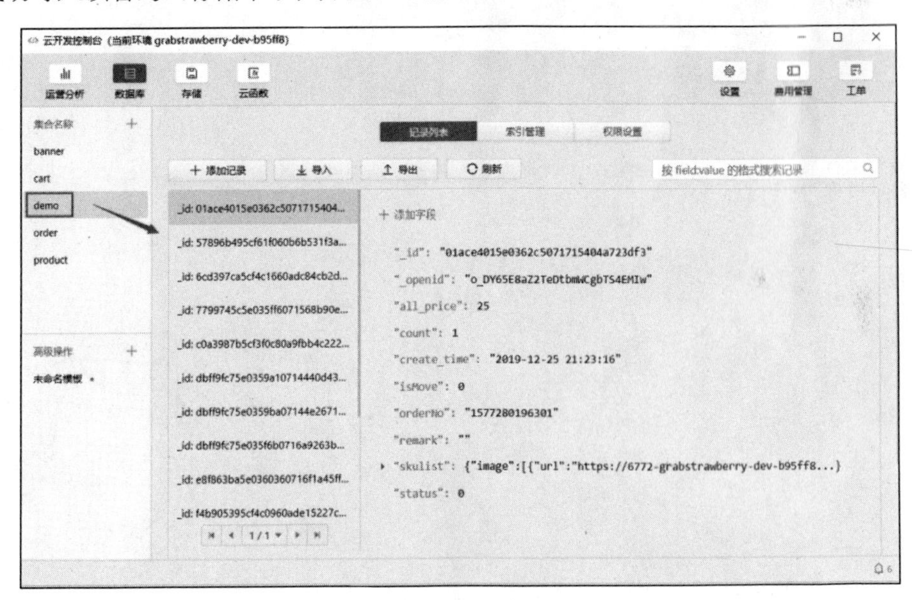

图C-3　导入成功